Java 程序设计项目化教程

主　编　刘造新　彭　斌

副主编　胡冰华　姜如霞　徐　杰

主　审　黄　侃

U0234478

北京理工大学出版社

BEIJING INSTITUTE OF TECHNOLOGY PRESS

内 容 简 介

本书是面向 Java 初学者的入门级图书，以通俗易懂的语言系统地介绍 Java 程序设计的基础知识、开发环境与开发工具。全书共分 9 个项目，内容包括 Java 语言概述、Java 语言基础、程序的控制结构、类和对象、继承与接口、图形用户界面设计、常用类库、I/O（输入/输出）、数据库编程等内容。本书采用讲练结合的形式对知识点进行介绍，力求详略得当，使读者快速掌握 Java 程序设计的方法。每一个项目都安排了项目实训，通过将知识点融入任务，可以更好地指导学生实践，在实践中提高 Java 的编程能力。同时，本书还通过"项目导读""学习目标"和"技能导图"解析项目技能点，并将思政元素有机融入项目。

为了方便师生教学，各项目小节配备了以二维码为载体的微课视频。此外，还提供了课程资源包，包括电子课件 PPT、程序源代码、项目实训源代码、项目小测答案等。

版权专有　侵权必究

图书在版编目（CIP）数据

Java 程序设计项目化教程／刘造新，彭斌主编. －－
北京：北京理工大学出版社，2023.1
ISBN 978－7－5763－2015－2

Ⅰ．①J… Ⅱ．①刘…②彭… Ⅲ．①JAVA 语言－程序
设计－高等学校－教材 Ⅳ．①TP312

中国国家版本馆 CIP 数据核字（2023）第 003496 号

出版发行／北京理工大学出版社有限责任公司
社　　　址／北京市海淀区中关村南大街 5 号
邮　　　编／100081
电　　　话／（010）68914775（总编室）
　　　　　　（010）82562903（教材售后服务热线）
　　　　　　（010）68944723（其他图书服务热线）
网　　　址／http：//www. bitpress. com. cn
经　　　销／全国各地新华书店
印　　　刷／河北盛世彩捷印刷有限公司
开　　　本／787 毫米×1092 毫米　1/16
印　　　张／19.25
字　　　数／440 千字
版　　　次／2023 年 1 月第 1 版　2023 年 1 月第 1 次印刷
定　　　价／89.00 元

责任编辑／王玲玲
文案编辑／王玲玲
责任校对／刘亚男
责任印制／施胜娟

图书出现印装质量问题，请拨打售后服务热线，本社负责调换

前言

  Java 作为一种面向对象程序设计语言，经过多年的发展，已成为迄今为止应用最广泛的程序设计语言之一。Java 可以编写桌面应用程序、Web 应用程序、分布式系统和移动应用程序。Java 是一种被广泛使用的网络语言，Java 程序能广泛运用于金融、电信、医疗等大型企业，已成为名副其实的企业级应用平台霸主。

  Java 语言不仅吸收了 C++语言的优点，而且摒弃了 C++中难以理解的多继承和指针的概念。因此，Java 语言具有功能强大、使用方便的特点。Java 语言作为面向对象的编程语言的代表，完美地实现了面向对象的理论，并允许程序员以一种优雅的思维方式编程。

  Java 语言能运行于不同的平台，不受运营环境的限制，"一次编译，多处运行"。正是因为 Java 具有简单性、面向对象、安全性、跨平台等特点，所以其应用和就业前景特别好。

  本书是一本 Java 语言程序设计的入门教材，适用于编程语言的初学者。在内容组织上，通过项目引入教学内容，以例释义为原则进行编写。每个项目都安排了项目实训，通过将知识点融入任务，指导学生实践，巩固所学单元知识，增加 Java 的编程能力。

  本书根据 Java 学习的特点，将教学单元分为 9 个项目。其中，项目 1 主要介绍 Java 语言背景、特点、平台特性、开发环境及 Java Application 程序开发过程，并通过项目实训介绍 Eclipse 开发工具的使用；项目 2 主要讲解 Java 标识符、Java 各种数据类型及其使用、各类运算符的使用，以及 Scanner 类的使用；项目 3 主要讲解程序的选择、循环结构；项目 4 主要讲解类和对象的概念、语法定义以及使用，构造方法的作用及使用，this 关键字和 static 关键字的使用，内部类定义及用途；项目 5 讲解类的继承、抽象类与接口、多态与异常；项目 6 讲解 AWT 布局与绘图、Swing 窗口与对话框、Swing 菜单与按钮组件；项目 7 主要介绍 String 类、数组的使用、常用工具类、集合与 List 接口、Set 与 Map 接口；项目 8 介绍字节流、字符流、文件访问；项目 9 主要讲解 MySQL 数据库技术、Java 语言的数据库操作技术 JDBC、使用 JDBC 编写数据库应用程序的步骤和基本方法。

  本书由刘造新、彭斌担任主编，胡冰华、姜如霞、徐杰担任副主编，黄侃担任主审。其中，刘造新编写项目 1 和项目 9，彭斌编写项目 4 和项目 5，胡冰华编写项目 2 和项目 6，姜如霞编写项目 3 和项目 7 中的 7.1、7.2、7.3、7.6 和 7.7，徐杰编写项目 7 中的 7.4、7.5 和项目 8。

  由于编者水平有限，书中难免存在一些不足之处，敬请广大读者朋友指正。

目 录

项目 **1**

Java语言概述

【项目导读】

Java 语言是由 Sun 公司开发的一种应用于分布式网络环境的程序设计语言。Java 语言具有跨平台的特性，它编译的程序能够运行在多种操作系统平台上，可以实现"一次编写，到处运行"。本项目主要介绍 Java 语言背景、特点、平台特性、开发环境及 Java Application 程序开发过程，并通过项目实训介绍 Eclipse 开发工具的使用。

【学习目标】

本项目学习目标为：

(1) 了解 Java 语言诞生背景；

(2) 了解 Java 语言的特点及平台特性；

(3) 掌握安装 Java 程序开发工具的步骤；

(4) 熟悉 Java Application 程序开发过程；

(5) 掌握 Java 程序开发工具 Eclipse。

【技能导图】

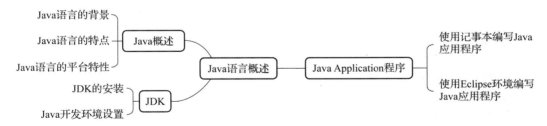

【思政课堂】

技能成才　技能报国

2022 年 07 月 15 日 08∶35　来源：人民网 – 人民日报

几秒钟便能识别泵管阀故障位置的曾璐锋、每层汽车喷漆厚度误差不超过 0.01 mm 的杨金龙、焊接的产品几乎零瑕疵通过 X 射线相关检测的曾正超……从先进制造业到战略性新兴产业，再到现代服务业，一大批年轻技工在职业技能竞赛的大舞台上脱颖而出，磨炼精湛技艺，切磋技术本领，用奋斗与汗水书写精彩的人生。

技能人才工作取得积极成效，人才规模明显扩大，这些成绩的取得是大量技能人才长期艰苦磨炼、扎实提高技艺的结果，更是越来越多的青年投身技能成才、技能报国之路的生动缩影。据统计，截至 2021 年年底，全国技能人才总量突破 2 亿人，其中，高技能人才超 6 000 万人。在工厂车间，在建筑工地，在训练场上，青年技术工人苦练本领、精益求精，成为新兴技术、新兴产业的技术骨干，成为支撑中国制造、中国创造的重要力量，他们以一往无前的姿态，在奋斗中释放青春激情，在平凡中坚守青春梦想。

习近平总书记强调："我国经济要靠实体经济作支撑，这就需要大量专业技术人才，需要大批大国工匠。"从"嫦娥"奔月到"祝融"探火，从建设港珠澳大桥到建设北京大兴国际机场……诸多重大项目、重大工程的顺利实施，都离不开高技能人才的奉献与付出，在"人人皆可成才、人人尽展其才"的时代背景下，中国技能人才队伍将迎来黄金发展期。与此同时，我们也应看到壮大技能人才队伍仍面临着一些障碍。一方面，"重学历、轻技能"的观念依然存在，技能人才群体仍存在待遇不高、获得感不强等问题；另一方面，技能人才供需矛盾仍然存在。教育部、工信部等部门调查显示，仅制造业的十大重点领域中，到 2025 年技能人才缺口将接近 3 000 万人。

随着我国进入新发展阶段，各行各业都迫切需要大批技艺精湛、精益求精的技术工人队伍。近年来，为提高技术技能人才的社会地位，大力弘扬工匠精神，相关部门持续加大制度创新、政策供给和投入力度：新修订的职业教育法为培养更多高素质劳动者和技术技能人才、打造现代职业教育体系夯实法治基础；《技能人才薪酬分配指引》出台，推动企业建立健全符合技能人才特点的工资分配制度；四部门联合印发《"十四五"职业技能培训规划》，专门就完善技能人才职业发展通道提出了明确要求……

时代舞台广阔，青年大有可为。相信会有越来越多的青年投身技能成才、技能报国之路，在奋斗中绽放青春风采。

1.1 Java 概述

Java 概述

1.1.1 Java 语言背景

Java 语言起源于 1991 年 Sun 公司的一个叫 Green 的项目，其原先的目的是为家用消费电子产品开发一个分布式代码系统，以便用来控制冰箱、电视机等家用电器。由于这些家用电器的性能和内存空间都很有限，并且 CPU 也不尽相同，所以要求开发这套系统的语言要尽可能小巧且是跨平台的。而当时流行的 C、C++ 等不符合这样的要求，于是项目组基于 C++ 开发了一种新的语言 Oak，Oak 语言是一款小巧、安全且与平台无关的编程语言。

1994 年，随着 Internet 的兴起和发展，业界急需一款可以将互联网内容呈现给用户的 WWW 浏览器，于是 Green 项目组的 James Gosling（詹姆斯·高斯林）等人在 Mosaic 和 Netscape 浏览器的启发下，用 Oak 语言开发出了 HotJave 浏览器，并得到了 Sun 公司的支持，吹响了 Java 进军 Internet 的号角。

1995 年，互联网的蓬勃发展给了 Oak 机会。业界为了使死板、单调的静态网页能够"灵活"起来，急需一种软件技术来开发一种程序，这种程序可以通过网络传播并且能够跨平台运行。于是，世界各大 IT 企业纷纷投入了大量的人力、物力和财力。这个时候，Sun 公司想起了那个被搁置起来很久的 Oak，并且重新审视了那个用软件编写的试验平台，由于它是按照嵌入式系统硬件平台体系结构进行编写的，所以非常小，特别适用于网络上的传输系统，而 Oak 也是一种精简的语言，程序非常小，适合在网络上传输。Sun 公司首先推出了可以嵌入网页并且可以随同网页在网络上传输的 Applet（Applet 是一种将小程序嵌入网页中进行执行的技术），并将 Oak 更名为 Java（在申请注册商标时，发现 Oak 已经被人使用了，在想了一系列名字之后，最终，使用了提议者在喝一杯 Java 咖啡时无意提到的 Java 词语）。5 月 23 日，Sun 公司在 Sun World 会议上正式发布 Java 和 HotJava 浏览器。IBM、Apple、DEC、Adobe、HP、Oracle、Netscape 和微软等各大公司都纷纷停止了自己的相关开发项目，竞相购买了 Java 使用许可证，并为自己的产品开发了相应的 Java 平台。

1996 年 1 月，Sun 公司发布了 Java 的第一个开发工具包（JDK 1.0），这是 Java 发展历程中的重要里程碑，标志着 Java 成为一种独立的开发工具。9 月，约 8.3 万个网页应用了 Java 技术来制作。10 月，Sun 公司发布了 Java 平台的第一个即时（JIT）编译器。

1997 年 2 月，JDK 1.1 面世，在随后的 3 周时间里，达到了 22 万次的下载量。4 月 2 日，Java One 会议召开，参会者逾一万人，创当时全球同类会议规模的纪录。9 月，Java Developer Connection 社区成员超过 10 万。

1998 年 12 月 8 日，第二代 Java 平台的企业版 J2EE 发布。1999 年 6 月，Sun 公司发布了第二代 Java 平台（简称为 Java2）的 3 个版本：J2ME（Java 2 Micro Edition，Java2 平台的微型版），应用于移动、无线及有限资源的环境；J2SE（Java 2 Standard Edition，Java 2 平台的标准版），应用于桌面环境；J2EE（Java 2 Enterprise Edition，Java 2 平台的企业版），应用于基于 Java 的应用服务器。Java 2 平台的发布，是 Java 发展过程中最重要的一个里程碑，标志着 Java 的应用开始普及。

1999 年 4 月 27 日，HotSpot 虚拟机发布。HotSpot 虚拟机发布时是作为 JDK 1.2 的附加程序提供的，后来它成为 JDK 1.3 及之后所有版本的 Sun JDK 的默认虚拟机。

2000 年 5 月，JDK 1.3、JDK 1.4 和 J2SE 1.3 相继发布，几周后，其获得了 Apple 公司 Mac OS X 的工业标准的支持。

2001 年 9 月 24 日，J2EE 1.3 发布。

2002 年 2 月 26 日，J2SE 1.4 发布。

自此，Java 的计算能力有了大幅提升，与 J2SE 1.3 相比，其多了近 62% 的类和接口。在这些新特性当中，还提供了广泛的 XML 支持、安全套接字（Socket）支持（通过 SSL 与 TLS 协议）、全新的 I/OAPI、正则表达式、日志与断言。

2004 年 9 月 30 日，J2SE 1.5 发布，成为 Java 语言发展史上的又一里程碑。为了表示该版本的重要性，J2SE 1.5 更名为 Java SE 5.0（内部版本号 1.5.0），代号为"Tiger"，Tiger 包含了从 1996 年发布 1.0 版本以来的最重大的更新，其中包括泛型支持、基本类型的自动装箱、改进的循环、枚举类型、格式化 I/O 及可变参数。

2005 年 6 月，在 Java One 大会上，Sun 公司发布了 Java SE 6。此时，Java 的各种版本已经更名，已取消其中的数字 2，如 J2EE 更名为 JavaEE，J2SE 更名为 JavaSE，J2ME 更名为 JavaME。

2006 年 11 月 13 日，Java 技术的发明者 Sun 公司宣布，将 Java 技术作为免费软件对外发布。Sun 公司正式发布了有关 Java 平台标准版的第一批源代码，以及 Java 迷你版的可执行源代码。从 2007 年 3 月起，全世界所有的开发人员均可对 Java 源代码进行修改。

2009 年，甲骨文（Oracle）公司宣布收购 Sun。2010 年，Java 编程语言的共同创始人之一詹姆斯·高斯林从 Oracle 公司辞职。2011 年，甲骨文公司举行了全球性的活动，以庆祝 Java 7 的推出，随后 Java 7 正式发布。2014 年，甲骨文公司发布了 Java 8 正式版。

1.1.2 Java 语言的特点

1. 简单性

Java 看起来设计得很像 C++，但是为了使语言小和容易熟悉，设计者们把 C++ 语言中许多可用的特征去掉了，这些特征是一般程序员很少使用的。例如，Java 不支持 goto 语句，代之以提供 break 和 continue 语句以及异常处理。Java 还剔除了 C++ 的操作符过载（overload）和多继承特征，并且不使用主文件，免去了预处理程序。因为 Java 没有结构，数组和串都是对象，所以不需要指针。Java 能够自动处理对象的引用和间接引用，实现自动的无用单元收集，使用户不必为存储管理问题烦恼，能将更多的时间和精力花在研发上。

2. 面向对象

Java 是一个面向对象的语言。对程序员来说，这意味着要注意其中的数据和操纵数据的方法（method），而不是严格地用过程来思考。在一个面向对象的系统中，类（class）是数据和操作数据的方法的集合。数据和方法一起描述对象（object）的状态和行为。每一对象是其状态和行为的封装。类是按一定体系和层次安排的，使得子类可以从超类继承行为。在这个类层次体系中有一个根类，它是具有一般行为的类。Java 程序是用类来组织的。

Java 还包括一个类的扩展集合，分别组成各种程序包（Package），用户可以在自己的程序中使用。例如，Java 提供产生图形用户接口部件的类（java.awt 包），这里 awt 是抽象窗口工具集（abstract windowing toolkit）的缩写，处理输入/输出的类（java.io 包）和支持网络功能的类（java.net 包）。

3. 分布性

Java 设计成支持在网络上应用，它是分布式语言。Java 既支持各种层次的网络连接，又以 Socket 类支持可靠的流（stream）网络连接，所以用户可以产生分布式的客户机和服务器。

4. 编译和解释性

Java 编译程序生成字节码（byte-code），而不是通常的机器码。Java 字节码提供对体系结构中性的目标文件格式，代码设计成可有效地传送程序到多个平台。Java 程序可以在任何实现了 Java 解释程序和运行系统（run-time system）的系统上运行。

5. 稳健性

Java 原来是用作编写消费类家用电子产品软件的语言，所以它是被设计成写高可靠和稳健软件的。Java 消除了某些编程错误，使得用它写可靠软件相当容易。

Java 是一个强类型语言，它允许扩展编译时检查潜在类型不匹配问题的功能。Java 要求显式的方法声明，它不支持 C 风格的隐式声明。这些严格的要求保证编译程序能捕捉调用错误，这就导致更可靠的程序。

异常处理是 Java 中使得程序更稳健的另一个特征。异常是某种类似于错误的异常条件出现的信号。使用 try/catch/finally 语句，程序员可以找到出错的处理代码，这就简化了出错处理和恢复的任务。

6. 安全性

Java 运行系统使用字节码验证过程来保证装载到网络上的代码不违背任何 Java 语言限制。这个安全机制部分包括类如何从网上装载。例如，装载的类是放在分开的名字空间而不是局部类，预防恶意的小应用程序用它自己的版本来代替标准 Java 类。

7. 可移植性

Java 使得语言声明不依赖于实现的方面。例如，Java 显式说明每个基本数据类型的大小和它的运算行为（这些数据类型由 Java 语法描述）。

Java 环境本身对新的硬件平台和操作系统是可移植的。Java 编译程序也用 Java 编写，而 Java 运行系统用 ANSI C 语言编写。

8. 高性能

Java 是一种先编译后解释的语言，所以它不如全编译性语言快。但是有些情况下性能是很要紧的，为了支持这些情况，Java 设计者制作了"及时"编译程序，它能在运行时把 Java 字节码翻译成特定 CPU（中央处理器）的机器代码，也就是实现全编译了。

9. 多线程性

Java 是多线程语言，它提供支持多线程的执行，能处理不同任务，使具有线索的程序设计很容易。Java 的 lang 包提供一个 Thread 类，它支持开始线索、运行线索、停止线索和检查线索状态的方法。

1.1.3　Java 语言的平台特性

Java 是一种特殊的高级语言，其既具有编译型语言的特征，又具有解释型语言的特征，因为 Java 语言要经过先编译、后解释才能被执行。

Java 的编译和运行过程如图 1 - 1 所示。

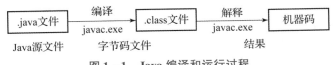

图 1 - 1　Java 编译和运行过程

Java 语言通过编译器在本地将源程序（扩展名为 . java）文件编译成字节码文件（扩展名为 . class），可以通过复制或网络传送到目标平台，然后通过目标平台的解释器（也可能是浏览器的解释器）来解释执行。Java 是在运行过程的中间环节引入解释器来帮助完成跨平台工作的。

下面介绍与 Java 运行有关的一些概念：

1. JVM

JVM 是 Java 虚拟机（Java Virtual Machine，JVM）的缩写。它是可运行 Java 代码的假想计算机。只要根据 JVM 规格描述，将解释器移植到特定的计算机上，就能保证经过编译的任何 Java 代码能够在该系统上运行。

JVM 屏蔽了具体操作系统平台的信息（显然，就像是在电脑上开了个虚拟机一样），当然，JVM 执行字节码时，实际上还是要解释成具体操作平台的机器指令的。

通过 JVM，Java 实现了平台无关性，Java 语言在不同平台运行时不需要重新编译，只需要在该平台上部署 JVM 就可以了，因而能实现一次编译多处运行，就像是你的虚拟机也可以在任何安装了 VMWare 的系统上运行。

2. JRE 和 JDK

JRE 是 Java 运行时环境（Java Runtime Environment，JRE）的缩写，也就是 JVM 的运行平台，联系平时用的虚拟机，大概可以理解成 JRE = 虚拟机平台 + 虚拟机本体（JVM）。类似于你电脑上的 VMWare + 适用于 VMWare 的 Linux 虚拟机。这样我们也就明白了 JVM 到底是什么。

JDK 是 Java 开发工具包（Java Develop Kit，JDK）的缩写，JDK 本体也是 Java 程序，因此运行依赖于 JRE，由于需要保持 JDK 的独立性与完整性，JDK 的安装目录下通常也附有 JRE。

1.2 JDK 的下载和安装

1.2.1 JDK 的下载

1. JDK 下载

JDK 是有助于程序员开发 Java 程序的工具包，其中包括类库、编译器、调试器、Java 运行时环境（JRE）。

Oracle 公司为各种主流平台（如 Windows、Linux、MacOS 等）制作了 JDK，可以从网址 https://www.oracle.com/cn/java/technologies/下载 JDK。例如下载的文件为 jdk – 18_windows – x64_bin. exe，表示 Java™平台标准版开发工具包，适用于 Windows 系统。

2. JDK 的目录结构

下载并安装完 JDK 后，假设安装的目录为 C:\Program Files\Java\jdk – 18.0.1。在安装目录下对应的安装文件和文件夹如图 1 – 2 所示。

①bin：可执行文件，比如 javac. exe（Java 编译器）、java. exe（Java 运行工具）、jar. exe（打包工具）和 javadoc. exe（文档生成工具）。

bin 目录中有很多可执行程序，其中最重要的就是 javac. exe 和 java. exe。

javac. exe 是 Java 编译器，它可以将编写好的 Java 文件编译成 Java 字节码文件（可执行的 Java 程序）。Java 源文件的扩展名为 . java，编译后的 Java 字节码文件的扩展名为 . class。

java. exe 是 Java 运行工具，它会启动一个 Java 虚拟机（JVM）进程。Java 虚拟机负责运行由 Java 编译器生成的字节码文件（. class 文件）。

②conf：配置文件，可配置 Java 访问权限和密码。

③include：C 语言头文件，支持源码编辑。

④jmodes：调试文件。

图 1 - 2　JDK 安装的文件和文件夹

⑤legal：Java 及各类模块的 license。

⑥lib：JDK 使用的类库。

1.2.2　JDK 的安装

JDK 的安装步骤如下：

①从 Oracle 公司下载 Windows 版的 JDK 安装包后，双击下载的 exe 文件，例如，jdk - 18_windows - x64_bin. exe，进入安装向导界面，如图 1 - 3 所示。

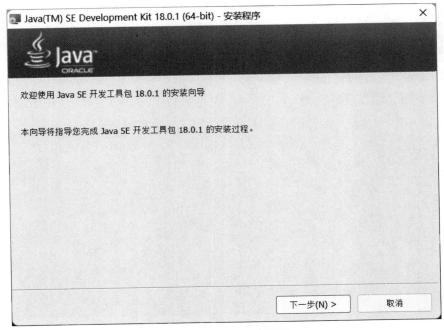

图 1 - 3　安装向导界面

②单击"下一步"按钮进入"目标文件夹"界面，如图 1 - 4 所示。默认安装到 C：\ Program Files\Java\jdk - 18.0.1 目录下，可以单击"更改"按钮对安装路径进行修改。

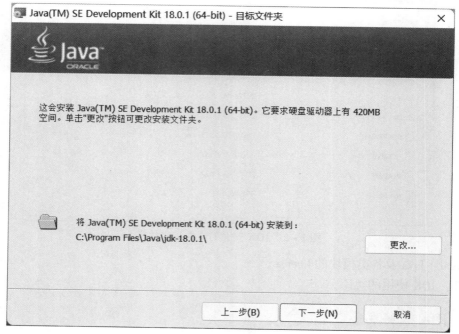

图 1 - 4　安装目标文件夹

③单击"下一步"按钮进入安装进度界面，如图 1 - 5 所示。

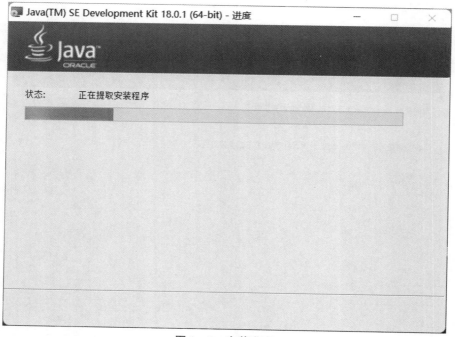

图 1 - 5　安装进度

④JDK 安装完成后，进入如图 1 - 6 所示界面。

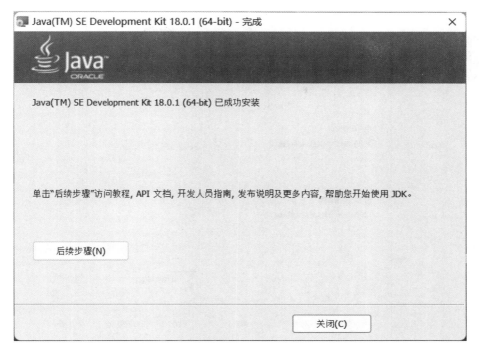

图 1 - 6　JDK 安装完成

1.2.3　设置 Java 开发环境

为了方便使用 JDK 中的 Java 工具，需要进行环境变量的设置。环境变量就是操作系统运行环境中的参数。Java 要使用到操作系统的参数 Path，它记录了很多命令所属的路径，只要将 Java 开发中需要的命令所属的路径配置到 Path 参数值中即可。具体步骤如下：

①在 Windows 中的"此电脑"图标上单击鼠标右键，在弹出的快捷菜单中选择"属性"命令，在弹出的"属性"对话框单击"高级系统设置"链接，打开"系统属性"对话框，选择"高级"选项，如图 1 - 7 所示。

②单击"环境变量"，然后就会出现如图 1 - 8 所示的界面。

在"系统变量"栏中，选择"Path"系统变量，单击"编辑"按钮，或双击"Path"系统变量，打开"编辑环境变量"对话框，单击"新建"命令按钮，添加 JDK 安装路径的变量值为"C:\Program Files\Java\jdk - 18.0.1\bin"，如图 1 - 9 所示。

③逐个单击对话框中的"确定"按钮，依次退出上述对话框后，即可完成配置 JDK 的操作。

④测试 JDK 是否安装成功。右击"开始"菜单中的"运行"命令，键入"cmd"；再键入 java - version 或 java、javac 等命令，出现如图 1 - 10 所示信息，说明环境变量配置成功。

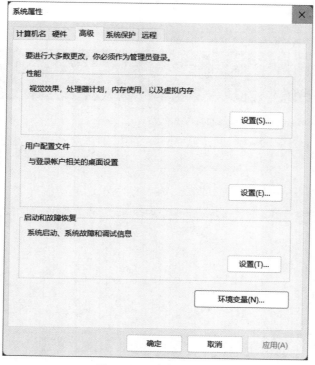

图 1 - 7 "高级"选项

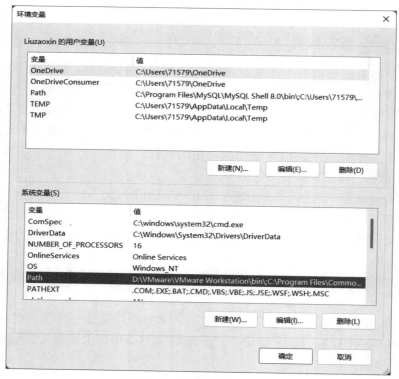

图 1 - 8 "系统变量"设置

图 1 - 9 "编辑环境变量"对话框

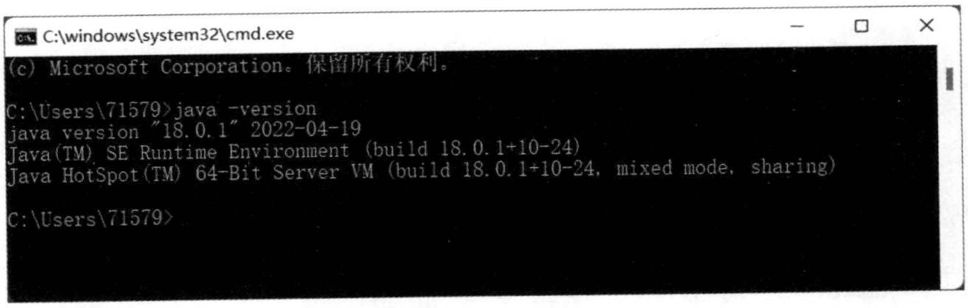

图 1 - 10 运行"java - verson"命令

1.3 简单的 Java Application 程序

Java Application 以 main( ) 方法作为程序入口，由 Java 解释器解释执行，用于实现控制台或 GUI 方面的应用。

例 1 - 1 编写一个在屏幕上显示"Hello World"字符界面的应用程序。

HelloWorld 源文件内容如下：

```
/* 第一个 Java 程序
* 输出字符串 Hello World!
```

```
*/
public class HelloWorld{        //定义公共类 HelloWorld
    public static void main(String[] args) {        //应用程序入口 main()方法
        System.out.println("Hello World!");    //输出 Hello World
    }
}
```

代码说明如下：

①/＊ … ＊/：可以将一行或多行文字说明作为注释内容；

②//：用来注释一行文字；

注释有助于程序的阅读，在编译时不会被编译。

③public class HelloWorld：定义一个类名为 HelloWorld 的公共类。

定义一个类的格式如下：

```
Class 类名{
    类体
}
```

④public static void main（String[] args）：是 Java 程序的入口地址，Java 虚拟机运行程序的时候，首先找的就是 main 方法，其中：

a. public 表示程序的访问权限是公共的，即任何场合都可以被引用；

b. static 表示方法是静态的，不依赖类的对象；

c. void 表示无返回值；

d. main 方法中的参数 String[] args 是一个字符串数组，是接收来自程序执行时传入数据的参数。

⑤System. out. println( )：该方法起到输出作用，直接输出括号内双引号的内容。

用记事本编写这个程序，操作步骤如下：

①在记事本中编写代码，如图 1-11 所示，编写完毕后，保存在 D：\Java\目录下，文件名为 HelloWorld. java。如果没有该目录，可先建立目录。

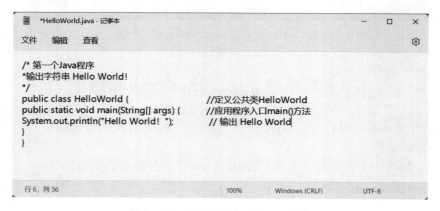

图 1-11　用记事本编写 Java 程序

②右击"开始"→"运行"，输入"cmd"命令，打开命令行窗口，输入"d："，再输入"cd Java"，进入 Java 目录，输入"javac HelloWorld. java"，这时在 Java 目录下面会新建一个 class 文件，然后输入"java HelloWorld"，此时命令行窗口中就输出"Hello World!"，结果如图 1 – 12 所示。

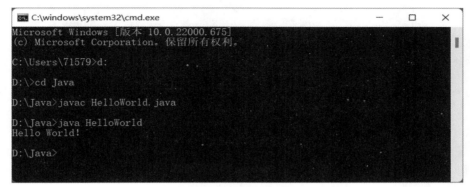

图 1 – 12 程序运行结果

采用记事本编写 Java 程序太烦琐，可以使用一些开发工具，比如 Eclipse。

1.4 项目实训

1.4.1 实训任务

完成 IDE 集成开发环境 Eclipse 的安装，在 Eclipse 中编写例 1 – 1 程序。具体内容如下：
①Eclipse 下载、解压、运行；
②在 Eclipse 中开发 Java Application 程序；
③执行 Java Application 程序。

1.4.2 任务实施

1. Eclipse 开发工具的下载、解压、运行

在开发 Java 语言过程中，需要一款不错的开发工具，目前市场上的 IDE 很多，本节介绍 Eclipse 开发工具的使用方法。

（1）Eclipse 的下载

Eclipse 是一个开放源代码的、基于 Java 的可扩展开发平台。可以进入 Eclipse 的官方网站 https：//www. eclipse. org/downloads/packages/进行下载，如图 1 – 13 所示，选择"Windows X86_64"下载。本书选择 eclipse – java – 2021 – 12 – R – win32 – x86_64. zip 解压包，直接解压即可。

（2）Eclipse 软件的解压

如图 1 – 14 所示，将"eclipse – java – 2021 – 12 – R – win32 – x86_64. zip"软件压缩包放置于"D：\"进行解压。

图 1 - 13　Eclipse 的官方网站下载

图 1 - 14　解压路径

（3）运行 eclipse. exe 文件

进入目录 D：\Eclipse，在如图 1 - 15 所示的窗口中双击运行 eclipse. exe 文件。如果无法启动，则说明 JDK 没有安装好或者"Path"环境变量没有设置正确。

在如图 1 - 16 所示的文本框中输入工作区文件夹，本例为"D：\Java"，单击"Launch"按钮，启动程序，弹出如图 1 - 17 所示的窗口。

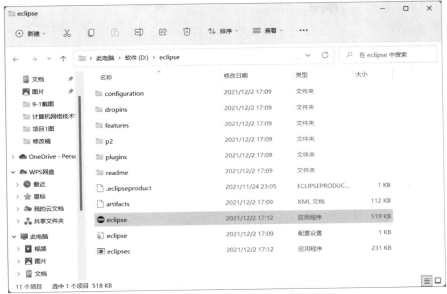

图 1 - 15 运行 eclipse. exe 文件

图 1 - 16 "Eclipse IDE Launcher" 对话框

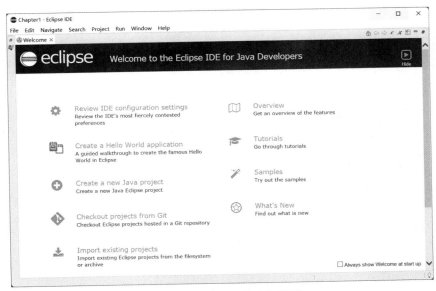

图 1 - 17 Eclipse 的欢迎界面

2. 在 Eclipse 中编写 Java Application 程序

（1）建立工程

执行 "File" → "New" → "Java Project" 命令，如图 1 – 18 所示，打开 "New Project" 窗口，输入 "chapter1" 工程名，如图 1 – 19 所示。单击 "Next" 按钮，然后单击 "Finish" 按钮，弹出如图 1 – 20 所示的窗口，完成工程的建立。

图 1 – 18　选择 "Java Project" 命令

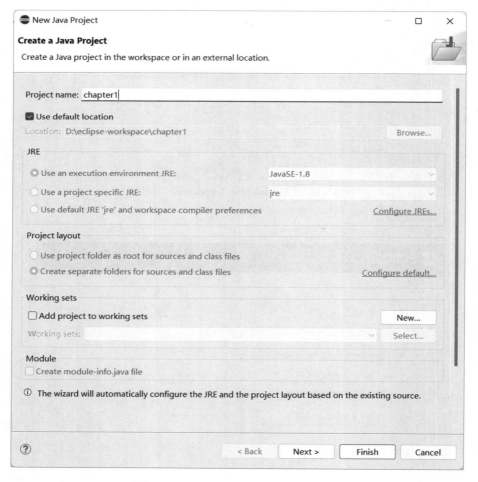

图 1 – 19　"New Java Project" 对话框

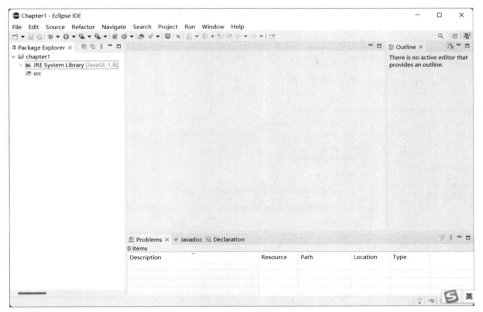

图 1-20　建立工程"HelloWorld"

（2）建立 Java Application 源程序

执行"File"→"New"→"Class"命令。在打开的如图 1-21 所示"New Java Class"窗口的"Name"文本框中输入 Java 源程序名，扩展名不用写，默认为".java"。例如，给出的 Java 源程序名为"HelloWorld"，勾选"public static void main"复选框后单击"Finish"按钮。

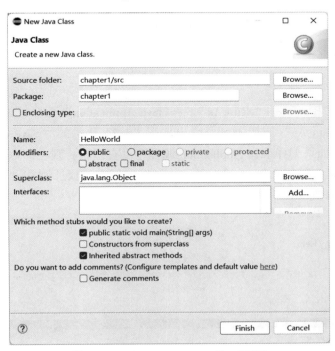

图 1-21　"New Java Class"对话框

建立 Java Application 应用程序框架后，可以在此编写程序，如图 1 – 22 所示，在本例中输入如下内容：

```
System.out.println("Hello World!");  //输出 Hello World
```

输入完毕，按 Ctrl + S 组合键保存。

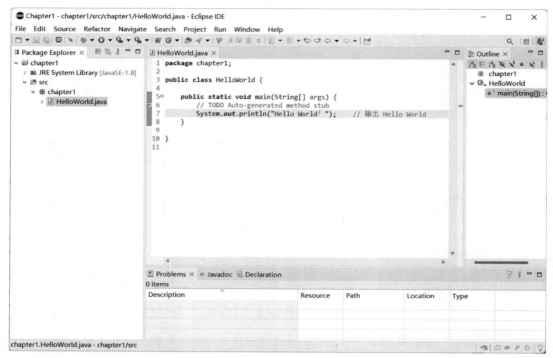

图 1 – 22　编写"HelloWorld. java"程序

1.4.3　任务运行

在菜单中执行"Run"→"Run As"→"Java Application"命令，如图 1 – 23 所示，或单击工具栏中的"Run As"按钮 ，弹出如图 1 – 24 所示的"Save and Launch"窗口，单击"OK"按钮。如果编译 Java Application 源程序没有错误，则在"Console"选项卡中可以看到运行结果，运行结果如图 1 – 25 所示；如果编译有错误，则在"Console"选项卡中显示错误信息，需修改源程序再编译运行。

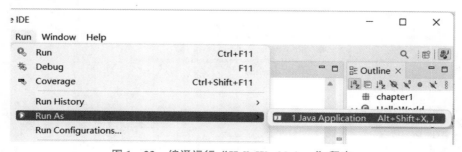

图 1 – 23　编译运行"HelloWorld. java"程序

图 1-24　"Save and Launch" 窗口　　　　图 1-25　"HelloWorld. java" 程序运行结果

1.5　项目小测

一、填空题

1. Java 语言的主要贡献者是_____。

2. Javac 是 Java 语言中的编译器，基本语法是 javac［选项］_____，Java 是 Java 语言中的解释器，基本语法是 java［选项］_____。

二、选择题

1. 编译 Java Application 源程序文件将产生相应的字节码文件，这些字节码文件的扩展名是（　　）。

A. . java　　　　　　B. . class　　　　　　C. . html　　　　　　D. . exe

2. main（）方法是 Java Application 程序入口点，关于 main（）方法的首部，以下合法的是（　　）。

A. public static void main（）

B. public static void mian（String args［]）

C. public static int main（String［] arg）

D. public void main（String arg［]）

三、判断题

1. Java 语言具有良好的安全性和可移植性及与平台无关等特性。　　　　　　（　　）

2. Java 语言的源程序不是编译型的，而是编译解释型的。　　　　　　　　　（　　）

四、简答题

1. Java 语言有哪 3 个版本？

2. JDK、JRE、JVM 三者之间的关系，以及 JDK、JRE 包含的主要结构有哪些？

3. 在 Windows 系统下安装 JDK，需要配置哪些系统变量？

五、编程题

1. 搭建 Java 开发环境，下载 Eclipse，编程实现输出"我会写 Java 程序了!"。

2. 编程实现输出如图 1-26 所示的由"＊"组成的三角形。

```
      *
     ***
    *****
   *******
```

图 1-26　题 2 图

项目2

Java语言基础

【项目导读】

在Java程序开发中必须遵循Java基本语法。本项目从Java标识符、Java基本关键字开始介绍，接着介绍Java各种数据类型及其使用，然后介绍各类运算符的使用，以及Scanner类的使用，为后期Java项目开发奠定基础。最后，通过项目实训，进行秒数时间转换和圆的周长计算，巩固本项目所讲解的内容。

【学习目标】

本项目学习目标为：

（1）掌握Java语言的标识符。

（2）掌握Java语言的基本数据类型。

（3）掌握Java语言的运算符。

（4）掌握Scanner类的使用方法。

【技能导图】

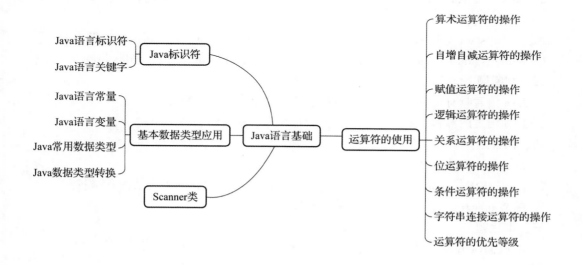

【思政课堂】

培养更多高素质技术技能人才能工巧匠大国工匠

2021 年 4 月 13 日 12：09　｜　来源：新华社 官方微博

习近平总书记对职业教育工作作出重要指示强调，在全面建设社会主义现代化国家新征程中，职业教育前途广阔、大有可为。要坚持党的领导，坚持正确办学方向，坚持立德树人，优化职业教育类型定位，深化产教融合、校企合作，深入推进育人方式、办学模式、管理体制、保障机制改革，稳步发展职业本科教育，建设一批高水平职业院校和专业，推动职普融通，增强职业教育适应性，加快构建现代职业教育体系，培养更多高素质技术技能人才、能工巧匠、大国工匠。各级党委和政府要加大制度创新、政策供给、投入力度，弘扬工匠精神，提高技术技能人才社会地位，为全面建设社会主义现代化国家、实现中华民族伟大复兴的中国梦提供有力人才和技能支撑。

2.1　标识符

标识符

2.1.1　标识符

标识符用来表示常量、变量、类、方法、数组、文件、接口、包等各类元素的名字。Java 语言中的标识符是由字母、下划线、美元符号（$）和数字组成的，并且需要遵守以下的规则：区分大小写；应以字母、下划线或 $ 符号开头，不能以数字开头；没有长度限制，标识符中最多可以包含 65 535 个字符；自定义的标识符不能使用 Java 中的关键字。

标识符分为两类，分别为关键字和用户自定义标识符。关键字是有特殊含义的标识符，又称保留字，如 true、false 表示逻辑的真假；用户自定义标识符是由用户按标识符构成规则生成的非保留字的标识符，如 abc 就是一个标识符。

以下为标识符举例：

①合法标识符：date、$2011、_date、D_ $date 等。

②不合法的标识符：123. com、2com、for、if 等。

提示：使用自定义标识符时，一定要注意，不能与关键字重名。

2.1.2　关键字

关键字是具有专门的意义和用途标识符，和自定义的标识符不同，不能当作一般的标识符来使用，关键字标识符由系统专用。如：for 是关键字，它用来表示循环；break 也是关键字，它用来表示跳出循环。

Java 的关键字对 Java 编译器有特殊的意义，它们可以用来表示一种数据类型，或者表示程序的结构等。

Java 语言目前定义了多个关键字，这些关键字不能作为变量名、类名和方法名来使用，下面举出一些典型的关键字，见表 2-1。

表 2 – 1　典型关键字

关键字类别	关键字	说明
程序流程控制语句	break	跳出循环
	case	定义一个值以供 switch 选择
	default	默认
	do	运行
	else	否则
	for	循环
	if	如果
	return	返回
	switch	根据值选择执行
	while	循环
包相关	import	引入
	package	包
基本数据类型	boolean	布尔型
	byte	字节型
	char	字符型
	double	双精度浮点
	float	单精度浮点
	int	整型
	long	长整型
	short	短整型

提示：由于 Java 区分大小写，因此 int 是关键字，而 inT 则不是关键字。在使用自定义标识符的时候，要尽量避免使用关键字的其他形式。

2.2　基本数据类型

基本数据类型

2.2.1　常量

常量是指在程序的整个运行过程中值保持不变的量，是不能改变的数据，例如：数字 1，字符 'a'，它们均属于常量。常用常量包括整型常量、实型常量、布尔型常量、字符型和字符串型常量。

1. 整型常量值

Java 的整型常量值主要有十进制数形式、八进制数形式、十六进制数形式三种。

十进制数形式：如 5、100、–60。

八进制数形式：Java 中的八进制常数的表示以 0 开头，如 012 表示十进制数 10，–0100 表示十进制数 –64。

十六进制数形式：Java 中的十六进制常数的表示以 0x 或 0X 开头，如 0x360 表示十进制数 864，–0x36 表示十进制数 –54。

整型（int）常量默认在内存中占 32 位，是具有整数类型的值，当运算过程中所需值超过 32 位长度时，可以把它表示为长整型（long）数值。长整型类型则要在数字后面加 L 或 l，如 697L，表示一个长整型数，它在内存中占 64 位。

2. 浮点常量值

浮点类型是带有小数部分的数据类型，也称实型。Java 中有单精度 float 和双精度 double 两种类型的浮点数。

最常用的浮点类型是 double，如 3.14D、2.5d 等都是 double 类型。默认情况下，可以省略其后缀 D 或 d。若要指定 float 类型的数据，则需在浮点数后面加后缀 F 或 f，如 3.14F 或 2.5f 为 float 类型的数据。

3. 布尔型常量值

Java 的布尔型常量值有 false（假）和 true（真）两种。

4. 字符型和字符串常量值

Java 的字符型常量值是用单引号引起来的一个字符，如‘a’。需要注意的是，Java 字符串常量值中的单引号和双引号不可混用。双引号用来表示字符串，像“a”“d”等都是表示单个字符的字符串。

2.2.2　变量

变量是 Java 程序中用于标识数据的存储单元。Java 语言是强类型（Strongly Typed）语言，强类型包含以下两方面的含义：

①所有的变量必须先声明、后使用。

②指定类型的变量只能接受类型与之匹配的值。

常量和变量是 Java 程序中最基础的内容。常量的值是不能被修改的，而变量的值在程序运行期间可以被修改。

1. 变量的声明

在 Java 中，用户可以通过指定数据类型和标识符来声明变量，其基本语法如下所示：

```
数据类型 变量名；
```

或者

```
数据类型 变量名 = 变量值；
```

其中：

变量类型主要包括 int、string、char 和 double 等。

变量名为标识符，也叫变量名称。

变量值为存储在变量内的值，可在变量声明时给变量赋值。

变量的命令必须符合标识符的命名规则。

2. 变量的赋值

初始化变量是指为变量指定一个明确的初始值。初始化变量有两种方式：声明时直接赋值或者先声明、后赋值。

如：

```
int a = 123;//声明时赋值
```

或

```
char abc;  //先声明
abc = "男";  //后赋值
```

多个同类型的变量可以同时定义或者初始化。

如：

```
int a b c;  //声明多个变量
int a = 1,b = 2,c = 3;  //声明并初始化多个变量
```

2.2.3 变量的数据类型

Java 语言中的数据类型分为基本数据类型和引用数据类型。基本数据类型共有 8 种，见表 2 - 2，包括 4 种整数类型（byte、short、int 和 long）、两种实数（浮点数）类型、字符类型（char）和布尔类型（boolean）。引用数据类型包括字符串（String）、类（class）、接口（interface）、数组等，其中字符串类型兼具某些基本数据类型的特征。

表 2 - 2　基本数据类

基本数据类型	关键字	表示范围	位数
字节型	byte	$-128 \sim 127$	8
短整型	short	$-2^{15} \sim 2^{15} - 1$	16
整型	int	$-2^{31} \sim 2^{31} - 1$	32
长整型	long	$-2^{63} \sim 2^{63} - 1$	64
单精度浮点型	float	$-3.402\ 8 \times 10^{38} \sim 3.102\ 8 \times 10^{38}$	32
双精度浮点型	double	$-1.797\ 69 \times 10^{308} \sim +1.797\ 69 \times 10^{308}$	64
字符型	char	采用 Unicode 编码，可以表示中文	16
布尔型	boolean	true 或 false	

1. int 类型

int 类型变量的定义和赋值：

例如：int a = 3；//整型变量 b 的赋值

通常情况下，int 型是最常用的。

2. long 类型

long 类型变量的定义和赋值：

例如：long n = 10L；//长整型变量 n 的赋值

程序中如果需要使用 long 型，则需要在数值中添加后缀 "L" 或 "l"。

3. float 类型

float 类型变量的定义和赋值：

例如：float f1 = 11.5f；//float 变量 f1 的赋值

注意：float 类型的常量必须在数字后面使用 "f" 或 "F" 标识，如果浮点数不加后缀，它的默认类型为 double 类型；如果写成 float f1 = 11.5，编译的时候将会出错。

4. double 类型

double 类型变量的定义和赋值：

例如：double dd = 28.5；//double 变量 dd 赋值

通常情况下，如果定义浮点数据类型变量，double 型是最常用的。

5. char 类型

字符型变量的定义和赋值：

例如：char c = 'a'；//字符型变量的赋值

字符常量使用单引号扩起来，另外，下面的写法也是正确的：

```
char c = 98;
```

实际上，98 是字符 b 的编码，和 c = 'b'的效果是完全相同的。

变量的定义和赋值可以分开进行，例如：

```
int n1;//变量的定义(声明)
n1 = 33;//变量的赋值
```

注意：可以把小作用范围变量值赋给大作用范围的变量，但是不能把大作用范围值赋给小作用范围的变量，例如：byte b2 = 43444。这个赋值就会产生错误，因为 byte 表示的范围是 -128 ~ 127，43444 超出了 byte 类型能够表示的范围。

例 2 - 1　变量的使用。

```
package Chapter2;
public class example2_1 {
    public static void main(String[] args) {
        int number;//变量的声明
        number = 10;//变量的赋值
        System.out.println(number);
    }
}
```

执行结果如图 2 – 1 所示。

图 2 – 1　变量的使用

2.2.4　变量的作用域

变量需要先定义后使用，但这并不意味着定义的变量在之后所有语句中都可以使用。变量需要在它的作用范围内才可以被使用，这个作用范围称为变量的作用域。在程序中，变量一定会被定义在一对大括号中，该大括号所包含的代码区域便是这个变量的作用域。

下面通过一个代码片段分析变量的作用域。

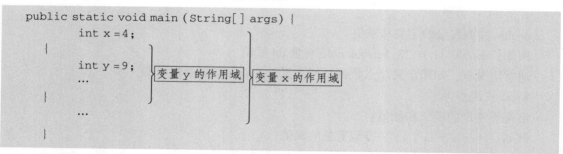

可以发现，所示代码有两层大括号。其中，外层大括号所标识的代码区域是变量 x 的作用域，内层大括号所标识的代码区域是变量 y 的作用域。

2.2.5　数据类型转换

在程序中，经常需要对不同类型的数据进行运算，为了解决数据类型不一致的问题，需要对数据的类型进行转换。例如，一个浮点数和一个整数相加，必须先将两个数转换成同一类型。根据转换方式的不同，数据类型转换可分为自动类型转换和强制类型转换两种，下面分别进行讲解。

1. 自动转换

在 Java 中，整型、浮点型、字符型被视为简单数据类型，这些类型由低级到高级为
byte→short、char→int→long→float→double。

自动转换是不用任何特殊说明的，系统会自动将其值转换为对应的类型。在 Java 中，低级的数值可以自动转换为高级的类型，转换实例如下：

```
byte b = 27;      //byte 类型
char c = 'a';      //char 类型
int i = b;        //将 byte 转换为 int
short s = b;      //将 byte 转换为 short
long m = c;       //将 char 转换为 long
```

注意：如果低级类型为 char 型，向高级类型（整型）转换时，会转换为对应 Unicode 码值，例如：

```
char c = 'a';
int i = c;
Systemctl.out.println("output:" + i);
```

输出为：

```
output:97
```

2. 强制类型转换

在 Java 中，有时需要将高级数据转换成低级的类型，这种转换可用强制类型转换完成。强制类型转换的语法格式：

```
目标类型 目标变量 = (转换的目标类型)待转换的变量或数值；
float f = (float)10.1;
int i = (int)f;
```

注意：boolean 类型不能和任何数据类型进行转换。

运算符

2.3　运算符

在程序中经常出现些特殊符号，如 + 、 - 、　、 = 、 > 等，这些特殊符号称为运算符。运算符用于对数据进行算术运算、赋值运算和比较运算等。在 Java 中，运算符可分为算术运算符、赋值运算符、比较运算符等，运算符优先级决定了表达式中运算执行的先后顺序，下面就各类运算符进行介绍。

2.3.1　算术运算符

标准的算术运算符有 + 、 - 、 * 、/和%，分别代表加、减、乘、除、取模（算数中的求余数）。另外， + 和 - 也可以作为单目运算符，表示正、负。

例 2 - 2　算术运算符应用。

```
package Chapter2;
public class example2_2 {
    public static void main(String[] args) {
        int a = 10;//定义整型变量并赋值
        int b = 20;        //定义整型变量并赋值
        System.out.println("a + b = " + (a + b));    //实现加法运算
        System.out.println("a - b = " + (a - b));    //实现减法运算
        System.out.println("a * b = " + (a * b));    //实现乘法运算
        System.out.println("b / a = " + (b / a));//实现除法运算
        System.out.println("b % a = " + (b % a));    //实现取余运算
    }
}
```

执行结果如图 2 - 2 所示。

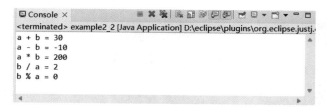

图 2 - 2　算术运算符使用

2.3.2　自增和自减运算符

自增、自减运算符包括自增 ++ 和自减 -- 两种，用法有 ++ i、i ++ 、-- i、i -- 四种，操作数在前面先赋值，操作数在后面后赋值，其含义见表 2 - 3。

表 2 - 3　自增自减运算符

运算符	含义	举例	效果
i ++	将 i 的值先使用再加 1 赋给 i 变量本身	A ++	A = A + 1（先使用后加 1）
++ i	将 i 的值先加 1 赋给变量 i 本身后再使用	++ A	A = A + 1（先加 1 后使用）
i --	将 i 的值先使用，再减 1 赋给变量 i 本身	A --	A = A - 1（先使用后减 1）
-- i	将 i 的值先减 1，赋给变量 i 本身再使用	-- A	A = A - 1（先减 1 后使用）

例 2 - 3　自加运算符。

```java
package Chapter2;
public class example2_3 {
    public static void main(String[] args) {
        int x1 = 3; //定义整型变量并赋值
        int x2 = 3; //定义整型变量并赋值
        int y1 = x1 ++; //++在后面
        int y2 = ++x2; //++在前面
        System.out.println("y1 = " +y1);
        System.out.println("y2 = " +y2);
    }
}
```

执行结果如图 2 - 3 所示。

图 2 - 3　自加运算符使用

例 2 - 4　自减运算符。

```
package Chapter2;
public class example2_4 {
    public static void main(String[] args) {
        int x1 = 3; //定义整型变量并赋值
        int x2 = 3; //定义整型变量并赋值
        int y1 = x1 --; //--在后面
        int y2 = --x2; // --在前面
        System.out.println("y1 = " +y1 + "y2 = " +y2);
    }
}
```

执行结果如图 2 - 4 所示。

图 2 - 4　自减运算符使用

2.3.3　赋值运算符

赋值运算符 " = "用来把一个表达式的值赋给一个变量。如果赋值运算符两边的类型不一致，当赋值运算符右侧表达式的数据类型比左侧的数据类型优先级别低时，则数据自动被转化为与左侧相同的高级数据类型，然后将值赋给左侧的变量。当右侧数据类型比左侧数据类型优先级高时，则需要进行强制类型转换，否则会发生错误。

格式：变量名 = 变量值

赋值运算符的优先级低于算术运算符，结合方向是自右向左；不是数学中的等号，它表示一个动作，即将其右侧的值送到左侧的变量中。

赋值运算符与其他运算符一起使用，可以表达多种赋值运算的结果。

赋值运算符和算术运算符组成的复合赋值运算的含义及其使用实例见表 2 - 4。

表 2 - 4　复合赋值运算

运算符	含义	举例	效果
+=	加等于	A += 2	A = A + 2
−=	减等于	A −= 2	A = A − 2
* =	乘等于	A * = 2	A = A * 2
/ =	除等于	A/ = 2	A = A/2
%=	取余等于	A% = 2	A = A%2

例 2 - 5　赋值运算符应用。

```
package Chapter2;
public class example2_5 {
    public static void main(String[] args) {
        double price = 10.25; //定义商品的单价,赋值为10.25
        double total = 0; //定义总价初始为0
        int count = 2; //定义购买数量,赋值为2
        price −= 1.25; //减去降价得到当前单价
        count * = 5; //现在需要购买10个,即原来数量的5倍
        total = price * count; //总价 = 当前单价 * 数量
        System.out.printf("商品当前的单价为:%4.2f \n", price); //输出当前单价
        System.out.printf("购买商品的数量为:%d \n", count); //输出购买数量
        System.out.printf("总价为:%4.2f \n", total); //输出总价
    }
}
```

执行结果如图 2 - 5 所示。

图 2 - 5　赋值运算符使用

2.3.4　逻辑运算符

逻辑运算符包括与、或、非三种，逻辑运算符把各个运算的关系表达式连接起来组成一个复杂的逻辑表达式，以判断程序中的表达式是否成立，判断的结果是 true 或 false。

逻辑运算符及其具体运算规则见表 2 - 5。

表 2 – 5   逻辑运算符

运算符	含义	举例	结果
&&	与	2 > 1&&3 < 4	true
||	或	2 < 1 || 3 > 4	false
!	非	! (2 > 4)	true

&& 只有当两个操作数都为真时，结果为真，只要有一个（或两个）操作数为假时候，结果为假；|| 只有当两个操作数都为假时，结果为假，只要有一个（或两个）操作数为真时候，结果为真。

例 2 – 6   逻辑运算符。

```
package Chapter2;
public class example2_6 {
    public static void main(String[] args) {
        boolean b1 = true;//变量赋值
        boolean b2 = false;//变量赋值
        //进行各种布尔运算，并输出结果
        System.out.println("b1 = " +b1 + "b2 = " +b2);//打印两个变量的值
        System.out.println("b1&&b2 = " +(b1&&b2));//逻辑与计算
        System.out.println("b1 ||b2 = " +(b1 ||b2));//逻辑或计算
        System.out.println("!b1 = " +(! b1));//逻辑非计算
        System.out.println("b1^b2 = " +(b1^b2));
    }
}
```

执行结果如图 2 – 6 所示。

图 2 – 6   逻辑运算符

2.3.5   关系运算符

关系运算符也可以称为"比较运算符"，用于比较判断两个变量或常量的大小，其运算结果为 true 或 false。关系运算符的运算规则见表 2 – 6。

表 2-6　关系运算符

运算符	含义	举例	结果
>	大于运算符	2 > 3	false
>=	大于或等于运算符	4 >= 2	true
<	小于运算符	2 < 3	true
<=	小于或等于运算符	4 <= 2	false
==	相等运算符	4 == 4 97 == 'a' 5.0 == 5 true == false	true true true false
!=	不等于运算符	9! = 8	true

2.3.6 位运算符

Java 定义了位运算符，应用于整数类型（int）、长整型（long）、短整型（short）、字符型（char）和字节型（byte）等类型。

位运算符作用在所有的位上，并且按位运算。假设 a = 60，b = 13，它们的二进制格式表示为 A = 0011 1100，B = 0000 1101，其按位运算见表 2-7。

表 2-7　位运算符

运算符	含义	举例	结果
&	如果相对应位都是 1，则结果为 1，否则为 0	(A&B)	得到 12，即 0000 1100
|	如果相对应位都是 0，则结果为 0，否则为 1	(A | B)	得到 61，即 0011 1101
^	如果相对应位值相同，则结果为 0，否则为 1	(A ^ B)	得到 49，即 0011 0001
~	按位取反运算符。翻转操作数的每一位，即 0 变成 1，1 变成 0	(~A)	得到 -61，即 1100 0011
<<	按位左移运算符。左操作数按位左移右操作数指定的位数	A << 2	得到 240，即 1111 0000
>>	按位右移运算符。左操作数按位右移右操作数指定的位数	A >> 2	得到 15，即 1111

2.3.7 条件运算符

条件运算符的一般形式为：

表达式 1？表达式 2：表达式 3

其中，表达式 1 的值必须为布尔类型，如果结果为 true，则执行表达式 2，表达式 2 的执行结果即为整个表达式的值；如果表达式 1 的结果为 false，则执行表达式 3，表达式 3 的结果作为整个表达式的值。

例如：

```
int max, a = 20,b = 15;
max = a > b? a:b;
```

执行的结果为 max = 20。

例 2 - 7 条件运算符的使用。

```
package Chapter2;
public class example2_7 {
    public static void main(String[ ] args) {
        int a , b;
            a = 10; //定义整型变量并赋值
            b = (a == 1) ? 20 : 30;
            //如果 a 等于 1 成立,则设置 b 为 20,否则为 30
            System.out.println( "Value of b is : " + b );
            b = (a == 10) ? 20 : 30;
            //如果 a 等于 10 成立,则设置 b 为 20,否则为 30
            System.out.println( "Value of b is : " + b );
    }
}
```

执行结果如图 2 - 7 所示。

图 2 - 7 条件运算符的使用

2.3.8 字符串连接运算符

"＋"用于连接字符串。

基本格式：a＋b

例 2 – 8 字符串连接运算。

```
package Chapter2;
public class example2_8 {
    public static void main(String[] args) {
        byte b = 3;
        int i = 10;
        double d2 = 23.5;
        char c = 's';
        java.util.Date d = new java.util.Date();
        //调用时间方法使用字符串与各种类型的数据进行连接
        System.out.println("byte 类型:" + b);
        System.out.println("int 类型:" + i);
        System.out.println("double 类型:" + d2);
        System.out.println("char 类型:" + c);
        System.out.println("其他类的对象:" + d);
    }
}
```

执行结果如图 2 – 8 所示。

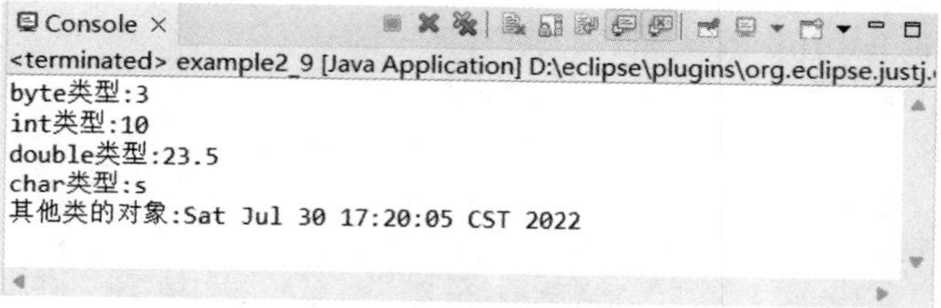

图 2 – 8 字符串连接运算

2.3.9 运算符优先级

对表达式进行运算时，要按照运算符的优先级从高到低进行运算，同级的运算符按从左到右的顺序进行。运算符的优先级共分为 14 级，其中 1 级最高，14 级最低。在同一个表达式中，运算符优先级高的先执行。表 2 – 8 列出了所有的运算符的优先级以及结合性。

表 2 – 8 运算符的优先等级

优先级	运算符	结合性
1	( )、[ ]、{ }	从左向右
2	!、+、-、~、++、--	从右向左
3	*、/、%	从左向右
4	+、-	从左向右
5	<<、>>、>>>	从左向右

续表

优先级	运算符	结合性
6	<、<=、>、>=、instanceof	从左向右
7	==、!=	从左向右
8	&	从左向右
9	^	从左向右
10	|	从左向右
11	&&	从左向右
12	||	从左向右
13	?：	从右向左
14	=、+=、-=、*=、/=、&=、|=、^=、~=、<<=、>>=、>>>=	从右向左

2.4 Scanner 类

SCANNER 类

Scanner 类是一个可以解析基本类型和字符串的简单文本扫描器，能够通过从 System. in 中读取键盘录入的数据。

导入包：使用 import 关键字导入包，在类的所有代码之前导入包，引入要使用的类型。java. lang 包下的所有类无须导入。

```
java.util.Scanner;
```

创建对象：使用该类的构造方法创建一个该类的对象。

```
Scannre sc = new Scanner(Systemctl.in);
```

调用方法：调用该类的成员方法完成指定功能。

```
int i = sc.nextInt();//接受一个键盘输入的整数
```

其常用的方法如下所示：

public byte nextByte()：获取一个 byte 类型的值。

public short nextShort()：获取一个 short 类型的值。

public int nextInt()：获取一个 int 类型的值。

public double nextDouble()：获取一个 double 类型的值。

public float nextFloat()：获取一个 float 类型的值。

public long nextLong()：获取一个 long 类型的值。

public String next()：获取一个 String 类型的值。读取输入直到空格，它不能读由空格隔开的单词。此外，next() 在读取输入后，将光标放在同一行中（next() 只读空格之前的数据，并且光标指向本行）。

public String nextLine( )：获取一个 String 类型的值。读取输入时包括单词之间的空格和除回车键以外的所有符号，即读到行尾。读取输入后，nextLine( )将光标定位在下一行。

例 2 – 9 使用 Scanner 类，完成接收键盘录入数据的操作。

```java
package Chapter2;
import java.util.Scanner;//导入包
public class example2_9 {
    public static void main(String[] args) {
        Scanner sc = new Scanner(System.in);//创建一个 scanner 类的对象
        int number = sc.nextInt();//调用包内的方法,从键盘上接收一个整型数据
        System.out.println("所输入的数据为:" + number);//输出数据
    }
}
```

执行结果如图 2 – 9 所示。

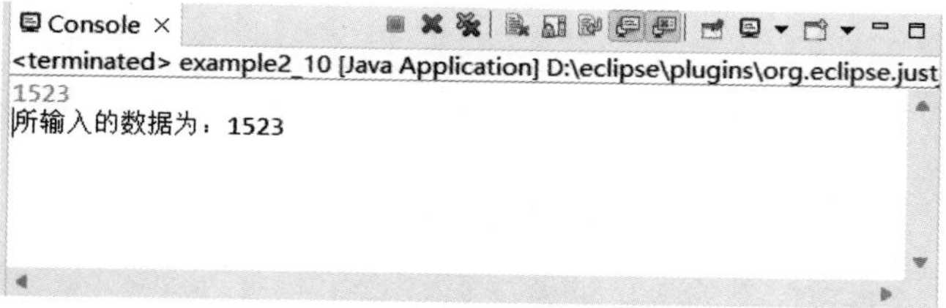

图 2 – 9 **Scanner** 类的使用

项目实训

2.5 项目实训

2.5.1 实训任务

①利用 Java 语言编写一个程序实现输入一个秒数转变为时分秒：

a. 提示用户输入整数类型的秒。

b. 将用户输入的秒转换为：X 小时 X 分 X 秒格式。

如：输入 7199，输出 1 小时 59 分 59 秒。

②利用 Java 语言编写一个程序计算圆的周长：

a. 提示用户输入圆的半径。

b. 输出圆的周长。

2.5.2 任务实施

1. 秒数转变为时分秒

（1）数据输入

关键代码如下：

```
System. out. println("请输入一个整数类型的秒数: ");
Scanner sc = new Scanner (System. in);//使用 Scanner 类
int number = sc.nextInt();       //使用 Scanner 类中的 netInt 方法,用于从键盘输入一个数
```

用于输入整数类型的秒数,需要使用 systemctl. out. println 语句打印提示语句,告诉用于输入一个数值;用户输入一个秒数,需要使用 Scanner 类,所以需要创建一个 Scanner 对象 sc;从键盘输入一个数,并且赋值给 number 变量,用于秒数转换。

(2) 时间转换

关键代码如下:

```
int hour = number /3600;          //拆分小时数
int minute = number%3600 /60;     //拆分分钟数
int second = number%60;           //拆分秒数
System.out.println( number + "秒拆分为:" + hour + "时" + minute + "分" + second +
"秒");//打印结果
```

将所输入的值进行拆分,1 小时有 3 600 秒,可以将输入的秒数与 3 600 整除,所得到的整数部分为小时数,因此采用算术运算符/;1 分钟为 60 秒,将秒数与进行 3 600 求余运算,再除以 60 所得数的整数部分,为分钟数,因此需要用到算数运算符% 和/;将秒数与60 求余所得的数为秒数,因此需要用到算数运算符%;可以将三个所得数分别赋给不同的变量,最后通过字符串连接运算符“ +”将所拆分的内容一次性打印。

程序的参考代码如下:

```
package Chapter2;
import java.util.Scanner;//导入包
public class Secondconversion {
        public static void main(String[] args) {
                //1. 提示用户输入整数类型的秒数并使用变量记录
                System. out. println("请输入一个整数类型的秒数: ");
                Scanner sc = new Scanner (System. in);
                int number = sc.nextInt();
                //2. 将秒数转换为时分秒并使用变量单独记录
                //3666 秒可表示为 1 小时 1 分钟 6 秒钟
                //3666 /3600 =1 小时
                //3666%3600 =66 /60 =1 分钟
                //3666%60 =6 秒钟
                int hour = number /3600;          //拆分小时数
                int minute = number%3600 /60;     //拆分分钟数
                int second = number%60;           //拆分秒数
                System.out.println(number + "秒拆分为:" + hour + "时" + minute + "
分" + second + "秒");
            }
    }
```

2. 计算周长

（1）半径输入

关键代码如下：

```
System.out.println("请输入一个圆的半径：");          //打印提示内容,提示用户输入半径
Scanner sc = new Scanner (System.in);              //使用 Scanner 类
double r = sc.nextDouble();
//使用 Scanner 类中的 nextDouble 方法,用于从键盘输入一个数,作为圆的半径
```

用于输入一个数作为圆的半径，需要使用 systemctl. out. println 语句打印提示语句；用户输入一个数，需要使用 Scanner 类，故创建一个 Scanner 对象 sc；通过 sc 使用 nextDouble 方法从键盘输入一个数，并且赋值为 r 变量。

（2）周长计算

计算周长，并赋值为变量 n，最终输出结果。

关键代码如下：

```
double n = 2 * 3.14 * r;                    //计算周长
System.out.println("圆的周长为" +n);          //打印周长
```

通过算数运算符 * 进行连乘，得到周长，并把结果赋给变量 n，接着将周长打印。

程序的参考代码如下：

```
package Chapter2;
import java.util.Scanner;
public class Calculateperimeter {
    public static void main(String[] args) {
        System.out.println("请输入一个圆的半径：");
        Scanner sc = new Scanner (System.in);
        double r = sc.nextDouble();
        double n = 2 * 3.14 * r;
        System.out.println("圆的周长为" +n);
    }
}
```

2.5.3 任务运行

1. 秒数转变为时分秒

运行成功后，输入一个秒数为 12 346，经过转换，其结果为 3 小时 29 分 6 秒，结果如图 2－10 所示。

2. 求周长

运行成功后，输入一个半径为 20，经过计算，得到半径为 20 的圆的周长为 125.60000000000001，如图 2－11 所示。

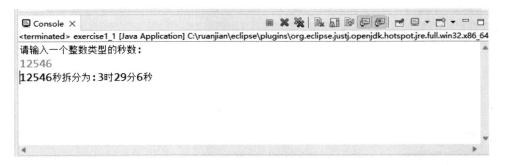

图 2 - 10　秒数转换

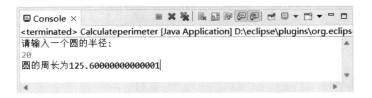

图 2 - 11　周长计算结果

2.6　项目小测

一、填空题

1. 以下代码的输出结果是_____。

```java
package Chapter2;
public class lianxi {
    public static void main(String[] args) {
        int i = 9;
        char c = 'a';
        char d = (char)(c + 1);
        System.out.println(d);
    }
}
```

2. int x = 2，y = 4，z = 3，则 x > y& &x > y 的结果是_____。

3. 在 Java 语言中，逻辑常量只有 true 和_____两个值。

二、选择题

1. 下列属于正确标识符的选项有（　　　）。

A. int   B. $ _Count   C. 3M   D. b - 7

2. 下列代码的执行结果是（　　　）。

```
public class Beirun{
    public static void main(String args[]){
        float t = 9.0f;
        int q = 5;
        System.out.println((t ++) * ( --q));
    }
}
```

A. 40   B. 40.0   C. 36   D. 36.0

3. 下列运算符中，（ ）是布尔逻辑运算符。

A. ++   B. <<   C.)   D. &

4. 下面的代码段中，执行之后 i 和 j 的值是（ ）。

```
int i = 1; int j;
j = i ++;
```

A. 1，1   B. 1，2   C. 2，1   D. 2，2

5. 下面正确的是（ ）。

A. >> 是算术右移操作符   B. >> 是逻辑右移操作符

C. >> 是算术右移操作符   D. >>> 是逻辑右移操作符

6. 下面不是 Java 的原始数据类型的是（ ）。

A. short   B. Boolean   C. unit   D. float

7. 下面是 int 型的取值范围的是（ ）。

A. $-27 \sim 27-1$ B. $0 \sim 232$

C. $215 \sim 215-1$ D. $-231 \sim 231-1$

8. 在 Java 语句中，运算符 && 实现（ ）。

A. 逻辑或   B. 逻辑与

C. 逻辑非   D. 逻辑相等

9. 下列运算符合法的是（ ）。

A. &&   B. < >   C. if   D. =

三、判断题

1. 变量命名的时候，可以使用关键字。   （   ）

2. 156abc 是合法的标识符。   （   ）

3. ABC 和 abc 是不同的标识符。   （   ）

4. 布尔型常量值包括 false 和 true 两种。   （   ）

5. 使用变量之前必须对变量进行声明。   （   ）

6. 在变量赋值时，char a = c 和 char a = 98 含义相同。   （   ）

7. a ++ 和 ++ a 的区别为，前者先用后加，后者先加后用。   （   ）

8. 算数运算符 / 为取余运算。   （   ）

9. 逻辑运算符 && 表示与运算。   （   ）

10. 运算符优先级中，"=="运算符比"="运算符优先。   （   ）

四、简答题

1. 标识符的命名规则是什么？

2. Java 的基本数据类型有哪些？

3. 设数据的源码为 10100110，这个数据的补码是多少？

五、编程题

1. 写一个程序，输出你的姓名、身份证号、年龄、所在大学、专业、入学年限和学制。

2. 其实可以通过父母的身高大致推断出子女的身高，假定父母与子女的身高遗传关系如下：

$$儿子身高(厘米) = (父亲身高 + 母亲身高) \times 1.08 \div 2$$

$$女儿身高(厘米) = (父亲身高 \times 0.923 + 母亲身高) \div 2$$

已知父亲身高 175 cm，母亲身高 160 cm，请将预测的子女身高打印输出。

项目 3

程序的控制结构

【项目导读】

默认情况下，在 Java 程序中语句按照顺序依次执行。但在实际设计算法中，情况比较复杂，需要对执行语句进行控制。流程控制语句主要有两种：分支结构语句和循环结构语句。

【学习目标】

本项目学习目标为：

（1）了解、掌握顺序结构的基本语法和使用方法。
（2）了解、掌握分支结构的基本语法和使用方法。
（3）了解、掌握循环结构的基本语法和使用方法。
（4）了解、掌握跳转语句的基本语法和使用方法。
（5）了解、掌握方法的基本语法和使用方法。
（6）了解、掌握递归的基本语法和使用方法。

【技能导图】

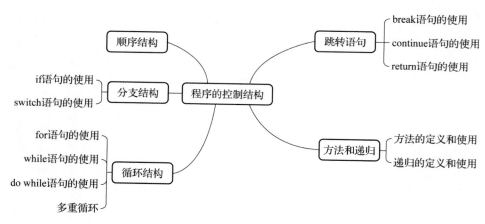

【思政课堂】

用青年的担当责任，扛起民族复兴的大旗

党的十八大报告中指出："中国特色社会主义事业是面向未来的事业，需要一代又一代

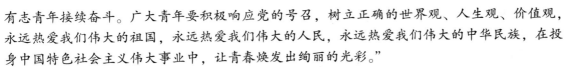

有志青年接续奋斗。广大青年要积极响应党的号召，树立正确的世界观、人生观、价值观，永远热爱我们伟大的祖国，永远热爱我们伟大的人民，永远热爱我们伟大的中华民族，在投身中国特色社会主义伟大事业中，让青春焕发出绚丽的光彩。"

勇立时代潮头、争做时代先锋，这是对青年的殷切期望，更是青年自身成长、实现价值的必由之路。只要青年保持初生牛犊不怕虎、越是艰险越向前的刚健勇毅，国家就有力量，民族就有希望。

一代人有一代人的青春，一代人有一代人的使命。中国改革开放以来取得的举世瞩目的成就，离不开代代人的接力奋斗，时代在前进，使命在升华。新时代中国青年既面临着难得的建功立业的人生际遇，也面临着"天将降大任于斯人"的时代使命。在中国共产党的领导下，中国特色社会主义进入了新时代。站在中国特色社会主义新的历史方位，中国青年应该厚植家国情怀，担负起时代使命，为实现中华民族伟大复兴贡献青春力量。

奋斗是青年应有的姿态，是青年担当历史使命的贯穿线。"幸福都是奋斗出来的"。自中华人民共和国成立迄今，将近70年的时间，从百废待兴的落后的农业国到跻身世界第二大经济体，京九铁路的全面展开，三峡工程的开工，香港、澳门的回归，腾讯、百度、淘宝在中国的成立，中国第一次载人飞船"神舟五号"顺利飞行，北京奥运会，"嫦娥一号""嫦娥二号""嫦娥三号"的顺利飞行，等等，无不凝聚着代代青年人的热血奋斗。

"天下难事，必作于易；天下大事，必作于细"。时代是思想之母，实践是时代之源。当前我们比任何时期都更接近中华民族伟大复兴。中国梦是民族的梦，也是每一个人的梦，更是每一个青年最应为之拼搏的梦。青年应积极投身中国梦的伟大实践中去，在实践中激扬青春梦，让青春绽放出最绚丽的色彩。

青春不止，奋斗不息。青年，应当在回首往事的时候，不因虚度年华而悔恨，也不因碌碌无为而羞愧。我们比任何时候都更加接近全面建成小康社会，站在社会主义新时代，时代呼唤青年，青年既是中国梦的圆梦人，也是见证者，当前青年的奋斗内容就是要将自身的理想融入国家的复兴当中，为国家发展作贡献，是青春最绚丽的色彩。

勇于担当时代责任和历史使命意味着时代新人应自觉抓住大有可为的历史机遇。要以奋进者的姿态披荆斩棘，不断开拓进取，开辟新的局面。满足现状、观望等待、不思进取、坐享其成、被动应付、行动缓慢只能错失历史机遇。时代新人需要具备"实干"精神。要勇于改革，善于创新创造，发扬钉钉子精神，把工作落到实处，将改革进行到底。时代新人需要增强"会干"的本领，要掌握科学的思想方法和工作方法，不断提高战略思维、历史思维、辩证思维、创新思维和底线思维，树立大局意识，增强驾驭复杂局面的能力、提高破解难题的本领，在实现中华民族伟大复兴中国梦中贡献自己的智慧和力量。

参考文献：

[1]《新湘评论》2022 年第 9 期.

[2] https://www.sohu.com/a/553180996_530237.

3.1　结构化程序设计

顺序、分支、循环 3 种基本结构组成了结构化程序设计。程序都可以由这 3 种结构组成。

顺序结构是按照代码先后出现的顺序从上而下地执行。

分支结构是对条件作出判断，然后根据判断的结果从两种以上的多条执行路径中选择一条执行的执行路径。

循环结构是一定条件下将一段代码重复执行。

三种结构的执行过程如图 3-1 所示。

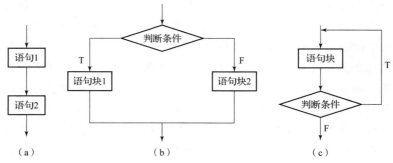

图 3-1　结构化程序设计的 3 种基本结构

（a）顺序结构；（b）分支结构；（c）循环结构

在 Java 中，通过使用流程控制语句来控制程序的执行，以便实现分支结构和循环结构。流程控制语句包括条件语句、循环语句和跳转语句。

3.2　分支结构

在实际生活中经常需要作出一些判断，比如，作为学生，考试通过，获得成绩；不通过，下学期就要补考。Java 中有一种特殊的语句，叫作分支结构语句，它需要对一些条件作出判断，然后根据判断的结果从两种以上的执行路径中选择一条执行路径。这里所说的执行路径是指一组语句。分支结构语句分为 if 条件语句和 switch 条件语句，本节针对分支结构语句进行讲解。

3.2.1　if 语句

if 语句作为 Java 程序中最常见的选择结构语句，选择前的判断称为条件表达式，简称为条件，它是一个结果为逻辑型量的关系表达式或逻辑表达式，根据这个表达式的值是"真"或"假"来决定选择执行语句。if 条件语句可以分成三种语法格式，本小节将会详细介绍这三种 if 语句。

1. if 语句

if 条件语句流程：判断条件是否是一个布尔值，当判断条件为 true 时，if 条件执行语句才会执行；当判断条件为 false 时，if 条件执行语句不会执行。执行过程如图 3-2 所示。

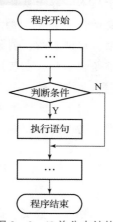

图 3-2　if 单分支结构

语法表示：

```
if(条件表达式)
{
语句;
}
```

说明如下：

①条件表达式一般为逻辑表达式或关系表达式，也可以是数值表达式，表达式的值为真或假。表达式为真时，才可执行语句。

②语句可以是一条简单的语句或多条语句，如果为多条语句时，需要有大括号括起来，构成复合语句块；如果只是一条简单的语句，大括号可以省略。

③在这种语法格式中，只有 if 语句，没有 else 语句。它表明如果条件表达式成立，则执行语句序列，否则直接执行 if 语句之后的其他语句。

例 3 – 1　输入一个学生的年龄，判断输入数据的合法性，输入的年龄在 0 ~ 100 范围内为合法输入，否则为不合法输入（运用单分支 if 语句实现）。代码如下：

```java
import java.util.*;
public class example3_1{
    public static void main(String[] args) {
        System.out.println("请输入学生年龄:");
        Scanner input = new Scanner(System.in);
        int age = input.nextInt();
        if(age < 0 || age > 100) {
            System.out.println("输入年龄不合法");
        }
        if(age >= 0 && age <= 100) {
            System.out.println("输入年龄合法");
        }
    }
}
```

在运行 example3_1 程序的时候，需要传递一些参数，Scanner 类可以很方便地获取键盘输入的参数，并将参数转换为整型或者字符型。利用 Scanner 类接收参数值 age，并转为整型值。年龄小于 0 或年龄大于 100，程序输出"输入年龄不合法"；若年龄在 0 ~ 100 范围内，程序输出"输入年龄合法"。

执行结果如图 3 – 3 所示。

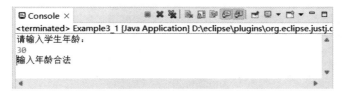

图 3 – 3　判断年龄是否是合法输入

例如，程序从键盘输入参数 30 后回车，首先判断 age 是否小于 0 或大于 100，30 不满足第一个 if 条件判断，条件值 false；再执行第二个 if 条件判断，30 在 0～100 之间，满足条件，输出"输入年龄合法"。

2. if – else 语句

if – else 语句是先判断条件表达式的值，如果值为"真"，执行语句 1；否则，执行语句 2。执行过程如图 3 – 4 所示。

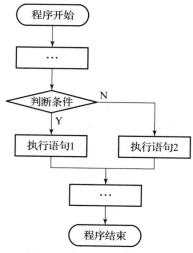

图 3 – 4　if – else 分支结构

语法表示：

```
if(条件表达式)
{
    语句1;
}else{
    语句2;
}
```

说明如下：

if 需要判断条件表达式的逻辑值，else 无须再判断条件表达式。条件表达式可以是算术表达式、关系表达式和逻辑表达式。

例 3 – 2　输入两个数，输出其中的较大的数。

```
import java.util.Scanner;
public class example3_2 {
    public static void main(String[] args) {
        System.out.println("请输入两个数:");
        Scanner input = new Scanner(System.in);
        int num1 = input.nextInt();
        int num2 = input.nextInt();
        if(num1 > num2)
```

```
            System.out.println("max = " +num1);
        else
            System.out.println("max = " +num2);
    }
}
```

结果如图 3 – 5 所示。

图 3 – 5　输出较大的数

本例程序从键盘输入两个数进行比较，if 条件判断 num1 > num2，若条件为真，输出 num1；否则执行 else 后语句，输出 num2。例如，从控制台输入 2 和 8 两个数，输出 "max =8"。

运用 if – else 语句比 if 语句可以减少代码的编写量，同时增强了程序的可读性。

3. if – else if – else 语句

此种语法格式用于对多个条件进行判断，进行多种不同的处理，执行过程如图 3 – 6 所示。

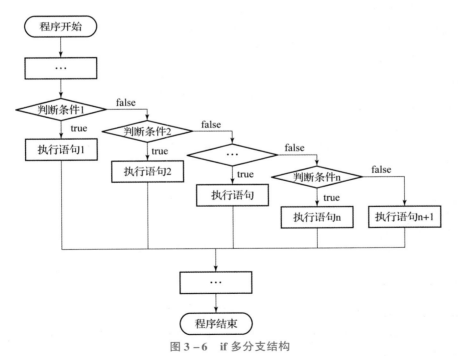

图 3 – 6　if 多分支结构

语法表示：

```
if(条件表达式1){
    语句1;
```

```
}else if(条件表达式2)
{
    语句2;
}
…
else if(条件表达式n)
{
    语句n;
} else{
    语句n+1;
}
```

说明如下：

条件表达式1的值，结果为真时，则执行语句1；随后依次判断条件表达式2、3、4、…的值，直到找到结果为"真"的条件表达式，并执行相对应的语句；全部条件表达式都为假时，执行最后一个 else 后的语句。

例3-3 根据键盘输入的字符判断类别。

```
import java.util.Scanner;
public class example3_3 {
    public static void main(String[] args) {
        System.out.println("请输入字符:");
        Scanner input = new Scanner(System.in);    //创建 Scanner 对象 imput
        String str = input.nextLine();             //获取输入
        char ch = str.charAt(0);                    //判断字符类型并输出相应信息
        if(ch >='A'&&ch <='Z') {
            System.out.println("大写字母");
        }
        else if(ch >='a'&&ch <='z') {
            System.out.println("小写字母");
        }
        else if(ch >='0'&&ch <='9') {
            System.out.println("数字");
        }
        else
            System.out.println("其他");
    }
}
```

本例要求判别键盘输入字符的类别。若在"A"和"Z"之间，结果输出为"大写字母"；在"a"和"z"之间，输出为"小写字母"；在"0"和"9"之间，输出为"数字"；其余输出为"其他"。这是一个多分支选择的问题，用 if - else - if 语句编程，判断输入字符所在的范围，分别给出不同的输出。如，输入为"a"，输出显示为"小写字母"。

4. if 语句的嵌套

if 语句的嵌套就是 if 语句中的执行语句仍然是 if 语句。

语法表示：

```
if(条件表达式){
    if 语句;
}else
{
    if 语句;
}
```

或者

```
if(条件表达式)
    if 语句;
```

说明如下：

在嵌套内的 if 语句可能又是 if – else 型的，这将会出现多个 if 和多个 else 重叠的情况，这时要特别注意 if 和 else 的配对问题。

例3-4 比较输入两个数的大小。

```java
import java.util.Scanner;
public class example3_4 {
    public static void main(String[] args)
    {
        System.out.println("请输入两个数:");
        Scanner input = new Scanner(System.in);
        int num1 = input.nextInt();
        int num2 = input.nextInt();
        if(num1! = num2)
            if(num1 > num2)
                System.out.println("num1 > num2");
            else
                System.out.println("num1 < num2");
        else
            System.out.println("num1 = num2");
    }
}
```

执行结果如图3-7所示。

图3-7 if 语句嵌套

本例中用了 if 语句嵌套。要注意，为了避免二义性，else 总是与它前面最近的 if 配对。本例实际上有三种选择，即 num1 > num2、num1 < num2 或 num1 = num2，例如，输入"3"

和 "2"，结果如图 3 – 7 所示。这种问题用 if – else – if 语句也可以完成。而且程序更加清晰。因此，在一般情况下较少使用 if 语句的嵌套结构。以使程序更便于阅读理解。

3.2.2 switch 语句

前面介绍了利用 if – else – if 语句可以实现多分支结构，但是当分支增多时，程序的编写和阅读性就会变得较为复杂，switch 语句相对于 if – else – if 语句更易于编写和阅读，常用于多分支（三个及以上分支）的情况。执行过程如图 3 – 8 所示。

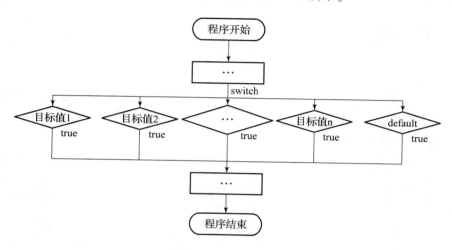

图 3 – 8　switch 分支结构

语法表示：

```
switch(条件表达式)
{
  case value1:
  语句 1;
  break;
  case value2:
  语句 2;
  break;
  ...
  default:
  语句 n
}
```

说明如下：

①在 switch 语句中，条件表达式只能是 byte、short、char 和 int 类型的值。

②switch 将条件表达式的值与每一个 case 的 value 进行匹配，如果匹配成功，就会执行相应 case 后的语句；若没有匹配成功，就默认执行 default 后的语句。

③每一个 case 语句后要用 break 退出 switch 结构。其中 break 是流程跳转语句，将在后面进行详述。如果将 break 语句去掉，则 switch 语句将穿透每一个 case，即如果当前 case 不

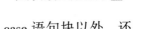

匹配，则会继续搜索下一个 case，一旦找到匹配项，则除了执行当前 case 语句块以外，还会不加判断地继续执行后面所有 case 语句块中语句，直到遇到 break 语句退出 switch。

例 3 - 5　输入月份，显示该月天数（不考虑闰年 2 月份的情况）。代码如下：

```java
import java.util.*;
public class example3_5 {
    public static void main(String[] args) {
        Scanner scanner = new Scanner(System.in);
        System.out.println("请输入月份:");
        int month = scanner.nextInt();
        switch(month) {
        case 1:
        case 3:
        case 5:
        case 7:
        case 8:
        case 10:
        case 12:
            System.out.println("31 天");
            break;
        case 2:
            System.out.println("28 天");
            break;
        case 4:
        case 6:
        case 9:
        case 11:
            System.out.println("30 天");
            break;
        default:
            System.out.println("输入的月份错误");
        }
    }
}
```

本例代码中，若输入 month 的值为 1、3、5、7、8、10、12，会穿透多个分支，先执行 System.out.println（"31 天"）语句，再执行 break 语句，并跳出整个 switch 分支语句；如输入 month 的值为 2，则执行 System.out.println（"28 天"）语句和 break 语句；如输入 month 的值为 4、6、9、11，也会穿透多个分支，执行 System.out.println（"30 天"）和 break 语句；若输入其他值，执行 System.out.println（"输入的月份错误"）语句。

鉴于 switch 这种默认的分支穿透性质，建议使用 switch 语句实现分支结构（树形结构）时给每个分支加 break 语句。加了 break 语句的 switch 语句适合用于实现扁平式的多分支结构。

3.3 循环结构语句

循环结构是在一定条件下将一段代码重复执行，被重复执行的语句就称为循环体。循环语句分为 for 循环语句、while 循环语句和 do while 循环语句。

3.3.1 for 循环语句

for 循环语句一般用在循环次数已知的情况，是最常使用的循环语句。首先执行初始表达式；循环条件如果为真，则运行循环体；执行循环体后运行控制表达式；循环条件为假，则退出循环。执行过程如图 3-9 所示。

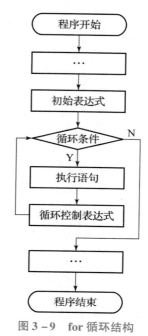

图 3-9 for 循环结构

语法表示：

```
for(初始表达式;循环条件;循环控制表达式){
    循环体
}
```

说明如下：

①初始表达式完成初始化循环变量和其他变量的工作。

②循环条件返回值为逻辑型量，用来判断循环是否继续。

③循环控制表达式用来修改循环变量，改变循环条件。

④初始表达式、循环条件和循环控制表达式都可以为空，但是，若循环条件也为空，则当前会出现无限循环，需要跳转语句来终止循环。

例 3-6 实现 1 + 2 + ⋯ + 10 的和。代码如下：

```
public class example3_6 {
      public static void main(String[] args) {
            int s = 0;
            for(int i = 1;i <= 10;i ++)
                  s = s + i;
            System.out.println("1 + ... +10" + " = " + s);
      }
}
```

执行结果如图 3 – 10 所示。

图 3 – 10 求累加和

在本例程序中，首先定义总和变量 s，int i = 0 为初始表达条件，i <= 10 为循环条件，s = s + i 为循环体（即执行语句），i ++ 是循环控制表达式，修改循环变量。本程序 for 循环的执行过程见表 3 – 1。

表 3 – 1 for 循环的执行过程

循环次数	s 的值
第 1 次	s = 1
第 2 次	s = 1 + 2
…	…
第 10 次	s = 1 + 2 + ⋯ + 10
第 11 次	循环条件不成立退出

例 3 – 7 有一只兔子和一堆胡萝卜，兔子每天吃掉胡萝卜总数的一半，把剩下一半中扔掉一根坏的。到第七天的时候，兔子睁开眼发现只剩下一根胡萝卜。问刚开始有多少根胡萝卜。代码如下：

```
public class example3_7{
      public static void main(String[] args) {
            int sum = 1;
            for(int i = 1;i <= 6;i ++)
            {
                  sum = (sum + 1) * 2;
            }

            System.out.println("原来有" + sum + "根胡萝卜");
      }
}
```

执行结果如图 3 – 11 所示。

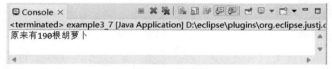

图 3 – 11　计算萝卜数

在本例程序中，首先定义变量 sum 表示剩下的胡萝卜数，sum = 1 为第 7 天的胡萝卜数，int i = 1 为初始表达条件，i < = 6 为循环条件，sum = （sum + 1）* 2 为循环体（即执行语句），i + + 是循环控制表达式，修改循环变量。本程序 for 循环的执行过程见表 3 – 2。

表 3 – 2　for 循环的执行过程

循环次数	天数	s 的值
第 1 次	第六天	s = (1 + 1) * 2
第 2 次	第五天	s = (4 + 1) * 2
…	…	…
第 6 次	第一天	s = (94 + 1) * 2
第 7 次		循环条件不成立，退出

3.3.2　while 循环语句

while 循环语句需要通过判断循环条件来决定是否执行循环体。while 循环语句往往在执行前并不确定最终执行次数，完全不同于 for 循环语句中有目标、有范围的场景。while 循环语句先判断循环条件的值，为真则执行循环体，循环体执行完成后，再次判断循环条件；直到循环条件为假，跳出循环，执行 while 循环语句后的语句，执行过程如图 3 – 12 所示。

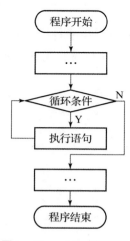

图 3 – 12　while 循环结构

语法表示：

```
while( 循环条件)
{
      循环体
}
```

说明如下：

①循环条件返回值为逻辑型量，用来判断循环是否继续。

②循环体可以是单个语句，也可以是复合语句。

例 3 – 8　实现 1 + 2 + ⋯ + 10 的和。代码如下：

```
public class example3_8 {
      public static void main(String[] args) {
            int i = 1;
            int s = 0;
            while( i <= 10)
            {
                  s = s + i;
                  i ++ ;
            }
            System.out.println("1 +... +10" + " = " + s);
      }
}
```

执行结果如图 3 – 10 所示。

本例首先定义循环的次数变量 i 及总和变量 sum；循环条件为 i <= 10；循环体执行语句，每次循环将总和加上循环的次数变量 i。循环的控制语句是 i ++ 。while 的循环过程如下：

第 1 次循环的时候，i = 1，sum 值等于 1；

第 2 次循环的时候，i = 2，sum 值等于 1 + 2；

…

第 10 次循环的时候，i = 10，sum 值等于 1 + 2 + ⋯ + 10；

第 11 次循环的时候，i = 11，不满足循环条件，退出循环，输出总和的值。

3.3.3　do – while 循环语句

do – while 语句的使用与 while 语句很类似，不同的是，它不像 while 语句是先计算条件表达式的值，而是无条件地先执行一遍循环体，再来判断条件表达式的值，若表达式的值为真，则再执行循环体，否则，跳出 do – while 循环，执行下面的语句。可见，do – while 语句的特点是它的循环体至少被执行一次，如图 3 – 13 所示。

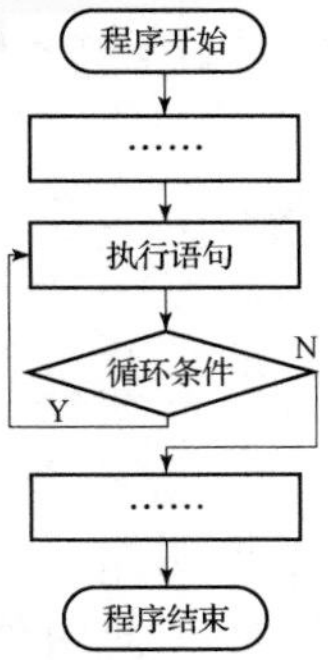

语法表示：

```
do{
循环体
      }while(循环条件);
```

图 3 – 13　do – while
循环结构

说明如下：

①循环条件返回值为逻辑型量，用来判断循环是否继续。

②循环体可以是单个语句，也可以是复合语句。

例 3 – 9 实现 $1 + 2 + \cdots + 10$ 的和。

代码如下：

```
public class example3_9 {
        public static void main(String[ ] args) {
                int i = 1;
                int s = 0;
                do
                {
                        s = s + i;
                        i++;
                }while(i <= 10);
                System.out.println("1 + ... + 10" + " = " + s);
        }
}
```

首先需要定义循环的次数变量 i 和总和变量 sum。与 while 循环不同的是，首先执行了一次循环体的语句，然后判断循环条件。循环过程所示：

第 1 次循环的时候，i = 1，sum 值等于 1；

第 2 次循环的时候，i = 2，sum 值等于 1 + 2；

…

第 10 次循环的时候，i = 10，sum 值等于 $1 + 2 + \cdots + 10$；

第 11 次循环的时候，i = 11，不满足循环条件，退出循环，输出总和的值。

执行结果如图 3 – 10 所示。

3.3.4 多重循环

多重循环（循环嵌套）是一个循环语句的循环体内包含另一个循环语句的语法结构。下面以 for 循环中嵌套 for 循环为例进行说明。

语法表示：

```
for(初始表达式;循环条件;循环控制表达式)
{
        for(初始表达式;循环条件;循环控制表达式)
        {
                执行语句;
        }
}
```

说明如下：

①任何两种循环都可以相互嵌套。while、for 循环语句都可以进行嵌套，并且它们之间也可以互相嵌套。

②可以任意层次循环，但是一般不超过 3 层。

③外层循环变量变化一次，内层循环变量就要变化一遍。

例3-10　打印九九乘法表。按照第一行1个式子，第二行2个式子，…，依此类推。

采用嵌套 for 循环来实现这一部分。其中外层循环用来控制整体一共有多少行，内层循环用来控制每行有多少个式子。具体代码如下：

```java
public class example3_10 {
    public static void main(String[] args) {
        //外循环控制行数
        for (int i = 1; i < 10; i++)
        {
            //内循环控制个数
            for (int j = 1; j <= i; j++)
            {
                System.out.print(j + "*" + i + "=" + (i * j) + " ");
            }
            //当一行结束就换行
            System.out.println();
        }
    }
}
```

执行结果如图3-14所示。

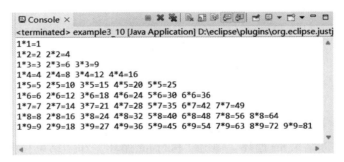

图3-14　九九乘法表

这里要注意的是，循环嵌套会显著增加程序复杂度，如例3-10的计算复杂度就由单层循环的 n 提高到了 n^2。

3.3.5　跳转语句

循环中跳转语句实现循环执行过程中程序的流程跳转，在 Java 中的跳转语句有 break 语句、continue 语句和 return 语句。

1. break 语句

break 出现在循环语句中，其作用是跳转循环语句，并执行后面的代码。break 语句的格式如下：

```
break;
```

在实际的应用中，break 语句基本出现在以下两种情况：一是 switch 语句中终止某个 case，二是立即结束一个循环。

例 3 - 11 break 示例。

代码如下：

```java
public class example3_11 {
    public static void main(String[] args)
    {
        for(int i = 1; i <= 10; i ++)
        {
            if(i % 2 == 0)
            {
                System.out.println("i = " + i);
                break;
            }
            System.out.println("执行 for 循环");
        }
        System.out.println("结束程序");
    }
}
```

执行结果如图 3 - 15 所示。

图 3 - 15　break 示例

通过运行结果可以观察，首先进行循环，再判断是否为偶数，当第一个偶数 2 出现时，可以观察到 break 立即结束 for 循环，输出"执行 for 循环"和"结束程序"，完成程序运行。执行情况见表 3 - 3。

表 3 - 3　break 示例

循环次数	执行情况
第 1 次	执行 for 循环
第 2 次	i = 2
break 结束循环	结束程序

2. continue 语句

continue 语句在循环语句中的作用是终止本次循环而进入下一次循环。continue 语句的格式如下：

```java
continue;
```

例 3 - 12 continue 示例。

代码如下:

```java
public class example3_12 {
    public static void main(String[] args)
    {
        for(int i = 1; i <= 10; i ++)
        {
            if(i% 2 ==0)
            {
                System.out.println("i = " + i);
                continue;
            }
            System.out.println("执行 for 循环");
        }
        System.out.println("结束程序");
    }
}
```

执行结果如图 3 - 16 所示。

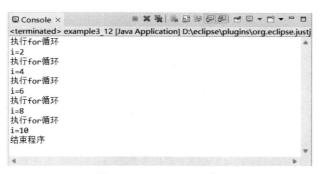

图 3 - 16   continue 示例

通过运行结果可以观察，首先进行循环，当 i 为奇数时，输出执行 for 循环；当 i 为偶数时，输出 i，同时 continue 结束本次 for 循环；最后不满足循环条件，输出"结束程序"。循环执行情况见表 3 - 4。

表 3 - 4   continue 示例

循环次数	执行情况
第 1 次	执行 for 循环
第 2 次	i = 2
…	…
第 9 次	执行 for 循环
第 10 次	i = 10，输出结束程序
第 11 次	不满足 for 循环条件，输出结束程序

3. return 语句

return 语句是方法的结束语句，一旦程序运行到 return 语句，方法将结束同时程序控制权跳回到调用方法。return 语句的格式如下：

```
return;
```

或

```
return 表达式;
```

说明如下：

①return 语句可以携带参数，将参数返回给调用者。

②返回值的类型必须与方法头部声明的类型一致。

注：void 返回类型的方法不需要返回数据，而返回值类型为其他类型的方法时，则必须要使用语句 return 表达式。return 使用在 main 方法中时，则退出程序。

例 3 – 13　return 示例。

代码如下：

```java
public class example3_13 {
    public static void main(String[] args)
    {
        for(int i = 1;i <= 10;i ++)
        {
            if(i% 2 == 0)
            {
                System.out.println("i = " + i);
                return;
            }
            System.out.println("执行 for 循环");
        }
        System.out.println("结束程序");
    }
}
```

执行结果如图 3 – 17 所示。

图 3 – 17　return 示例

执行情况见表 3 – 5。

表 3 – 5　return 示例

循环次数	执行情况
第 1 次	执行 for 循环
第 2 次	i = 2
return	跳出整个函数

4. 跳转语句的辨析

（1）break

break 用于中断此次循环，直接跳出循环，但是不退出程序。

一般用于 while、for、do while、switch。

（2）continue

continue 用于跳过此次循环，直接进入下一循环，也不退出程序。

一般用于 while、for、do while、switch。

（3）return

return 用于退出程序，直接结束程序的执行，循环后的代码不再执行。

（4）三者的异同点

continue 和 break 两者都不会退出程序，循环后的代码仍可以执行；continue、break 可以通过标签 label 来指定跳出哪一级循环。

3.4 方法和递归

3.4.1 方法

1. 方法的定义

方法即一段完成特定功能的代码段，可以看作功能的封装。一般情况下，定义一个方法的具体语法格式如下：

```
[修饰符列表] 返回值类型 方法名(形式参数列表){
    执行语句；
    …
    [return 返回值]
}
```

说明如下：

① []符号叫作中括号，中括号 []里面的内容表示不是必需的，是可选的。方法的修饰符即对访问权限进行限定，如 static、final。

②返回值类型用于限定方法返回值的数据类型，如返回值类型为 void，则无返回值。

③方法名要见名知意。方法名在标识符命名规范当中，要求首字母小写，后面每个单词首字母大写。

④形式参数列表用于接收调用方法时传入的数据，多个参数用逗号隔开。

⑤return 用于结束方法及返回方法指定类型的值。

例如以下为求和方法的定义：

```
public int sum(int a,int b)
{
    return a+b;
}
```

2. 方法的调用

方法定义后不会执行，要执行必须调用。调用的三种形式：

单独调用：方法名称（参数）；

打印调用：System. out. println（方法名称（参数））；

赋值调用：数据类型 变量名称 = 方法名称（参数）；

例 3 – 14 方法调用实例。

```java
public class example3_14{
    public static void main(String[] args)
    {
        //当返回值类型不等于void 时
        sum(10,20);                         //单独调用
        System.out.println(sum(15,20));     //打印调用
        int c = sum(20,20);                 //赋值调用
        System.out.println(c);
    }
    public static int sum(int a,int b){
        return a + b;
    }
}
```

本例程序 sum(10,20)已执行，但因为 sum 返回值为 int 型，同时并没有输出的值动作，故控制台未显示。System. out. println(sum(15,20))，打印出 35。将 sum(20,20)赋给变量 c，输出 c 的值 40。

3.4.2 递归

方法递归就是方法直接调用自身或者间接调用自身的形式。同时，递归一定要向已知方向递归，否则这种递归就变成了无穷递归。

例 3 – 15 求斐波那契数列的第 n 项。

斐波那契数列这个著名的数列也叫"兔子数列"。兔子在出生两个月后，就有了繁殖能力，能够生下小兔子。假设一对有繁殖力的兔子每个月能生出一对小兔子（一雄一雌）。如果一年后所有兔子都不死，那么刚出生的一对小兔子一年以后可以繁殖多少只兔子？

```java
public class example3_15 {
    public static void main(String[] args) {
        System.out.println(fib(10));
    }
    public static int fib(int n){
        if(n == 1 || n == 2)
        {
            return 1;
        }
        return fib(n - 1) + fib(n - 2 );
    }
}
```

该例输出结果为 55。

第 1 个月：兔子只有 1 个月大，不会生兔子，只有 1 对兔子；

第 2 个月：兔子只有 2 个月大，不会生兔子，只有 1 对兔子；

第 3 个月：兔子有 3 个月大，会生 1 对兔子，兔子数量变为 2 对；

第 4 个月：有 1 对 3 个月大兔子和 1 对 1 个月大的兔子，会再生 1 对兔子，兔子数量变为 3 对；

第 5 个月：有 2 对 3 个月大兔子和 1 对 1 个月大的兔子，会再生 2 对兔子，兔子数量变为 5 对；

第 6 个月：有 3 对 3 个月大兔子和 1 对 1 个月大的兔子，会再生 3 对兔子，兔子数量变为 8 对。

依此类推。兔子每个月的数量依次可以表示为 1，1，2，3，5，8，13，21，34，55，89，…，这样的数列我们称为斐波那契数列（Fibonacci sequence）。通过以上分析，除了第 1 个月和第 2 个月，每个月出生的兔子为上两个月之和。

实训任务

3.5　项目实训

3.5.1　实训任务

利用程序的控制语句实现成绩管理，记录 Java 成绩。功能如下：

①对输入的成绩进行有效性验证，成绩在 0 ~ 100 为合法有效。

②对输入的成绩进行等级转化，60 以下为不合格，60 ~ 69 为合格，70 ~ 79 为中等，80 ~ 89 为良好，90 ~ 99 为优秀。

③计算 5 个学生的 Java 科目平均分。

3.5.2　任务实施

①在运行 testScore 程序的时候，需要在运行的时候传递一些参数。Scanner 类可以很方便地获取键盘输入的参数，并将参数转换为整型或者字符型。利用 Scanner 类接收参数值 score，并转为整型值。输入一个学生的分数，判断输入数据的合法性，输入的分数在 0 ~ 100 范围内为合法输入，否则为不合法输入。代码如下：

```java
import java.util.*;
public class testScore{
        public static void main(String[] args) {
                System.out.println("请输入学生分数:");
                Scanner input = new Scanner(System.in);
                int score = input.nextInt();
                if(score <0 ||score >100) {
                        System.out.println("输入分数不合法");
                }
                if(score >=0&& score <=100) {
```

```
                System.out.println("输入分数合法");
            }
        }
    }
```

②输入分数，显示相应的成绩等级。60 以下为不合格，60~69 为合格，70~79 为中等，80~89 为良好，90~99 为优秀。以 10 分为一档，故使用 score/10。代码如下：

```
import java.util.*;
public class grade{
    public static void main(String[] args) {
        System.out.println("请输入学生分数:");
        Scanner input = new Scanner(System.in);
        int score = input.nextInt();
        switch(score/10){
            case 9 :
                System.out.println("优秀");break ;
            case 8 :
                System.out.println("良好");break ;
            case 7 :
                System.out.println("中等");break;
            case 6 :
                System.out.println("合格");break;
            default:
                System.out.println("不合格");break;
        }
    }
}
```

③计算 Java 科目平均分。经过许多次循环，算出了总和，并储存在变量 sum 里，现在求平均值（在循环外写），代码如下：

```
import java.util.Scanner;
public class avarageScore{
    public static void main(String[] args) {
        int sum = 0;
        for(int i = 1;i <= 5;i ++)
        {
            System.out.println("请输入第" + i + "个学生分数");
            Scanner input = new Scanner(System.in);
            int score = input.nextInt();
            sum = sum + score;
        }
        float average = sum/5;
        System.out.println(average);
    }
}
```

3.5.3　任务运行

①分数小于 0 或分数大于 100，程序输出 "输入分数不合法"；若分数在 0 ~ 100 范围内，程序输出 "输入分数合法"，执行结果如图 3 – 18 和图 3 – 19 所示。

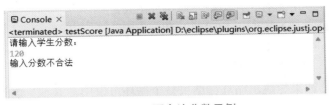

图 3 – 18　不合法分数示例

图 3 – 19　合法分数示例

②本例 grade 代码中，当 score 取值约 86 时，score/10 的值为 8，执行 case 8，最终输出 "良好"，同时，break 跳出整个 switch 分支语句，执行结果如图 3 – 20 所示。

图 3 – 20　switch 例子运行程序

③在运行 avarageScore 程序的时候，需要使用 for 循环依次接收 5 个学生成绩，进行总分数的累加，最后进行求取平均数，结果如图 3 – 21 所示。

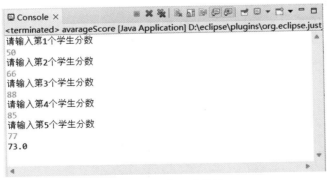

图 3 – 21　求平均成绩

3.6 项目小测

一、填空题

1. Java 语言的控制语句有 3 种类型，即条件语句、_____和转移语句。
2. Java 中有两种类型的控制语句，即 if 和_____。
3. 在同一个 switch 语句中，case 后的_____必须互不相同。
4. 在循环体中，如果想结束本次循环，可以用_____语句。
5. 在循环体中，如果想跳出循环，结束整个循环可以用_____语句。

二、选择题

1. 下列（　　）不属于 Java 语言流程控制结构。

A. 分支语句　　　　B. 跳转语句　　　　C. 循环语句　　　　D. 赋值语句

2. 下列说法中，不正确的是（　　）。

A. switch 语句的功能可以由 if – else if 语句来实现

B. 若用于比较的数据类型为 double 型，则不可以用 switch 语句来实现

C. if – else if 语句的执行效率总是比 switch 语句高

D. case 子句中可以有多个语句，并且不需要大括号｛｝括起来

3. 设 a、b 为 long 型变量，x、y 为 float 型变量，ch 为 char 类型变量且它们均已被赋值，则下列语句中正确的是（　　）。

A. switch(x + y)｛｝　　B. switch(ch + 1)｛｝　　C. switch(ch)｛｝　　D. switch(a + b)｛｝

4. 假设 a 是 int 类型的变量，并初始化为 1，则下列（　　）是合法的条件语句。

A. if(a)｛｝　　　　B. if(a < <= 3) ｛｝　　C. if(a = 2)｛｝　　　　D. if(true)｛｝

5. 下列循环体执行的次数是（　　）。

```
int y = 2, x = 4;
while( --x ! = x/y)｛｝
```

A. 1　　　　　　　B. 2　　　　　　　C. 3　　　　　　　D. 4

6. 下列循环体执行的次数是（　　）。

```
int x = 10, y = 30;
do｛ y - = x;
x ++; ｝ while(x ++ < y --);
```

A. 1　　　　　　　B. 2　　　　　　　C. 3　　　　　　　D. 4

7. 已知如下代码：

```
switch(m)｛
case 0:System.out.println("Condition0");
case 1:System.out.println("Condition1");
case 2:System.out.println("Condition2");
case 3:System.out.println("Condition3");break;
default :System.out.println("OtherCondition");｝
```

当 m 的值为（   ）时，输出 "Condition 3"。

A. 2　　　　　　　 B. 0、1　　　　　　 C. 0、1、2　　　　　 D. 0、1、2、3

三、判断题

1. 跳转语句包括 break 语句和 continue 语句。　　　　　　　　　　　　（   ）

2. switch 语句先计算 switch 后面的表达式值，再和各 case 语句后的值做比较。（   ）

3. if 语句合法的条件值是布尔类型。　　　　　　　　　　　　　　　　（   ）

4. continue 语句必须使用于条件语句中。　　　　　　　　　　　　　　（   ）

5. break 语句有两个用途：一种是从 switch 语句的分支中跳出，一种是从循环语句内部跳出。　　　　　　　　　　　　　　　　　　　　　　　　　　　　　（   ）

6. do while 循环首先执行一遍表达式，而 while 循环首先判断循环体的值。（   ）

7. 与 C++ 语言不同，Java 语言不通过 goto 语句实现跳转。　　　　　　（   ）

8. 每一个 else 子句都必须和它前面的一个距离它最近的 if 子句相对应。（   ）

9. 在 switch 语句中，完成一个 case 语句块后，若没有通过 break 语句跳出 switch 语句，则会继续执行后面的 case 语句块。　　　　　　　　　　　　　　　　（   ）

10. 在 for 循环语句中可以声明变量，其作用域是 for 循环体。　　　　（   ）

四、简答题

1. 简述哪些数据类型可以充当 switch 语句的条件。

2. 简述 do while 语句和 while 语句的区别。

五、编程题

1. 打印 1~50 之间的数，其中 2、4、6 的倍数不打印。

2. 打印指定大小的直角三角形。

*

**

***

****

3. 猜数游戏。游戏步骤：

（1）计算机随机生成一个数 num1。

（2）计数的变量 count 初始化为 0。

（3）让用户输入一个猜测的数字 num2。

（4）count 递增加 1。

（5）如果 num1 和 num2 是相等的，程序输出 "你猜对" 和次数。

（6）判断 num1 和 num2 的大小，如果 num2 大于 num1，则输出 "猜的数字大了"；否则输出 "猜的数字小了"。

项目 4

类和对象

【项目导读】

类和对象是面向对象程序设计的主要内容，通过类与对象实现了现实世界到计算机世界抽象，本项目主要介绍了类和对象的概念、语法定义以及使用，构造方法的作用及使用，this 关键字和 static 关键字的使用，内部类定义及用途，通过以上内容的学习，最后完成后面的项目实训内容。

【学习目标】

（1）理解类和对象的概念，掌握类和对象的定义、使用。

（2）了解构造方法的用途，掌握构造方法的使用。

（3）掌握 this 关键字与 static 关键字的语法及特点。

（4）了解内部类的定义，熟悉内部类的用途。

【技能导图】

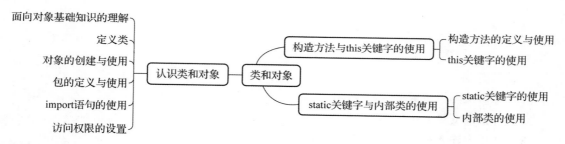

【思政课堂】

认识客观世界，把握客观规律

认识是人类在社会实践中对客观世界的能动反映。认识的对象是普遍联系的、充满矛盾的、永恒运动变化和发展着的客观世界。认识的主体是物质世界自身发展的最高产物——人类。人类在自己的思维和意识中能够正确认识客观世界。不可知论把思维、意识同客观存在绝对对立起来，认为世界是不可认识的或不可能完全认识的。这是一种错误的认识理论。思维和意识都是人脑的产物，而人本身是自然界的产物，是在自然界的环境中并且和这个环境一起发展起来的，因此，人脑的产物归根结底也即自然界的产物，并不同自然界的其他联系相矛盾。在世界的物质统一性原理中包含着思维和存在统一的原理，即世界可知性的原理。

社会实践是对不可知论的最有力的驳斥。当人们能够根据某一客观过程所需要的条件使这一过程产生出来，并使它为人们的目的服务时，就证明了人们确实认识了这一过程。

实践的观点是辩证唯物主义认识论首要的基本观点。劳动实践使猿脑变成了人脑，从而创造了认识的物质器官。认识产生于实践的需要，客观世界不能自然地满足人的生活和发展的需要，为了生存和发展，人必须改造客观世界，而为了成功地改造世界，必须正确地认识世界。恩格斯说："社会一旦有技术上的需要，则这种需要会比十所大学更能把科学推向前进。"（《马克思恩格斯选集》第 4 卷，第 505 页）认识产生于实践的需要，并必须回到实践，以满足实践的需要，因此，实践又是认识的最终目的和最后归宿。实践扩大了人们的视野，使人们接触和感知越来越多的现象，为认识提供了可能。只有通过改造客观事物的实践活动，才能拨开笼罩在事物表面现象的迷雾而暴露事物的本质。洞察事物本质的理论思维能力是在人类长时期的实践发展的历史中形成和提高的。人类在实践中不断地创造出各种仪器，扩大和增强了人感知现象的能力，人类还在实践中创造了电子计算机作为人们理论思维的得力助手。正是实践才使人类有了动物所没有的认识能力，离开了实践，既无法感知事物的现象，也无法理解事物的本质，因而也不可能有认识及其发展。实践又是检验认识是否正确，即认识是否具有真理性的唯一标准。

认识是在实践基础上不断发展的辩证过程，是从不知到知、从知之不多到知之较多、从知之不深到知之较深的过程，它是从相对真理到绝对真理的过程。真理是不可穷尽的。真理是同谬误相比较而存在、相斗争而发展的。人们在认识和改造世界的过程中，通过实践而发现真理，又通过实践而证实真理和发展真理。从感性认识而能动地发展到理性认识，又从理性认识而能动地指导革命实践，改造主观世界和客观世界。实践、认识、再实践、再认识，这种形式，循环往复，以至无穷。而实践和认识的每一循环的内容，都比较地进到了高一级的程度，这就是辩证唯物论的全部认识论，这就是辩证唯物论的知行统一观。

面向对象程序设计中的类是一类事物的总称，是一个高度抽象概念。整个世界的构成可以看成一个类，每种生物可以看成一个个小类，就像世界生命的开始，从无到有，从少到多，从简单到复杂，最终形成整个世界中的具体对象。人们认识世界应当按照现实世界的本来面貌来理解它，通过对象之间的关系反映世界，每个生命只其中的一个对象，人的生命是有限的，它是历史长河的一点，非常渺小。文明的进步，让我们不断认识世界，通过马克思主义教育与科学精神的培养结合起来，提高我们正确认识、分析和解决问题的能力。Java语言是运用人类的自然思维方式设计程序，信息化时代的到来，我们要运用好 Java 语言，并将人的思维或人生追求在 Java 语言中实现。

（参考文献：www. baike. so. com/doc/749424 – 793231. html）

4.1 类和对象概述

面向对象的编程思想力图让程序中对事物的描述与该事物在现实中的形态保持一致。为了做到这一点，面向对象的编程思想中用到了两个概念，即类和对象。对象就是客观世界中存在的人、事、物体等实体。在现实世界中，对象随处可见，例如，路边生长的树、天上飞的鸟、水里游的鱼、路上跑的车等。树、鸟、鱼、车都是对同一类事物的总称，这就是面向对象中的类（class）。那么对象和类之间是什么关系？对象就是符合某种类定义所产生出来的实例（Instance），虽然在日常生活中，我们习惯用类名称呼这些对象，但是实际上看到的还是对象实例，而不是一个类。例如，你看见水里一条鱼，这里的"鱼"虽然是一个类名，但实际上你看见的是鱼类的一个实例对象，而不是鱼类。由此可见，类只是个抽象的称呼，而对象则是与现实生活中的事物相对应的实体。类与对象的关系如图 4 – 1 所示。

在现实生活中，仅仅使用类或对象并不能很好地描述一个事物。例如，明明对妈妈说他今天看见一只狗，这时妈妈就不会知道明明说的狗是什么样子的。但是如果明明说看见一只会攀爬的斑点狗，这时妈妈就可以想象出这只狗是什么样的。这里说的斑点是指对象的属性，会攀爬则是指对象的方法（行为）。因此，对象还具有属性和方法。在面向对象程序设计中，使用属性描述对象的状态，使用方法处理对象的行为。

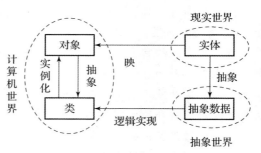

图 4 – 1　类与对象关系图

Java 是一门面向对象的程序设计语言，在 Java 中存在"万物皆对象"的说法。类和对象是 Java 程序设计的基础。类是抽象的，是创建对象的模板；对象是具体的，是类的实例。

4.1.1　面向对象基础知识

程序设计经历了面向过程和面向对象的不同阶段。Java 语言是面向对象编程语言，C 语言是面向过程编程语言。面向对象和面向过程有什么区别呢？

面向过程就是分析问题、解决问题所需要的步骤，然后用函数把这些步骤一一实现，使用的时候依次调用就可以了。日常我们在学习和工作中，如果需要实现某一个功能或完成某项任务时，一般会按部就班地列出做事情的步骤，而列出步骤去解决问题的思想就是面向过程的思想，列出的步骤就是过程，按照步骤解决问题就是面向过程。传统的面向过程开发方式暴露出许多缺点，如软件开发周期长，工程难以维护等。

面向对象只是分析问题中的对象，把构成问题的事务按照一定规则划分为多个独立对象，并分析这些对象应该有哪些属性和方法，然后通过调用对象的属性和方法来解决问题。在面向对象的程序设计中，将数据和处理数据的方法紧密地结合在一起形成类，再将类实例化，就形成了对象。在面向对象的程序设计中，不再需要考虑数据结构和功能函数，只要关注对象就可以了。

面向对象程序设计更加符合人的思维模式，编写出的程序功能更加强大，更重要的是，面向对象编程更有利于系统开发时责任分工，能有效组织和管理一些比较复杂的应用程序开发。面向对象程序设计的特点主要有封装性、继承性和多态性。

1. 封装性

面向对象程序设计的核心思想之一，就是将对象的属性和方法封装起来，使用户知道并使用对象提供的属性和方法即可，而不需要知道对象的具体实现。面向对象程序设计的封装性的特点，可以使对象以外的部分不能随意存取对象内部的数据，从而有效避免了外部错误对内部数据的影响，大大降低了查找错误和解决错误的难度。此外，封装也可以提高程序的可维护性，因为当一个对象的内部结构或实现方法改变时，只要对象的接口没有改变，就不用改变其他部分的处理。例如，一部手机就是一个封装的对象，拨打电话时，只需要按下拨号键即可，而不需要知道手机内部是如何工作的。

2. 继承性

在面向对象程序设计中，允许通过继承原有类的某些特性或全部特性来产生新的类，这时，原有的类被称为父类（或超类），产生的新类被称为子类（或派生类）。子类不仅可以直接继承父类的共性，而且可以创建它特有的个性。例如，一个普通手机类中包括两个方法，分别是接听电话的方法 receive() 和拨打电话的方法 send()，这两个方法对于任何手机都适用。现在定义一个智能手机类，该类中除了要包括普通手机类的 receive() 和 send() 方法，还需要包括拍照方法 photo()、视频拍摄的方法 scope()。这时就可以先让智能手机类继承普通手机类的方法，然后再添加新的方法完成智能手机类的创建，如图 4 - 2 所示。由此可见，继承性简化了新类的设计。

3. 多态性

多态性是面向对象程序设计的又一个重要特点。它是指在父类中定义的属性和方法被子类继承之后，可以具有不同的数据类型或表现出不同的行为，这使得同一个属性或方法在父类以及各个子类中具有不同的含义。多态性丰富了对象的内容，扩大了对象的适应性，改变了对象单一继承的关系。例如定义一个动物类，该类中存在一个指定的动物行为 cry() 方法。再定义两个动物类的子类：大象和老虎，这两个类都重写了父类的 cry() 方法，实现了自己的 cry 行为，并且都进行了相应的处理（例如不同的声音），如图 4 - 3 所示。在动物类中执行"cry()"方法时，如果参数为动物类的实现，会使动物发出叫声。例如，参数为大象，则会输出"大象的叫声！"，如果参数为老虎，则会输出"老虎的叫声！"，由此可见，动物类在执行"cry()"方法时，因为 Java 编译器会自动根据传递的参数进行判断，根据运行时对象的类型不同而执行不同的操作。

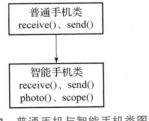

图 4 - 2　普通手机与智能手机类图

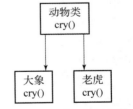

图 4 - 3　动物类之间继承关系

4.1.2　类的定义

在面向对象编程语言中，类是一个独立的程序单位，它有一个类名并包括属性说明和行为说明两个主要部分。面向对象程序设计的重点是类的设计，而不是对象的设计。

在 Java 语言中，类是一种最基本的复合数据类型，是组成 Java 程序的基本要素。在 Java 语言的类中包含成员变量和方法定义，分别描述对象的属性和行为。

1. 类定义格式

定义类就是创建一种新的引用数据类型，利用定义类可以创建类的实例。定义类的语法格式如下：

```
[修饰符] class <类名称> [extends <父类名>][implements <接口名>]
{
    [修饰符] 数据类型 成员变量1[ =初值];
    [修饰符] 数据类型 成员变量2[ =初值];
    ……    //其他成员变量
    [修饰符] 返回值类型 成员方法1([参数列表])
    {    }
    [修饰符] 返回值类型 成员方法2([参数列表])
    {    }
    ……    //其他成员方法
}
```

在类定义格式中主要包括类声明和类体，类体由类的成员变量（属性）和成员方法组成。

定义类的关键字为 class，其后给出类的名称。类名称的命名需遵循 Java 的命名规范，一般类名称的首字母大写。

类定义格式中，"［］"标识的为可选项，其他为必选项。修饰符有两类：一类是访问修饰符，主要有 public 和默认值；另一类是存储修饰符，主要有 abstract 和 final。其中，public 用于说明该类能被其他包中的类使用，若无 public 关键字，则表示该类只能被同一包中的类访问；用 abstract 修饰的类为抽象类，抽象类必须被其他类继承；用 final 修饰的类为最终类，这种类不能被其他类继承。

类可以继承其他类，用 extends 关键字指出被继承的类。在 Java 中规定，一个类只能有一个父类。如果要实现多重继承的效果，必须采用实现接口的方式，此时使用关键字 implements 后跟接口名；如果要实现多个接口，可以用逗号隔开。

阅读下面的类定义代码：

```
public class Person{     //定义类，类名为 Person
    String name;     //定义类的属性，数据类型为 String,名称为 name
    String getName( ){ //定义类的成员方法，返回值类型为 String, 方法名为 getName
        return name;   //方法主体
    }
}
```

上述代码中采用关键字 class 定义了名称为 Person 的类及类的访问修饰符 public，说明该类能被其他包中的类使用，如果没有 public 关键字，那么该类只能在同一包内被访问。name 是成员变量，getNmae( )是成员方法，在成员方法中可以直接访问成员变量。

使用 public class 声明的类的类名必须和该文件名一致，未使用 public 访问修饰符声明的类的类名称可以与文件名不一致。

2. 成员变量和局部变量

在 Java 程序设计中，成员变量即属性，成员变量可以是 Java 基本数据类型，也可以是复合数据类型。在方法体中声明的变量和方法的参数被称为局部变量。成员变量又可分为实例变量和类变量。在声明成员变量时，用关键字 static 修饰的称为类变量，否则称为实例变量。

（1）成员变量声明

```
[修饰符] 数据类型 成员变量[ =初值];
```

类的成员变量在使用前必须声明，声明时必须指定成员变量的数据类型。修饰符可以是 public、protected 和 private，也可以是 static 和 final。static 指定为类变量，可以直接通过类名访问。如果省略该关键字，表示该成员变量为实例变量。final 指定该成员变量为常量。[ ] 标识的为可选项。

例如，在类中声明三个成员变量，代码如下：

```
public class Car{
    public String color;                      //声明成员变量 color
    public static int cont;                   //声明成员变量 cont
    public final Boolean MAT =true;           //声明成员变量 MAT 并赋值
    public static void main(String[ ] args){
      System.out.println(Car.cont);
      Car car =new Car();
      System.out.println(Car.color);
      System.out.println(Car.MAT);
      }
}
```

类变量与实例变量的区别：在程序运行时，Java 虚拟机只为类变量分配一次内存，在加载类的过程中完成类变量的内存分配，可以直接通过类名访问类变量。而实例变量则不同，每创建一个实例，就会为该实例的变量分配一次内存。

（2）局部变量的声明

声明局部变量的基本语法格式和声明成员变量类似，不同的是不能使用 public、protected、private 和 static 关键字对局部变量进行修饰，但可以使用 final 关键字。

```
[final] 变量类型 变量名;
```

final 用于指定该局部变量为常量。

例如，在成员方法 play( )中声明两个局部变量，代码如下：

```
public void play(){
    final Boolean AST;                //声明常量 AST
    int joy;                          //声明局部变量 joy
}
```

（3）变量的有效范围

变量的有效范围是指该变量在程序代码中的作用区域，在该区域外不能直接访问变量。有效范围决定了变量的生命周期。变量的生命周期是指从声明一个变量并分配内存空间，使用变量，然后释放该变量并清除所占用内存空间的一个过程。声明变量的位置决定了变量的有效范围，成员变量和局部变量的有效范围如下所述。

①成员变量：在类中声明，整个类中有效。

②局部变量：在方法内或方法内的复合代码块中声明的变量。在复合代码块中声明的变量，只在当前复合代码块中有效；在复合代码块外、方法内声明的变量在整个方法内都有效。以下是一个实例：

```
public class Vardata{
    private int m = 90;              //成员变量 m
    public void china(){
        int a = 100;                 //方法中的局部变量 a
        if(a < 400){                 //代码块
            int b = 50;              //代码块的局部变量 b
            a + = 50;                //代码块允许访问 a
            m - = 150;               //代码块允许访问 m
        }
    }
}
```

3. 成员方法

在 Java 程序设计中，成员方法描述了对象所具有的功能，反映对象的行为，是具有相对独立功能的程序模块，与函数相同。

一个类或对象可以有多个成员方法，成员方法一旦定义，可以在不同的程序中多次调用。因此，可以增强程序的可读性，提高编程效率。成员方法的定义语法格式如下：

```
[修饰符] 返回值类型 成员方法名([参数列表])
{
    //方法主体
}
```

一个方法的定义包含两部分：一部分是方法声明，另一部分是方法主体。

在定义成员方法时，注意两点：

①方法的返回值有两种：有返回值和无返回值。

②没有方法主体的方法是抽象方法，包含抽象方法的类是抽象类。

例4-1 实现两数相加。

```
package chapter4;
public class example4_1 {
    public int add(int src,int des) {
        int sum = src + des;                //将方法的两个参数相加
        return sum;                          //返回运算结果
    }
    public static void main(String[] args) {
        //TODO Auto - generated method stub
        example4_1 plus = new example4_1 ();          //创建类本身的对象
        int bana1 = 30;                               //定义变量 bana1
        int bana2 = 20;                               //定义变量 bana2
        int num = plus.add(bana1,bana2);              //调用 add()方法
        System.out.println("香蕉总数是:" + num + "箱。"); //输出运算结果
    }
}
```

程序运行结果如图 4 – 4 所示。

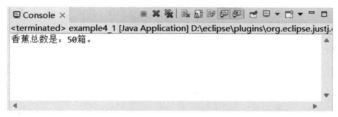

图 4 – 4　例 4 – 1 运行结果

在例 4 – 1 的程序代码中包含 add( )方法和 main( )方法。在 add( )方法的定义中，首先定义整数型变量 sum，该变量是 add( )方法参数列表中的两个参数之和。然后使用 return 关键字将变量 sum 的值返回给调用该成员方法的语句。main( )方法是类的主方法，是程序执行的入口，该成员方法创建了本类自身的对象 plus，然后调用 plus 对象的 add( )方法计算香蕉数量的总和，并输出到控制台中。

4.1.3　对象

在面向对象语言中，对象是对类的一个具体描述，是一个客观存在的实体，万物皆对象，也就是说，任何事物都可以看成对象，如一个人、一个动物或者没有生命的轮船、汽车、飞机，甚至概念性的抽象，如公司业绩等。

一个对象在 Java 语言中的生命周期包括创建、使用和销毁三个阶段。

1. 对象的创建

对象是类的实例，Java 语言声明任何变量都需要指定变量类型。因此，在创建对象之前，一定要先声明该对象。

（1）对象的声明

声明对象的一般语法格式如下：

```
类名 对象名；
```

例如：Car car；声明了一个对象 car，它属于 Car 类型。就和定义一个基本数据类型变量一样的语法。

（2）实例化对象

在声明对象时，只是在内存中为其建立一个引用，并且初始值为 null，表示不指向任何内存空间。

声明对象以后，需要为对象分配内存，这个过程也称为实例化对象。Java 语言中使用关键字 new 来实例化对象，具体语法格式如下：

```
对象名 = new 构造方法名([参数列表])；
```

声明了类的对象之后，并没有创建对象，此时对象值为空，这和定义基本数据类型的变量相似。这时需要用类的构造方法创建对象。

以 car 为例，创建方法如下：

```
car = new Car("红色",20,true)；
```

构造方法名与类名相同，参数列表用于指定构造方法的入口参数。如果构造方法无参数，则可以省略。

2. 对象的使用

创建对象后，就可以访问对象的成员变量，并改变成员变量的值，还可以调用对象的成员方法。通常使用运算符"."来实现对成员变量的访问和成员方法的调用。

语法格式为：

```
对象.成员变量
对象.成员方法( )
```

例4-2 成员变量和成员方法的使用。

```java
package chapter4;
class Student{
    int age;                         //定义成员变量 age
    void getAge(){                   //定义成员方法 getAge()
        System.out.println("年龄:"+age);
    }
}
public class example4_2{
    public static void main(String args[]){
        Student st1 = new Student();      //创建对象 st1
        Student st2 = new Student();      //创建对象 st2
        st1.age = 33;                     //访问 st1 的成员变量 age
        st1.getAge();                     //访问 st1 的成员方法 getAge( )
        st2.age = 23;                     //访问 st2 的成员变量 age
        st2.getAge();                     //访问 st2 的成员方法 getAge( )
    }
}
```

程序运行结果如图4-5所示。

图4-5 例4-2 运行结果

在例4-2程序代码中，在类 Student 中，定义了成员变量 age 以及成员方法 getAge( )，在主类中创建了 st1 和 st2 两个对象，通过这两个对象分别访问成员变量 age 和成员方法 getAge( )。

3. 对象的销毁

在许多程序设计语言中，需要手动释放对象所占用的内存，但是在 Java 语言中不需要手动完成这项任务。Java 语言提供的垃圾回收机制可以自动判断对象是否还在使用，能够自

动销毁不再使用的对象，收回对象所占用的资源。

Java 语言提供了一个名为 finalize( ) 的方法，用于在对象被垃圾回收机制销毁之前执行一些资源回收工作，由垃圾回收系统调用。但是垃圾回收系统的运行是不可预测的。finalize( ) 方法没有任何参数和返回值，每个类有且只有一个 finalize( ) 方法。

4.1.4 包

Java 语言要求文件名和类名相同，所以，如果将多个类放在一起，可能出现文件名相同的情况，这时 Java 语言提供了一种解决问题的方法，那就是使用包将类进行分组，分别保存不同的类。

1. 包的概念

包（package）是 Java 语言提供的一种区别类的命名空间机制，是类的组织方式，是一组相关类和接口的集合，它提供了访问权限和命名的管理机制。Java 语言中提供的包主要有以下用途。

①将功能相近的类放在同一包中，可以方便查找和使用。

②由于在不同包中可以存在同名类，因此使用包在一定程度上可以避免命名冲突。

③在 Java 语言中，有些访问权限是以包为单位设置的。

2. 创建包

创建包可以通过在类或接口的源文件中使用 package 语句实现。

package 语句的语法格式如下：

```
package 包名;
```

包名：必选，用于指定包的名称，包的名称必须为合法的标识符。当包中还有包时，可以使用"包 1. 包 2. ⋯. 包 n"进行指定，其中，包 1 为最外层的包，包 n 为最内层的包，多个包的包含关系通过"."分隔。

package 语句位于类或接口源文件的第一行。例如，定义一个类 Car，将其放入 com. pb 包中的代码如下：

```
package com.pb; //创建 com 包里面的 pb 包
public class Car{
    final float PI = 3.14159f; //定义一个圆周率常量 PI
    public void paint( ){ //定义一个输出方法
        System.out.println("输出一个圆");
    }
}
```

3. 使用包中的类

类可以访问其所在包中的所有类，还可以使用其他包中的所有 public 类。要访问其他包中的 public 类有以下两种方法。

（1）使用长名引用包中的类

使用长名引用包中的类比较简单，只需要在每个类名前加上完整的包名即可。例如，创建 Car 类（保存在 com. pb 包中）的对象并实例化该对象的代码如下：

```
com.pb.Car car = new com.pb.Car( );
```

（2）使用 import 语句导入包中的类

由于使用长名引用包中的类的方法比较麻烦，一般不采用。因为 Java 语言提供了 import 语句，通过 import 语句来导入包中的类。import 语句的基本语法格式如下：

```
import 包名 1[. 包名 2…]. 类名 | *;
```

如果存在多个包名，各个包名之间使用"."分隔，同时包名与类名之间也使用"."分隔。

*：表示包中所有类。

例如，引入 com. pb 包中的类 Car 的代码如下：

```
import com.pb.Car;
```

如果 com. pb 包中包含多个类，也可以使用以下语句引入该包下的全部类：

```
import com.pb.*;
```

4.1.5 import 语句

import 关键字用于加载已定义好的类或包，被加载的类可以为本类使用，本类可以调用其方法和属性。

import 语句的基本语法格式如下：

```
import 包名 1[. 包名 2…]. 类名 | *;
```

当存在多个包名时，各个包名之间使用"."分隔，同时包名与类名之间也使用"."分隔。

*：表示包中所有的类。

在一个 Java 源程序中可以出现多个 import 语句，它们必须写在 package 语句和源文件中类的定义之间。下面列举了部分 Java 类库中常见的包。

java. lang：包含所有的基本语言类。

javax. swing：包含抽象窗口工具的几种图形、文本、窗口 GUI 类。

java. io：包含所有的输入/输出类。

java. util：包含实用类。

java. sql：包含操作数据库的类。

在这些包中包含了实现相应功能的类，如果需要引用这些类，可以通过下面方式进行处理。

如果引入 util 包中的全部类，可以通过下面的 import 语句实现：

```
import java.util.*;        //引入 util 包中所有类
```

如果想要引入 util 包中的 Date 类，可以通过下面的 import 语句实现：

```
import java.util.Date;     //引入 util 包中的 Date 类
```

例4-3 使用import语句。

```
package chapter4;
import java.text.SimpleDateFormat;//导入简单日期格式类
import java.util.*;              //导入工具包中的所有类
public class example4_3 {
     String getDateTime(){              //该方法返回值为String类型
         SimpleDateFormat format;
         //simpleDateFormat类可以选择任何用户定义的日期-时间格式的模式
         Date date = null;
         Calendar myDate = Calendar.getInstance();
         //Calendar的方法getInstance(),以获得此类型的一个通用的对象
         myDate.setTime(new java.util.Date());
         //使用给定的Date设置此Calendar的时间
         date = myDate.getTime();
         //返回一个表示此Calendar时间值的Date对象
         format = new SimpleDateFormat("yyyy-MM-dd HH:mm:ss");
         //编写格式化时间为"年-月-日 时:分:秒"
         String strRtn = format.format(date);
         //将给定的Date格式化为日期/时间字符串,并将结果赋给给定的String变量
         return strRtn;              //返回保存的返回值变量
     }
     public static void main(String[] args) {
         //TODO Auto-generated method stub
         example4_3 c = new example4_3();
         System.out.println(c.getDateTime());
     };
}
```

程序运行结果如图4-6所示。

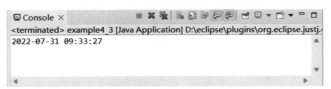

图4-6 例4-3程序运行结果

在例4-3程序中,第一个import语句导入了java包里的text包中的简单日期格式类SimpleDateFormat,第二个import语句导入了java包里的util包中的所有类,导入这些类之后,在程序中就可以使用相应的类,实现相应的功能。

4.1.6 访问权限

在Java中采用访问权限修饰符来控制类及类中成员的访问权限,从而实现了面向对象的封装特点,只向使用者提供外部接口,隐藏内部细节,因而对数据有一定保护作用,避免数据受到外部的破坏。

1. 访问权限的概念

访问权限是指对象是否能够通过 "." 运算符操作自己的成员变量或通过 "." 运算符调用类中的成员方法。

在程序中访问类的成员时，作为类中的实例方法，总是可以访问该类中的实例变量和类变量的；作为类方法，总是可以访问该类中的类变量，这些访问方式与访问权限符没有关系。

2. 私有变量和私有方法

使用 private 修饰的成员变量和成员方法被称为私有变量和私有方法。例如下面代码：

```java
public class D{
    private int a;                      //变量 a 是私有变量
    private int total(int m,int n){     //方法 total()是私有方法
        return m +n;
    }
}
```

假如现在有个 C 类，在 C 类中创建一个 D 类的对象后，该对象不能访问自己的私有变量和私有方法。例如下面代码：

```java
public C{
    public static void main(String [ ] args){
        D d =new D( );
        d.a =12;             //编译错误,访问不到私有的变量 a
        d.total(1,2);        //编译错误,访问不到私有方法 total()
    }
}
```

因此，如果一个类中的某个成员变量是私有变量，那么在另一个类中，不能通过该类的对象名来操作这个私有变量。如果一个类中的某个成员方法是私有方法，那么在另一个类中，也不能通过该类的对象名来调用这个私有方法。

3. 公有变量和公有方法

使用 public 修饰的成员变量和成员方法被称为公有变量和公有方法。例如下面的代码：

```java
public class C{
    public int a;                      //变量 a 是公有变量
    public int total(int m,int n){     //方法 total()是公有方法
        return m +n;
    }
}
```

使用 public 访问修饰符修饰的成员变量和成员方法，在任何一个类中创建对象后，都可以被访问到。例如下面代码：

```java
public class D{
    public static void main(String[] args){
        C c =new C();
        c.a =23;                       //可以访问,编译通过
```

```
        c.total(1,2);                    //可以访问,编译通过
    }
}
```

因此，如果一个类中的某个成员变量是公有变量，那么在另一个类中，可以通过该类的对象名来操作这个公有变量。如果一个类中的某个成员方法是公有方法，那么在另一个类中，也可以通过该类的对象名来调用这个公有方法。

4. 友好变量和友好方法

不使用 private、public、protected 修饰符修饰的成员变量和成员方法被称为友好变量和友好方法，例如下面代码：

```
public class C{
    int a;                             //变量 a 是友好变量
    int total(int m,int n){            //方法 total()是友好方法
        return m + n;
    }
}
```

同一包中的两个类，如果在一个类中创建了另一个类的对象后，那么该对象能访问自己的友好变量和友好方法，例如下面代码：

```
public class D{
    public static void main(String [ ] args){
        C c = new C();
        c.a = 22;                      //可以访问,编译通过
    }
}
```

这种访问方式类似于公有变量和公有方法的情况。

5. 受保护的成员变量和成员方法

用 protected 修饰符修饰的成员变量和成员方法被称为受保护的成员变量和受保护的成员方法，例如下面代码：

```
public class C{
    protected int a;                   //受保护的成员变量 a
    protected int total(int m,int n){  //受保护的成员方法 total()
        return m + n;
    }
}
```

同一包中的两个类，一个类在另一个类中创建对象后，可以通过该对象访问自己的受保护的成员变量和成员方法，例如下面代码：

```
public D{
    public static void main(String[] args){
        C c = new C();
        c.a = 22;                                    //可以访问,编译通过
```

```
        }
    }
```

因此，在同一包中受保护的成员可以访问。

6. public 类与友好类

在声明类的时候，如果在关键字 class 前面加上 public 关键字，那么这样的类就是公共类，可以在任何另外一个类中使用 public 类创建的对象。例如下面代码：

```
public class C{
    …
}
```

如果一个类不加 public 修饰，这个类被称为友好类，例如下面代码：

```
class D{
    …
}
```

因此，如果一个类是友好类，另一个类中使用友好类创建对象时，必须保证两个类是在同一包中才能正常使用。

通过以上对不同访问权限修饰符的介绍，下面对访问权限修饰符的使用总结如下。

①private（类访问级别）：如果类的成员被 private 访问权限修饰符修饰，那么这个成员只能被该类的其他成员访问，其他类无法直接访问。类的良好封装性就是通过 private 关键字来实现的。

②default（包访问级别）：如果一个类或者类的成员不使用任何访问权限修饰符修饰，那么称这个访问权限级别为默认访问权限级别（包访问级别），表示这个类或者类的成员只能被本包中的类访问。

③protected（子类访问级别）：如果一个类的成员被 protected 访问权限修饰符修饰，那么这个成员既能被同一包中的类访问，也能被不同包中该类的子类访问。

④public（公共访问级别）：这是最宽松的访问权限级别。如果一个类或者类的成员被 public 访问权限修饰符修饰，那么这个类或者类的成员能被所有的类访问，无论访问类与被访问类是否在同一包中。

下面通过表 4 – 1 将这 4 种访问权限级别更加直观地表示出来。

表 4 – 1　访问控制权限

访问范围	private	default	protected	public
同一类	√	√	√	√
同一包中类		√	√	√
不同包中的子类			√	√
其他包中的类				√

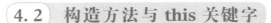

4.2　构造方法与 this 关键字

构造方法也是类的成员方法，但它是一种特殊的成员方法，因为它的名称与类名相同，这是它的特殊之处，主要用于实例化对象，同时对对象中的所有成员变量进行初始化。this 关键字表示当前对象，this 关键字可以用于访问本类中的成员变量、本类中的成员方法，也可用于访问本类中的构造方法，但不可以出现在类方法中。

4.2.1　构造方法

实例化对象时，需要用到 new 关键字和构造方法。构造方法的方法名与类名相同，构造方法没有返回值，主要用来实例化对象。

1. 定义构造方法

定义构造方法时，构造方法名称必须与类名相同，不用 void 修饰，不能使用 return 语句返回一个值，但可以单独写 return 语句作为方法的结束。

构造方法的定义语法格式如下：

```
[访问修饰符] 类名([参数列表])
  {
  …                          //方法主体
  }
```

定义构造方法的访问修饰符一般为 public，此时构造方法为公有的构造方法，可在类的外部被调用。

构造方法不能由用户直接调用，只能在使用 new 关键字创建对象时系统自动调用。每个类中必须都有构造方法，即使用户没有定义，系统也会自动添加无参的默认构造方法。

找出下面代码中的构造方法。

```
class Person{
    public static void main(String [ ] args){
     Person per = new Person( );
     }
 }
```

上面代码中，定义了类 Person，类体中并没有定义构造方法，但是可以通过 Person( )方法使用 new 关键字来实例化对象，而 Person( )方法就是系统自动给类 Person 添加的默认构造方法。添加默认的构造方法如下：

```
Person( ){
  …                          //默认构造方法
    }
```

当然，也可以显式地在类中定义构造方法。

例 4-4　显式定义构造方法。

```
package chapter4;
public class example4_4 {
```

```
public Person( ){ //构造方法定义
        System.out.println("无参的构造方法被调用");
    }
public static void main(String[ ] args){
        Person per = new Person( );
    }
}
```

程序运行结果如图4-7所示。

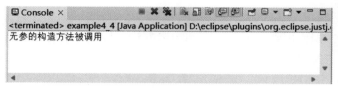

图 4-7　例 4-4 程序运行结果

从程序的运行结果可以看出，当用户自己定义了构造方法之后，系统就不会再自动添加默认的构造方法了。

2. 有参构造方法和无参构造方法

有参的构造方法主要作用是实例化对象以及传递参数为对象的成员变量赋值。无参构造方法主要作用也是实例化对象，也可以在方法中对成员变量赋值。

例 4-5　无参和有参构造方法。

```
package chapter4;
public class example4_5 {
    private int age;
    public example4_5(){                    //无参构造方法定义
        age = 10;
    }
    public example4_5(int a){               //有参构造方法定义
        age = a;
    }
    public int getAge( ) {
        return age;
    }
    public static void main(String[ ] args){
        example4_5 per1 = new example4_5();        //调用无参构造方法创建对象 per1
        System.out.println("年龄:" + per1.getAge());//输出成员变量值
        example4_5 per = new example4_5(22);       //调用有参构造方法创建对象 per
        System.out.println("年龄:" + per.getAge( ));//输出成员变量值
    }
}
```

程序运行结果如图4-8所示。

在例4-5程序中分别定义了有参和无参构造方法，然后分别调用了有参和无参构造方法创建对象，最后输出不同对象的成员变量的值。

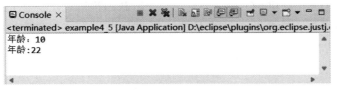

图 4 - 8　例 4 - 5 程序运行结果

3. 构造方法的重载

与普通方法一样，构造方法也可以重载，在一个类中可以定义多个构造方法，只要每个构造方法的参数类型或参数个数不同即可。在创建对象时，可以通过不同的构造方法为不同的属性赋值。

例 4 - 6　构造方法的重载。

```java
package chapter4;
class student{
    private String name;
    private int age;
    public student(){}                      //无参构造方法定义
    public student(String n){               //一个参数的构造方法定义
        name = n;
    }
    public student(String n,int a){         //两个参数的构造方法定义
        name = n;
        age = a;
    }
    public void read(){
        System.out.println("我是:" + name + ",年龄:" + age);
    }
}
    public class Example4_6 {
        public static void main(String[] args){
            student st1 = new student("李四");       //实例化 student 对象
            student st2 = new student("李四",22);    //实例化 student 对象
            st1.read();
            st2.read();
        }
}
```

程序运行结果如图 4 - 9 所示。

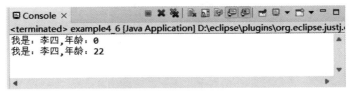

图 4 - 9　例 4 - 6 程序运行结果

在例 4 – 6 程序代码中声明了 student 类的两个重载的构造方法。在 main( )方法中创建对象 st1 和 st2 时，根据传入的参数个数的不同，st1 调用了只有一个参数的构造方法；st2 调用了两个参数的构造方法。

4. 默认构造方法

在 Java 中的每个类都至少有一个构造方法，如果在一个类中没有定义构造方法，系统会自动为这个类创建一个默认的构造方法，这个默认的构造方法没有参数，方法体中没有任何代码，即什么也不做。

下面是 student 类的两种效果完全相同的代码写法。

第一种写法：

```
class student{    }
```

第二种写法：

```
class student{
    public student(){
    }
}
```

第一种写法中，类虽然没有声明构造方法，但仍然可以使用 new student( )语句创建 student 类的实例对象，在实例化对象时调用默认的构造方法。

由于系统提供的构造方法不能满足需求，因此，通常需要自己在类中定义构造方法，一旦定义了构造方法，系统就不再提供默认的构造方法。在一个类中如果定义了有参构造方法，最好再定义一个无参构造方法。构造方法通常使用 public 修饰。

4.2.2　this 关键字

this 关键字表示当前对象，this 关键字可以用于访问本例中的成员变量、本类中的成员方法，也可以用于访问本类中的构造方法。

1. 使用 this 关键字访问本类中的成员变量

访问本类中的成员变量的语法格式如下：

```
this. 成员变量名;
```

例 4 – 7　this 关键字访问本类中的成员变量。

```
package chapter4;
public class example4_7{
    public static void main(String[ ] args){
        Car car = new Car("红色");
        System.out.println("汽车颜色:" + car.getColor( ));
    }
}
class Car{
    private String color;
```

```
        public Car( ) { }
        public Car(String color){
              this.color = color; //this 关键字访问成员变量,不可省略
        }
        public String getColor( ) {
              return this.color; //this 关键字访问成员变量,可省略 this
        }
}
```

程序运行结果如图 4 - 10 所示。

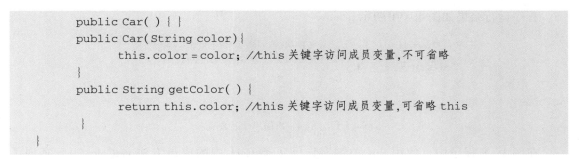

图 4 - 10　例 4 - 7 程序运行结果

如果构造方法中的成员变量名或者局部变量名相同,必须使用 this 关键字。成员方法 getColor( ) 不存在同名现象,可以不使用 this。为了突显成员变量属于当前对象,不同名的情况下也可以加上 this 关键字。

2. 使用 this 关键字访问本类中的成员方法

访问本类中成员方法的格式如下:

```
this. 成员方法名([实参列表]);
```

例 4 - 8　this 访问本类中的成员方法。

```
package chapter4;
class Car1{
        private String color;
        public Car1( ) { }
        public Car1(String color){
        this.color = color;
    }
    public String getColor( ) {
        return this.color;
    }
    public void print( ){              //使用 this 关键字访问成员方法
        System.out.println("汽车颜色为:" + this.getColor( ));
    }
  }
  public class example4_8 {
      public static void main(String[ ] args){
            Car1 car = new Car1("红色");
            car.print( );
      }
  }
}
```

程序运行结果如图 4 – 11 所示。

图 4 – 11　例 4 – 8 程序运行结果

在例 4 – 8 程序中，使用 this 关键字访问了类 Car1 中的成员方法 getColor( )，实现了 color 属性的获取。

3. 使用 this 关键字访问本类中的构造方法

构造方法一般只能和 new 关键字一起用于实例化对象，不能像其他的成员方法一样被调用，但可以在一个构造方法中使用 this 关键字来调用其他的构造方法。

语法格式如下：

```
this([实参列表]);
```

在使用 this 关键字访问构造方法时，注意以下几点：

①只能在构造方法中使用 this 关键字调用其他的构造方法，不能在成员方法中使用。

②在构造方法中，this 关键字调用构造方法的语句必须位于方法体的第一行，只能出现一次。

③不能在一个类的两个构造方法中互相使用 this 关键字调用，否则会导致调用死循环，编译出错。

例 4 – 9　使用 this 关键字调用构造方法。

```
package chapter4;
public class example4_9 {
        public static void main(String[ ] args){
                User user = new User("张三");
                System.out.println("注册成功");
        }
}
class User{
        String name;
        private String pwd;
        public User( ){
                System.out.println("准备注册");}
        public User(String name){
                this( );                    //使用 this 调用本类构造方法
                this.name = name;
        }
}
```

程序运行结果如图 4 – 12 所示。

在例 4 – 9 程序中，使用 this 关键字调用本类的构造方法，实现了对象的创建。

图 4 – 12　例 4 – 9 程序运行结果

4. 用 this 关键字表示当前对象

在一个类的内部，也可以用 this 关键字来代表当前对象，成员变量的数据类型为该类本身，成员变量的名称为 this 关键字。

例 4 – 10　this 关键字表示当前对象。

```java
package chapter4;
public class example4_10 {
    private int value = 0;
    example4_10 add() {
        value ++;
        return this;                //表示当前对象
    }

    public int getValue() {
        return value;
    }

    public static void main(String[ ] args) {
        example4_10 in = new example4_10( );
        in.add( );
        System.out.println(in.getValue( ));
    }
}
```

程序运行结果如图 4 – 13 所示。

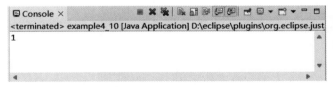

图 4 – 13　例 4 – 10 程序运行结果

在例 4 – 10 程序中，类 example4_10 中定义的 add( ) 方法将成员变量 value 的值自增加，同时返回当前对象。

4.3　static 关键字与内部类

在定义一个类时，只是在描述某事物的特征和行为，并没有产生具体的数据。只有通过 new 关键字创建该类的实例对象时，才会开辟栈内存和堆内存。在堆内存中，每个对象会有自己的属性。如果希望某些属性被所有对象共享，就必须将其声明为 static 属性。如果属性使用了 static 关键字进行修饰，则该属性可以直接使用类名称进行调用。在 Java 中，允许在一个类的内部定义类，这就是内部类，内部类所在的类称为外部类。

4.3.1 static 关键字

static 表示"静态"的意思，用来修饰成员变量和成员方法，也可以修饰代码块，被 static 修饰的成员有特殊属性。修饰成员变量时称为类变量，修饰成员方法时称为类方法。

1. 类变量

成员变量根据在内存中的存储方式和作用范围，可以分为类变量和实例变量。普通的成员变量也称为实例变量，成员变量如果用 static 修饰，则成员变量称为静态成员变量，也叫类变量。

定义语法格式如下：

[访问修饰符] static 数据类型 成员变量名；

实例变量是依赖于对象的，一般在定义一个类时，只是在描述某类事物的特征和行为，并没有产生具体的数据。只有通过 new 关键字创建对象以后，系统才会为每个对象分配存储空间，实例变量也随着对象的创建而创建，并随着对象的消亡而消亡。不同的对象之间，其实例变量是相互独立的，任何一个对象改变了自己的实例成员，只会影响这个对象本身，而不会影响其他对象的实例成员。

而类变量是依赖于类的，它随着类的加载而诞生，并随着类的卸载而销毁。其被这个类所创建的所有对象共享。

访问类变量的语法格式有以下两种：

①对象名．类变量名。

②类名．类变量名。

例 4-11 类变量和实例变量。

```java
package chapter4;
public class example4_11 {
    public static void main(String[] args){
        Cat cat1 = new Cat();
        Cat cat2 = new Cat();
        Cat.country = "俄罗斯";
        cat1.setName("俄罗斯猫");
        cat2.setName("美国猫");
        System.out.println(cat1.getName() + "产于" + cat1.country);
        System.out.println(cat2.getName() + "产于" + cat2.country);
    }
}

    class Cat{
        private String name;
        static String country;              //类变量
        public String getName(){
```

```
        return name;
    }
    public void setName(String n){
        name = n;
    }
}
```

程序运行结果如图 4 - 14 所示。

图 4 - 14　例 4 - 11 程序运行结果

在例 4 - 11 程序中，定义了一个 Cat 类，包含实例变量 name 和类变量 country。example4_11 类中，创建了两个对象 cat1 和 cat2，分别给两个对象的实例变量设置了值，并给类变量 country 设置值为 "俄罗斯"，由于类变量被所有对象共享，实例变量只属于某个对象，所以对象 cat1 和 cat2 的 country 值相同。

2. 类方法

成员方法根据在内存中的存储方式和作用范围，可以分为类方法和实例方法。如果用 static 修饰，则成员方法称为静态成员方法，也叫类方法。没有使用 static 修饰的成员方法叫实例方法。类方法定义语法格式如下：

[访问修饰符] static void 成员方法名([参数列表]) { }

实例方法依赖于对象，类方法依赖于类。实例方法为每一个对象独有，类方法被所有对象共有。

访问类方法的语法格式有以下两种：

①对象名 . 类方法名。

②类名 . 类方法名。

在定义和使用类方法时，有几个地方需要注意。在同一个类中，类方法中可以访问类变量和类方法，不能访问实例变量和实例方法，实例变量和实例方法只能先创建对象，再通过对象来调用。在实例方法中，访问类变量和类方法是可以的。

例 4 - 12　类方法的使用。

```
package chapter4;
public class example4_12 {
    public static void main(String[] args){
        User1 user = new User1();
        user.setName("李四");
        user.setPwt("lisi");
        System.out.println(User1.getWebname());   //类方法调用
```

```java
            System.out.println(user.getName() + ",欢迎你");
        }
}
class User1{
        private String name;
        private String pwt;
        private static String webname = "搜狐网站";
        public String getName(){
            return name;
        }
        public void setName(String m){
            name = m;
        }
        public String getPwt( ){
            return pwt;
        }
        public void setPwt(String p){
            pwt = p;
        }
        public static String getWebname(){      //类方法定义
            return webname;
        }
}
```

程序运行结果如图 4 - 15 所示。

图 4 - 15 例 4 - 12 程序运行结果

在例 4 - 12 程序中, User1 类将所有的属性都进行了封装, 所以想要更改属性, 就必须使用 setter 方法。获得属性必须使用 getter 方法, 但 webname 属性是使用 static 声明的, 所以可以直接使用类名进行调用。

3. 静态代码块

在 Java 类中, 用 static 关键字修饰的代码块称为静态代码块。当类被加载时, 静态代码块会执行, 由于类在内存中只加载一次, 因此静态代码块也只执行一次。在程序中, 通常使用静态代码块对类的成员变量进行初始化操作。下面通过一个例子学习静态代码块的使用。

例 4 - 13 静态代码块的定义。

```java
package chapter4;
class teach{
        String name;                            //成员属性
        {
```

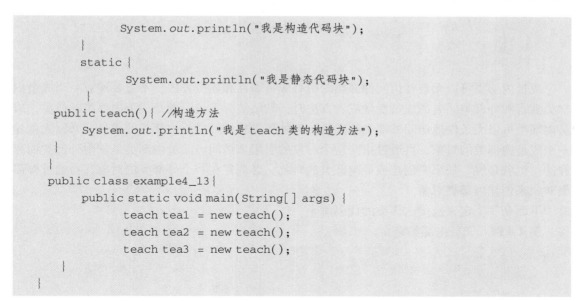

```
                 System.out.println("我是构造代码块");
        }
      static {
              System.out.println("我是静态代码块");
        }
   public teach(){ //构造方法
        System.out.println("我是 teach 类的构造方法");
   }
 }
public class example4_13{
     public static void main(String[] args) {
           teach tea1 = new teach();
           teach tea2 = new teach();
           teach tea3 = new teach();
   }
}
```

程序运行结果如图 4 - 16 所示。

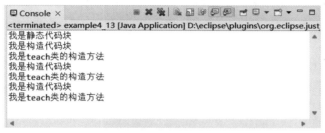

图 4 - 16　例 4 - 13 程序运行结果

在例 4 - 13 程序中，声明了一个构造代码块和一个静态代码块，从运行结果可以看出，代码块的执行顺序为静态代码块、构造代码块、构造方法。static 修饰的成员会随着 class 文件一同加载，其优先级最高。在 main( ) 方法中创建了 3 个 teach 对象，但在 3 次实例化对象的过程中，静态代码块中的内容只输出一次，这就说明静态代码块在类第一次使用时才会被加载，并且只会加载一次。

4.3.2　内部类

在 Java 程序中，可以将一个类定义在另一个类里面或者一个方法里面，这样的类称为内部类。内部类是外部类的一个成员。内部类可以分为成员内部类、方法内部类、静态内部类和匿名内部类。

1. 成员内部类

成员内部类是最普通的内部类，它是定义在另一个类的内部，具体语法格式如下：

```
class 外部类名{
    //外部类体
    class 内部类名{
```

```
                    //内部类体
            }
    }
```

成员内部类可以无条件访问外部类的所有成员属性和成员方法，不过要注意，当成员内部类拥有和外部类同名的成员变量或者方法时，默认情况下访问的是成员内部类的成员。成员内部类可以无条件地访问外部类的成员，而外部类想访问成员内部类的成员，必须先创建一个成员内部类的对象，再通过指向这个对象的引用来访问。成员内部类是依附外部类而存在的，也就是说，如果要创建成员内部类的对象，必须存在一个外部类的对象，再通过外部类对象来创建内部类对象。

下面是一个定义成员内部类的代码例子。

例 4 – 14 成员内部类定义。

```java
package chapter4;
class outer{
    int m = 0;                              //定义类的成员变量
    void test1() {                          //定义一个成员方法 test1
        System.out.println("外部类成员方法 test1()");
    }
class Inner{                                 //定义了一个成员内部类 Inner
    int n = 2;
    void show() {                           //在成员内部类的方法中访问外部类的成员变量 m
        System.out.println("外部成员变量 m = " + m);
        test1();
    }
    void show1() {
        System.out.println("内部成员方法 show1");
    }
}
void test2() {                              //外部类方法 test2
    Inner inner = new Inner();              //实例化内部类对象 inner
    System.out.println("内部成员变量 n = " + inner.n);  //访问内部类变量 n
    inner.show1();                          //访问内部类方法 show1
    }
}
public class example4_14 {
    public static void main(String[] args) {
        // TODO Auto - generated method stub
        outer out = new outer();            //实例化外部类对象 out
        outer.Inner inner = out.new Inner();   //实例化内部类对象 inner
        inner.show();       //在内部类中访问外部类的成员变量 m 和成员方法 test1()
        out.test2();        //在外部类中访问内部类的成员变量 n 和成员方法 show1()
    }
}
```

程序运行结果如图 4 – 17 所示。

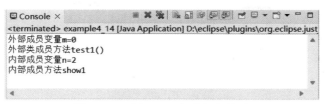

图 4 – 17　例 4 – 14 程序运行结果

2. 方法内部类

方法内部类是定义在一个方法体里面的类，它和成员内部类的区别在于方法内部类的访问仅限于方法内部。方法内部类就像是方法体里面的一个局部变量。在方法内部类中，方法内部类可以访问外部类的所有成员变量和方法，而方法内部类中变量和方法只能在所属方法中被访问。下面是一个方法内部类的定义和使用代码。

例 4 – 15　方法内部类的定义和使用。

```java
package chapter4;
class Outer1 {
    int m = 0;                    //定义类的成员变量
    void test1() {                //下面的代码定义了一个成员方法,方法中访问内部类
        System.out.println("外部类成员方法");
    }
  void test2() {
    class Inner {                 //下面的代码定义了一个成员内部类
        Int n = 1;
        void show() {             //在成员内部类的方法中访问外部类的成员变量
        System.out.println("外部成员变量 m = " + m);
        test1();
      }
    }
    Inner inner = new Inner();
    System.out.println("局部内部类变量 n = " + inner.n);
    inner.show();
    }
}
public class example4_15 {
    public static void main(String[] args) {
        Outer1 outer = new Outer1();
        outer.test2();
    }
}
```

程序运行结果如图 4 – 18 所示。

在例 4 – 15 程序中，定义了一个外部类 outer1，并在该类中定义了成员变量 m、成员方法 test1( )和 test2( )。在外部类的成员方法 test2 中定义了一个局部内部类 Inner；然后在局部内部类 Inner 中，定义了 show( )方法。从程序运行结果可以看出，在内部类 Inner 的 show( )方法中可以访问到外部成员变量 m 和外部成员方法 test1( )，而在外部类中访问不到局部内部类 Inner 中的变量和方法。

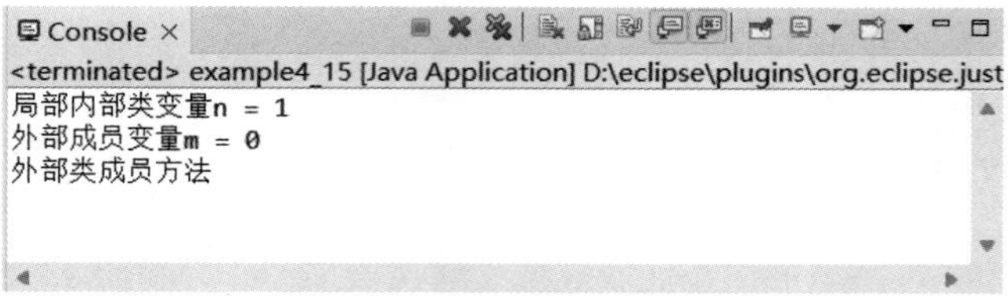

图 4 - 18　例 4 - 15 程序运行结果

3. 静态内部类

静态内部类是使用 static 关键字修饰的作为成员的内部类。和成员内部类相比，在形式上，静态内部类只是在内部类前面增加了 static 关键字，而在功能上，静态内部类只能访问外部类的静态成员，通过外部类访问静态内部类成员时，可以跳过外部类直接访问静态内部类。

创建静态内部类对象的语法格式如下：

> 外部类名 . 静态内部类名 变量名 = new 外部类名( ) . 静态内部类名( )；

下面通过一个例子学习静态内部类。

例 4 - 16　静态内部类的定义与使用。

```java
package chapter4;
class Outer2 {
    static int m = 0;              //定义类的成员变量
    static class Inner { //下面的代码定义了一个静态内部类
            int n = 1;
            void show() {
                    System.out.println("外部静态变量 m = " + m);
                    //在静态内部类的方法中访问外部类的成员变量
            }
    }
}
public class example4_16 {
    public static void main(String[] args) {
            Outer2.Inner inner = new Outer2.Inner();
            inner.show();
    }
}
```

程序运行结果如图 4 - 19 所示。

图 4 - 19　例 4 - 16 程序运行结果

在例 4 - 16 程序中定义了一个外部类 Outer2，在类中定义了静态成员变量和静态内部类 Inner。然后在静态内部类 Inner 中定义了一个 show( )方法，在 show( )方法中打印了外部静态变量 m，然后通过内部类对象 inner 调用 show( )方法测试对外部类静态变量 m 的调用。

　　4. 匿名内部类

　　相比于其他类型的内部类，匿名内部类应该是平时我们编写代码时用得最多的。如果一个类在整个操作中只使用一次，就可以将其定义成匿名内部类。所谓匿名内部类，就是没有名字的内部类，当程序使用匿名内部类时，往往在匿名内部类定义的时候直接创建该类的一个对象。匿名内部类的定义语法格式如下：

```
new 类名(参数列表)或接口( ){
  //匿名内部类实现部分
}
```

　　匿名内部类一般用来实现接口。

　　例 4 – 17　匿名内部类。

```
package chapter4;
interface Apple{
    public void say( );
}
public class example4_17{
    public static void print(Apple apple){
        apple.say();
    }
public static void main(String[ ] args){
    do4_16.print(new Apple( ){            //匿名内部类
        public void say( ){
            System.out.println("这是一些苹果。");
        }
    });
    }
}
```

　　程序运行结果如图 4 – 20 所示。

图 4 – 20　例 4 – 17 程序运行结果

　　在例 4 – 17 程序中创建了 Apple 接口，在主类中调用 print( )方法，将实现 Apple 接口的匿名内部类作为 print( )方法的参数，并在匿名内部类中重写了 Apple 接口的 say( )方法。

4.4　项目实训

4.4.1　实训任务

　　本任务要求，使用面向对象知识编写一个基于控制台的购书系统，实现如下购书功能。

①输出所有图书的信息，包括每本书的编号、书名、单价、库存。

②顾客购买书时，根据提示输入图书编号来选购需要的图书，并根据提示输入购买图书的数量。

③购买完毕后，输出顾客的订单信息，包括订单号、订单明细、订单总额。

4.4.2 任务实施

①根据任务描述，确定图书类包含的属性，有图书编号、图书名称、图书单价、库存数量。

代码如下：

```java
package chapter4;
public class Book {                      //图书类定义
    private int id;                      //编号
    private String name;                 //书名
    private double price;                //价格
    private int store;                   //库存
                                         //有参构造方法
public Book(int id, String name, double price, int store) {
    this.id = id;
    this.name = name;
    this.price = price;
    this.store = store;
    }
    public int getid(){                  //获取书号方法
        return id;
    }
    public String getname(){             //获取书名方法
        return name;
    }
    public double getprice(){            //获取价格方法
        return price;
    }
    public int getstore(){               //获取库存方法
        return store;
    }
}
```

上述代码中，声明了图书编号 id、书名 name、价格 price、库存 store，并提供了它们的getter 和 setter 方法。

②根据任务描述，确定订单项类包含的属性，有图书、购买数量。

代码如下：

```java
package chapter4;
public class OrderItem {                          //订单项类定义
    private Book book;                            //图书属性
     private int num;                             //购买数量属性
    public OrderItem(Book book, int num) {        //有参构造方法
        this.book = book;
```

```
        this.num = num;
    }
    public Book getbook() {                    //获取图书
        return book;
    }
    public int getnum() {                      //获取订购图书数量
        return num;
    }
}
```

上述代码中，声明了图书对象 book、购买数量 num，并提供了它们的 getter 和 setter 方法。

③根据任务描述，确定订单类（Order）包含的属性，有订单号、订单项列表、订单总金额。

实现代码如下：

```
package chapter4;
    public class Order {                        //订单类定义
    private String orderid;                     //订单号属性
    private orderitem items[];                  //订单项列表属性
    private double total;                       //订单总金额属性
    public Order(String orderid) {              //有参构造方法
        this.orderid = orderid;
        this.items = new orderitem[3];
    }
    public String getorderid() {                //获取订单号
        return orderid;
    }
    public orderItem[] getitems() {             //获取订单项
        return items;
    }
    public double gettotal() {                  //获取订单总金额
        caltotal();
        return total;
    }
    public void setitem(orderitem item, int i) {    //设置一个订单项
        this.items[i] = item;
    }
    public void caltotal() {                    //计算订单总金额
        double total = 0;
        for (int i = 0; i < items.length; i ++) {
            total += items[i].getnum() * items[i].getbook().getprice();
        }
        this.total = total;
    }
}
```

上述代码中，声明了订单号、订单项数组，并声明了获取订单号方法 getorderId（）、获取订单列表方法 getitems（）、获取订单总金额方法 gettotal（）、设置订单项方法 setitem（）、计算订单总金额的方法 caltotal（）。

④下面定义测试类。

```java
package chapter4;
import java.util.Scanner;
    public class paybooks {
        public static void main(String[] args) {
        Book books[] = new Book[3];
        outBooks(books);                        //模拟从数据库中读取图书信息并输出
        Order order = purchase(books);      //顾客购买图书
        outOrder(order);                          //输出订单信息
        }
    public static Order purchase(Book books[]) {      //顾客购买图书
        Order order = new Order("00003");
        OrderItem item = null;
        Scanner in = new Scanner(System.in);
        for (int i = 0; i < 3; i ++) {
                System.out.println("请输入编号选择图书:");
                int cno = in.nextInt();
                System.out.println("请输入购买图书数量:");
                int pnum = in.nextInt();
                item = new OrderItem(books[cno -1],pnum);
                order.setitem(item, i);
                System.out.println("欢迎继续购买图书。");
        }

                in.close();
                return order;
        }
        public static void outOrder(Order order) {      //输出订单信息
                System.out.println(" \n \t 图书订单");
                System.out.println("图书订单号:" +order.getorderid());
                System.out.println("图书名称 \t 购买数量 \t 图书单价");
                System.out.println(" ---------------------------------------- ");
                OrderItem items[] = order.getitems();
                for(int i = 0; i < items.length; i ++) {
                        System.out.println(items[i].getbook().getname() + "
\t" +items[i].getnum(
                                ) + " \t" +items[i].getbook().getprice());
                }
                System.out.println(" ---------------------------------------- ");
                System.out.println("订单总额: \t \t" +order.gettotal());
                }
        public static void outBooks(Book books[]) {  /*模拟从数据库中读取图书
信息并输出 * /
                books[0] = new Book(1,"网页设计教程",30.6,30);
                books[1] = new Book(2,"数据结构",42.1,40);
                books[2] = new Book(3,"算法设计",47.3,15);
                System.out.println(" \t 图书列表");
                System.out.println("图书编号 \t 图书名称 \t \t 图书单价 \t 库存数
量");
                System.out.println(" ---------------------------------------- ");
                for (int i = 0; i < books.length; i ++) {
```

```
                            System.out.println(i+1 + "\t" + books[i].getname()
+"\t      " +
                                     books[i].getprice() + "\t" + books[i]
.getstorage());
                  }
                  System.out.println(" ----------------------------------------- ");
            }
      }
```

上述代码中，输出了图书列表信息，包括图书编号、图书名称、图书单价、库存数量，用户根据图书列表信息输入图书编号、购买数量等，系统根据用户输入的图书编号及购买数量计算总金额。

4.4.3　任务运行

程序编译通过，运行结果如图 4 – 21 所示。

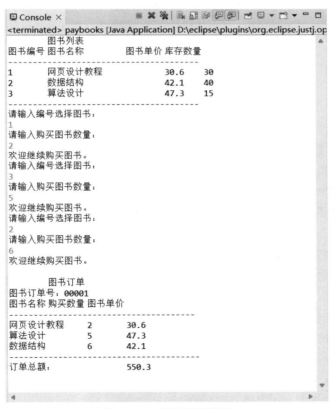

图 4 – 21　任务运行结果

运行成功后，可以测试项目，分别输入每种图书编号以及图书数量，最后打印出图书订单信息，包括订单号、购买的每种图书的数量、单价、订单总额等信息。

4.5 项目小测

一、填空题

1. 面向对象的三大特征是_____、_____、_____。

2. 定义类的关键字是_____。

3. 针对类、成员方法和属性，Java 提供了 4 种访问控制权限，分别是_____、_____、_____和 default。

4. 静态方法必须使用_____关键字修饰。

5. 类的封装指在定义类时，将类中的属性私有化，使用_____关键字修饰。

二、选择题

1. (   ) 是拥有属性和方法的实体。

A. 对象   B. 类   C. 方法   D. 接口

2. 有一个汽车类 Car，包含属性颜色（color）、型号（type）、品牌（brand）。现要在 main() 方法中创建 Car 类的对象，下面代码中，正确的是（   ）。

A. Car mycar = new Car；   B. Car mycar = new Car()；
   mycar color = "黑色"；   Car. brand = "宝马"；

C. Car mycar；   D. Car mycar = new Car()；
   mycar. brand = "宝马"；   mycar. color = "蓝色"；

3. 下面关于类和对象的说法中，错误的是（   ）。

A. 类是对象的类型，它封装了数据和操作

B. 类是对象的集合，对象是类的实例

C. 一个类的对象只有一个

D. 一个对象必属于某个类

4. 对于构造方法，下列叙述错误的是（   ）。

A. 构造方法名必须与类名相同

B. 构造方法的返回类型只能是 void 型，书写格式是在方法名前加 void 前缀

C. 类的默认构造方法是无参构造方法

D. 创建新对象时，系统会自动调用构造方法

5. 在（   ）情况下，构造方法会被调用。

A. 定义类   B. 创建对象   C. 调用对象方法   D. 使用对象的变量

6. 下列关于 this 关键字的说法中，错误的是（   ）。

A. this 可以解决成员变量与局部变量重名的问题

B. this 出现在成员方法中，代表的是调用这个方法的对象

C. this 可以出现在任何方法中

D. this 相当于一个引用，可以通过它调用成员方法与属性

7. 下列关于静态方法的描述中，错误的是（   ）。

A. 静态方法指的是被 static 关键字修饰的方法

B. 静态方法不占用对象的内存空间，而非静态方法占用对象的内存空间

C. 静态方法内部可以使用 this 关键字

D. 静态方法内部只能访问被 static 修饰的成员

8. Java 的访问修饰符不包括（   ）。

A. public   B. default   C. protected   D. private

9. 声明类时，不可以放到类名前的关键字是（   ）。

A. abstract   B. public   C. static   D. final

三、判断题

1. 方法声明和方法调用的形式是一样的。   （   ）

2. 所谓对象，就是一组类的集合。   （   ）

3. 类是对一组具有相同属性、表现相同行为的对象的描述。   （   ）

4. 类具有三种访问修饰符：公共（public）、受保护（protected）、私有（private）。

                                                               （   ）

5. 封装就是将对象所有的属性与方法隐藏起来。   （   ）

6. 静态变量只能在静态方法中使用。   （   ）

7. 与普通方法一样，构造方法也可以重载。   （   ）

四、简答题

1. 简述面向对象的三大特征。

2. 简述类与对象概念、它们之间的关系。

3. 成员变量与局部变量之间的区别是什么？

五、编程题

1. 定义一个表示学生信息的类 Student，要求如下：

（1）类 Student 的成员变量

no 表示学号；name 表示姓名；sex 表示性别；age 表示年龄；Java 表示 Java 课程成绩。

（2）类 Student 带参数的构造方法：

在构造方法中，通过形参完成对成员变量的赋值操作。

（3）类 Student 的成员方法：

getNO（ ）：获得学号；

getName（ ）：获得姓名；

getSex（ ）：获得性别；

getAge（ ）：获得年龄；

getJava（ ）：获得 Java 成绩。

根据类 Student 的定义，创建五个该类对象，输出每个学生的信息，计算并输出这五个学生 Java 成绩的平均值，以及计算并输出它们 Java 成绩的最大值和最小值。

2. 定义一个点类 Point，包含两个成员变量 x、y 分别表示 x 和 y 坐标，两个构造方法 Point（ ）和 Point（int x0，y0），以及一个 movePoint（int dx，int dy）方法实现点的位置移动，创建两个 Point 对象 p1、p2，分别调用 movePoint 方法后，打印 p1 和 p2 的坐标。

项目 5

继承与接口

【项目导读】

　　继承和多态都是面向对象的特征，继承也是创建新类的一种机制，通过继承提高了软件的可维护性与可扩展性。多态让程序的抽象程度和简洁程度更高，有助于程序设计人员对程序的分组协同开发。接口可以提高软件开发效率，降低软件代码之间的耦合度，实现类的多重继承。本项目先介绍了类的继承，然后介绍了抽象类与接口，最后介绍了多态与异常处理。通过以上内容的学习，完成后面的项目实训任务。

【学习目标】

　　（1）理解继承的概念，能够实现类的继承。
　　（2）理解方法的重写，掌握 super 关键字、final 关键字的使用。
　　（3）了解抽象类与接口的用途，能够运用抽象类和接口。
　　（4）理解多态的概念，掌握程序的异常处理。

【技能导图】

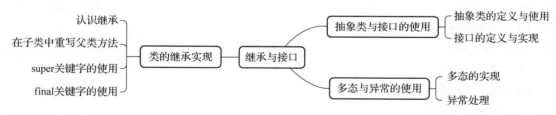

【思政课堂】

中国特色的马克思主义

2021 年 11 月 15 日　　|来源：解放军报　作者：陈辉吾

　　在中华民族发展史上，马克思主义传入中国是一件具有革命性意义的大事。对于中国共产党来说，如何看待从西方传入的马克思主义、如何看待已经浸入中华民族骨髓的传统文化，不仅事关马克思主义能否在中华大地生根开花，也事关中国革命道路的选择。在 1938 年召开的党的六届六中全会上，毛泽东同志在深刻反思教条主义给中国革命带来巨大危害的基础上，旗帜鲜明地提出了"马克思主义中国化"这一科学命题，强调既要把马克思主义"应用于中国的具体的环境"，又要推进马克思主义与中国传统文化相结合，使马克思主义具有"为中国老百姓所喜闻乐见的中国作风和中国气派"。1943 年，毛泽东进一步指出："中国共产党人是我们民族一切文化、思想、道德的最优秀传统继承者，把这一切优秀传统看成和自己血肉相连的东西，而且将继续加以发扬光大……要使马克思列宁主义这一革命科学更进一步地和中国革命实践、中国历史、中国文化相结合起来。"这些认识使我们党一经确立，中国革命的面貌随之焕然一新，马克思主义中国化由此开启了全新的历程。

在改革开放的历史征程中，我们党坚持马克思主义指导地位不动摇，勇敢推进各方面创新，不仅赋予了马克思主义中国化更加鲜明的实践特色、理论特色、时代特色，也赋予了马克思主义中国化更加鲜明的民族特色。进入中国特色社会主义新时代，习近平总书记深刻指出："我们从来认为，马克思主义基本原理必须同中国具体实际紧密结合起来，应该科学对待民族传统文化，科学对待世界各国文化，用人类创造的一切优秀思想文化成果武装自己。在带领中国人民进行革命、建设、改革的长期历史实践中，中国共产党人始终是中国优秀传统文化的忠实继承者和弘扬者。"这一重要论述旗帜鲜明地阐述了中国共产党的历史文化观，为我们在新时代传承中华优秀传统文化提供了根本遵循。

马克思主义进入中国，既引发了中华文明深刻变革，也走过了一个逐步中国化的过程。在中国共产党的推动下，马克思主义与中华优秀传统文化相互结合融通、相互吸收借鉴，不仅为马克思主义扎根中华大地提供了文化沃土，也为中国式现代化新道路的创造奠定了文化基础。

马克思主义是我们认识世界、改造世界的强大思想武器，具有普遍的指导意义。但正如马克思指出的"历史是不能靠公式来创造的"那样，要发挥马克思主义的指导作用，必须同具体实际相结合、同民族文化相结合。历史地看，近代中国西学虽曾几度传入，但大都因与中华文化无法结合而折戟沉沙。马克思主义之所以能够脱颖而出，既在于其科学回应了中国的问题，也在于其与中华优秀传统文化的内在融通。习近平总书记深刻指出："马克思主义传入中国后，科学社会主义的主张受到中国人民热烈欢迎，并最终扎根中国大地、开花结果，绝不是偶然的，而是同我国传承了几千年的优秀历史文化和广大人民日用而不觉的价值观念融通的。"正是在不断同中华优秀传统文化的结合中，马克思主义不仅获得了"为中国老百姓所喜闻乐见的中国作风和中国气派"，也获得了最深层次的文化认同。

5.1 类的继承

继承是面向对象的三大特性之一。类通过继承既可以实现代码复用，提高程序设计的效率，缩短开发周期，还可以提高软件的可维护性和可扩展性。

5.1.1 继承的概念

在程序中，继承描述的是事物之间的所属关系，通过继承可以使多种事物之间形成一种关系体系。在动物园中有许多动物，而这些动物又具有相同的属性和行为，这时就可以编写一个动物类，作为父类。但是不同类的动物又具有自己特有的属性和行为。例如，鸟类具有飞的行为，我们就可以编写一个鸟类。由于鸟类也属于动物类，因此它也具有动物类所共有的属性和行为。所以，在编写鸟类程序时，就可以让鸟类继承父类。这样不仅可以节省程序的开发时间，也提高了代码的可重用性。鸟类与动物类的继承关系如图 5-1 所示。

在 Java 中，继承是基于已经存在的类来构造一个新类。在此基础之上，可以添加新的成员变量和方法，从而扩充现在类的功能。

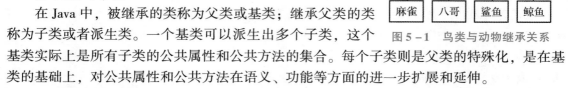

图 5-1　鸟类与动物继承关系

1. 父类与子类

在 Java 中，被继承的类称为父类或基类；继承父类的类称为子类或者派生类。一个基类可以派生出多个子类，这个基类实际上是所有子类的公共属性和公共方法的集合。每个子类则是父类的特殊化，是在基类的基础上，对公共属性和公共方法在语义、功能等方面的进一步扩展和延伸。

在多个类组成的层次结构中，子类的基类分为直接基类和间接基类。直接基类是指与当前子类相邻且有继承关系的上一级的类。在继承的层次树状结构中，直接基类处于当前子类的上一层，中间不再有其他类。直接基类在子类的 Java 描述中，就是用一个 extends 保留字指明的那个基类，间接基类也称为子类的祖先基类，是指当前子类直接基类的上一级或上几级的类，间接基类与子类之间必须至少相隔两级。

子类在继承基类的成员要素时，必须遵循以下原则：

①子类能够继承基类中被声明为 public 和 protected 的属性与成员方法，但不然继承被声明为 private 的属性与成员方法。

②子类能够继承同一个包的基类中默认包访问权限的属性和成员方法。

③如果子类声明了与基类的属性同名的属性，那么子类优先使用自己声明的属性，这时称子类的属性隐藏了基类的属性。

④如果子类声明了与基类成员方法原形相同的成员方法，那么子类优先使用自己定义的成员方法，此时，称子类的成员方法覆盖了基类的成员方法。

⑤在子类中，如果要访问被子类隐藏的基类属性，或调用被子类覆盖的基类的成员方法，只需要使用 super 保留字来实现。

下面代码中子类使用 extends 关键字实现对父类的继承。

```java
class Animal {                              //定义父类 Animal
    private String name;                    //定义 name 属性
    private int age;                        //定义 age 属性
    public String getName() {               //获取 name 属性
        return name;
    }
    public void setName(String name) {      //设置 name 属性值
        this.name = name;
    }
    public int getAge() {                   //获取 age 属性值
        return age;
    }
    public void setAge(int age) {           //设置 age 属性值
        this.age = age;
    }
```

```
            }
            class Dog extends Animal {           //定义子类 Dog 继承父类 Animal
        //此处不写任何代码
            }
```

2. 继承的类型

在面向对象中，继承存在着两种形式：单一继承和多重继承。

①单一继承是指一个子类最多只能有一个直接基类，可以有多个间接基类。

②多重继承是指一个子类可以有一个以上的直接基类，该子类从所有的直接基类中，全部继承它们的属性和行为方法。

单一继承中类的结构为树状层次结构，对应的程序结构较为简单，容易实现；多重继承的类结构则为网状结构，程序设计比较复杂。

出于安全性和可靠性的考虑，Java 语言仅支持类的单一继承，即每个类最多只能有一个直接基类，可以通过接口机制变相地实现多重继承。

3. 继承的实现

在 Java 的类声明中，实现继承的语法格式如下：

```
[类的访问修饰符] class <子类名> extends <父类名> {
    …//类体定义
}
```

在实现继承的时候，需要注意以下几点：

①保留字 extends 用来指明子类继承基类。如果类声明中没有给出 extends 及基类名，那么声明的类自动继承系统默认的 Object 类。Object 类是 Java 定义的抽象类，该类是所有 Java 类的根类。

②子类可以继承基类中所有非 private 类型的成员要素，但基类中声明的私有属性和私有方法，子类却无法继承。

③虽然子类无权在自己的方法中直接访问基类中的私有属性，但子类可以通过对继承自基类的非私有方法的调用，来间接地访问基类的私有属性。

④继承无法改变基类成员要素的访问权限。假如基类定义了 protected 类型的属性和 public 类型的方法，子类会继承基类的这些属性和方法，但子类继承的属性依然为 protected 类型，继承的方法依然为 public 类型。

下面代码中，子类继承父类的属性和方法，子类也定义了自己的属性和方法。

例 5 - 1　子类继承父类的实现。

```
package chapter5;
class Animal {                        //定义 Animal 类
    private String name;              //定义 name 属性
    private int age;                  //定义 name 属性
    public String getName() {
        return name;
    }
```

```
public void setName(String name) {
    this.name = name;
    }
public int getAge() {
    return age;
    }
public void setAge(int age) {
    this.age = age;
    }
}
class Dog extends Animal {           //定义 Dog 类继承 Animal 类
    private String color;            //定义 name 属性
    public String getColor() {
        return color;
        }
    public void setColor(String color) {
        this.color = color;
        }
    }
public class example5_1 {            //定义测试类
 public static void main(String[] args) {
    Dog dog = new Dog();             //创建一个 Dog 类的实例对象
    dog.setName("牧羊犬");           //此时访问的方法时父类中的,子类中并没有定义
    dog.setAge(3);                   //此时访问的方法时父类中的,子类中并没有定义
    dog.setColor("黑色");
    System.out.println("名称:" + dog.getName() + ",年龄:" + dog.getAge() + ",颜
色:" + dog.getColor());
        }
    }
```

程序运行结果如图 5 - 2 所示。

图 5 - 2   例 5 - 1 程序运行结果

在例 5 - 1 程序中，Dog 类扩充了 Animal 类，增加了 color 属性、getColor( ) 和 setColor( ) 方法。通过创建实例对象 dog 调用 Animal 类和 Dog 类的 setter 与 getter 方法完成了 dog 对象的名称、年龄、颜色属性的设置和获取。

5.1.2 子类重写父类方法

子类会自动继承父类的非私有方法。如果继承来的方法不能满足子类的需求，子类可以重写这些继承方法的方法体，也就是重新定义与父类方法的原形相同而具体实现不同的自身

的成员方法，来实现自己需要的功能。此时，子类在调用与父类同名的方法时，将默认执行子类自身定义的方法，而不再是从父类继承来的方法，就相当于父类的方法被子类重写了。这就是方法的重写，也称为方法的覆盖。

方法重写需要遵循以下原则。

①子类重写父类的方法，在子类中不会增加方法，只是替换掉了父类派生的方法。重写方法时，必须使用与被覆盖方法完全相同的方法名、返回值类型和参数列表，即子类的方法原形必须与父类的完全一样，唯一不同的只是方法体，也就是方法的实现部分。否则，就不是方法的重写，而成为其他方法的定义。

②只有父类中非私有的方法才能被子类所覆盖，private 类型的方法不能被子类继承，因此是无法实现重写的。当然，可以在子类中定义与父类的私有方法原形相同的方法，只是这样定义出来的方法与父类中的同名方法完全是两个互不相干的方法，它们之间根本不存在任何关联。

③对于父类中的非静态方法，子类能够继承并重写，但子类在重写父类方法时，不允许将同名方法重新定义为静态方法，仍然要保持方法类型为非静态类型。

④父类中的静态方法能够被子类所继承，但子类不可以重写父类的静态方法。静态方法在继承机制中的行为更接近于属性，如果子类中重新定义了与父类原型相同的静态方法，那么父类的这一静态方法将被隐藏而不是被重写。

⑤Java 系统将根据运行时所调用方法的对象类型，自动决定调用哪一个方法。对于子类的实例对象，如果子类重写了父类的方法，运行时，系统将会调用子类的方法，如果子类仅仅继承了父类的方法而并未加以覆盖，运行时系统将会调用父类的方法。

⑥在重写父类方法的子类中调用同名方法，需要在方法名前加上子类或者父类的引用变量，或者加上 this 或 super 关键字作前缀，来指示被调用的是重写的方法还是父类派生的方法。

⑦通过父类的引用变量来调用多个子类对象的方法时，系统会正确选择与合适对象对应的子类的重写方法。

⑧子类重写后的方法，不能比父类被覆盖的方法抛出更多的异常。

⑨子类重写后的方法的访问权限，不能比父类被覆盖的方法的访问权限更严格，可以比父类方法的访问权限更宽松，也可以和它相同，一般的做法是采用一致的访问权限。

方法的访问权限由宽松到严格的排列次序为 public→protected→默认→private。

在子类中重写父类的方法，访问控制类型需要满足以下条件。

①如果父类方法的访问修饰符为 public，子类中重写方法的访问权限只能定义为 public 类型。

②如果父类方法的访问权限为默认的包类型，子类中重写方法的访问权限可以为包、protected 或 public 三种访问权限之一。

③如果父类方法的访问权限为 protected 类型，那么子类中重写方法的访问权限可以为 public 类型或者 protected 类型，不能为默认的包类型或 private 类型。因为后两种类型的访问权限比 protected 类型更严格。下面通过一个例子介绍方法重写的实现。

例 5 - 2　方法重写程序。

```java
package chapter5;
class Baseclass{                        //定义父类
    public String rank;
    public String name;
    public void showinfo(){
        System.out.println("\n\t身份\t姓名");
        System.out.println("\t" + this.rank + "\t" + this.name);
    }
}                                       //定义子类
class Subclass extends Baseclass{
    String name;                        //重新定义 name 属性以隐藏父类的同名属性
    String unit;
    public Subclass(String rank,String name,String unit){  //定义构造方法
        this.rank = rank;               //给父类派生的属性 rank 赋值
        super.name = "张三";            //给父类的属性 name 赋值
        this.name = name;               //给子类重新定义的属性 name 赋值
        this.unit = unit;               //给子类自己的属性 unit 赋值
    }                                   //构造方法定义结束
    public void showinfo( ){            //重写显示属性信息的成员方法
    System.out.println("\n\t身份\t姓名\t单位");
    System.out.println("\t" + this.rank + "\t" + this.name + "\t" + this.unit);
    System.out.println( "\t父类的姓名:" + super.name + "\n\t子类的姓名:" +
this.name);
    }                                   //重写的成员方法定义结束
}
public class example5_2{                //定义主类
    public static void main(String[ ] args){
        Subclass tea = new Subclass("教师","张华","电视大学"); //创建对象
        tea.showinfo( );                //调用重写方法输出对象的属性信息
    }
}
```

程序运行结果如图 5 – 3 所示。

图 5 – 3 例 5 – 2 程序运行结果

在例 5 – 2 程序中，属性隐藏和方法重写都是发生在子类中的行为，前提条件是父类中已经定义了同名的属性和原型相同的成员方法，并且这些属性和方法的访问权限为非私有。

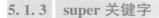

5.1.3　super 关键字

当子类重写父类的方法后，子类对象将无法访问父类被重写的方法，为了解决这个问题，Java 提供了 super 关键字，super 关键字可以在子类中调用父类的普通属性、方法和构造方法。主要有以下两种用途。

1. 调用父类的构造方法

子类可以调用父类的构造方法，但是必须在子类的构造方法中使用 super 关键字来调用。具体的语法格式如下：

```
super([参数列表]);
```

如果父类的构造方法中包含参数，那么参数列表为必选项，用于指定父类构造方法的入口参数。

例 5 – 3　调用父类的构造方法程序。

```java
package chapter5;
class Animal {                              //定义 Animal 类
    private String name;
    private int age;
    public Animal(String name, int age) {        //定义构造方法
        this.name = name;
        this.age = age;
    }
    public String getName() {
        return name;
    }
    public void setName(String name) {
        this.name = name;
    }
    public int getAge() {
        return age;
    }
    public void setAge(int age) {
        this.age = age;
    }
    public String info() {
        return "名称:" + this.getName() + ",年龄:" + this.getAge();
    }
}

class Dog extends Animal {                   //定义 Dog 类继承动物类
    private String color;
    public Dog(String name, int age, String color) {
        super(name, age);                        //调用父类构造方法
        this.setColor(color);
```

```
    }
    public String getColor() {
        return color;
    }

    public void setColor(String color) {
        this.color = color;
    }

    public String info() {                          //重写父类的 info()方法
        return super.info() + ",颜色:" + this.getColor();
    }
  }
public class example5_3 {                           //定义测试类
    public static void main(String[] args) {
        Dog dog = new Dog("牧羊犬",3,"黑色");          // 创建 Dog 类的实例对象
        System.out.println(dog.info());
    }
}
```

程序运行结果如图 5 - 4 所示。

图 5 - 4　例 5 - 3 运行结果

在例 5 - 3 程序中,使用 super( )调用了父类中有两个参数的构造方法,在子类 Dog 中重写了父类 Animal 中的 info( )方法,程序输出的内容是在子类中定义的内容。通过 super( )调用父类构造方法的代码必须位于子类构造方法的第一行,并且只能出现一次。

2. 访问父类中的成员变量和成员方法

如果想在子类中访问父类的成员变量和成员方法,也可以使用 super 关键字实现。

具体语法格式如下:

```
super. 成员变量名
super. 成员方法名([参数列表])
```

例 5 - 4　使用 super 关键字访问父类的成员变量和成员方法。

```
package chapter5;
class Animal{                                       //定义 Animal 类
    String name = "麻雀";
    void shou( ){                                   //定义动物叫的方法
        System.out.println("动物发出叫声");
    }
}
```

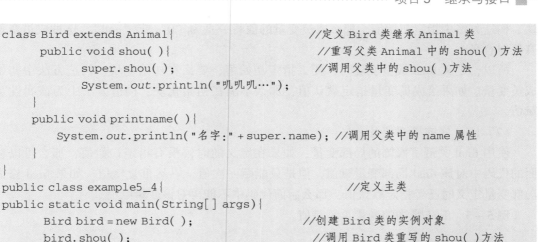

```
class Bird extends Animal{                      //定义 Bird 类继承 Animal 类
    public void shou( ){                        //重写父类 Animal 中的 shou( )方法
        super.shou( );                          //调用父类中的 shou( )方法
        System.out.println("叽叽叽…");
    }
    public void printname( ){
        System.out.println("名字:" + super.name); //调用父类中的 name 属性
    }
}
public class example5_4{                         //定义主类
public static void main(String[ ] args){
    Bird bird = new Bird( );                     //创建 Bird 类的实例对象
    bird.shou( );                               //调用 Bird 类重写的 shou( )方法
    bird.printname( );                          //调用 Bird 类中的 printname( )方法
    }
}
```

程序运行结果如图 5 – 5 所示。

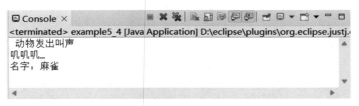

图 5 – 5　例 5 – 4 程序运行结果

在例 5 – 4 程序中，子类 Bird 继承父类 Animal，在子类中重写了父类的方法 shou( )时，调用了父类方法 shou( )，同时，在子类中调用了父类属性 name。

5.1.4　final 关键字的使用

在 Java 中，可以使用 final 关键字声明类、属性、方法，在声明时需要注意以下几点：

①使用 final 修饰的类不能有子类。

②使用 final 修饰的方法不能被子类重写。

③使用 final 修饰的变量是常量，不可更改。

1. 使用 final 关键字修饰变量

在 Java 中被 final 修饰的变量为常量，常量只能在声明时被赋值一次，以后在程序中不能改变它的值，如果改变了它的值，程序编译时会出错。final 既可修饰成员变量，也可修饰局部变量、形参。

（1）final 修饰成员变量

成员变量是随着类初始化或对象初始化而初始化的。当类初始化时，系统会为该类的属性分配内存，赋予默认值，当创建对象时，系统会为该对象的实例属性分配内存，并赋予默认值。

对于 final 修饰的成员变量，如果没有在定义成员变量时指定初始值，也没有在初始化块、构造方法中指定初始值，那么成员变量的值将一直为"0"或"null"，这种成员变量没有任何意义。

所以，定义 final 成员变量时，要么指定初始值，要么在初始化块、构造方法中初始化成员变量。如果给成员变量指定默认值，那么不能在初始化块、构造方法中为该属性重新赋值。

（2）final 修饰局部变量

使用 final 关键字修饰的局部变量，如果在定义的时候没有指定初始值，那么可以在后面的代码中对该 final 局部变量赋值，但是只能赋一次值，不然重复赋值。如果 final 修饰的局部变量定义时已经指定默认值，那么后面代码中不能再对该变量赋值。

例 5 – 5　final 修饰的变量重复赋值。

```
package chapter5;
public class example5_5{
    public static void main(String[ ] args){
        final int WE = 20;  //第一次赋值
        WE = 12;              //第二次赋值会报错
    }
}
```

程序运行结果如图 5 – 6 所示。

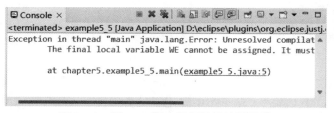

图 5 – 6　例 5 – 5 程序运行结果编译报错

在例 5 – 5 程序中，final 修饰的变量 WE 重复赋值，导致编译出错，如图 5 – 6 所示。

2. 使用 final 关键字修饰类

使用关键字 final 修饰的类被称为 final 类，又称为最终类，该类不能被继承，不能有子类。有时为了程序的安全性，可以将一些重要的类声明为 final 类。例如，Java 语言提供的 System 类和 String 类都是 final 类。

语法格式如下：

```
final Class 类名{
    类体
}
```

下面通过一个例子来了解 final 类的使用。

例 5 – 6　创建 final 类。

```
package chapter5;
final class FinalDe{
    }
```

```
class fina extends FinalDe{}
public class example5_6{
    public static void main(String [ ] args){
        fina de = new fina( );
    }
}
```

程序运行结果如图 5 - 7 所示。

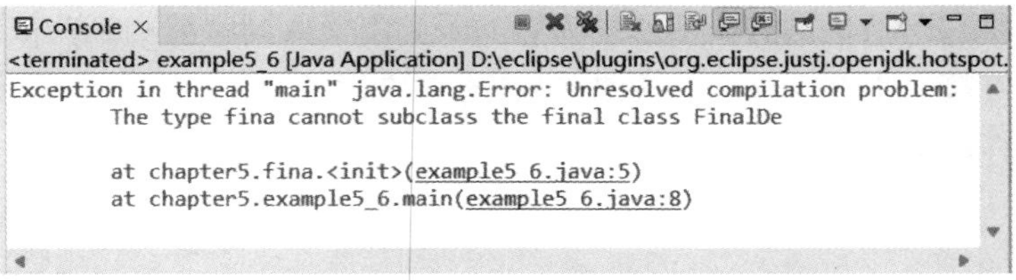

图 5 - 7　例 5 - 6 程序运行编译错误

如图 5 - 7 所示，当 fina 类继承使用 final 关键字修饰的 FinalDe 类时，编译器报"fina 类不能继承 FinalDe 类"错误。由此可见，被 final 关键字修饰的类为最终类，不能继承。

3. 使用 final 关键字修饰方法

使用 final 关键字修饰的成员方法是不可以被重写的。如果想要禁止子类重写父类的某个成员方法，可以使用 final 关键字修饰该成员方法。

例 5 - 7　重写 final 修饰的方法。

```
package chapter5;
class Dad{
    public final void say( ) { }        //定义 final 修饰的方法 say()
}
class Son extends Dad{
    public void say( ){ }               //子类重写 final 修饰的方法 say()
}
public class example5_7 {
    public static void main(String[] args) {
        Son son = new Son();
    }
}
```

程序运行结果如图 5 - 8 所示。

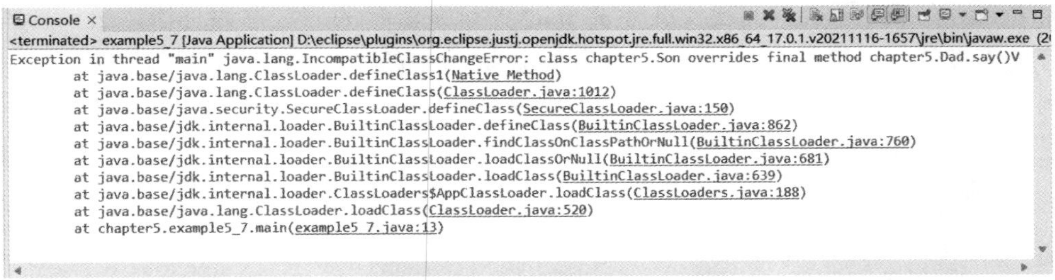

图 5 - 8　例 5 - 7 程序运行编译出错

在例 5 – 7 程序中，父类 Dad 中定义了 final 方法 say( )，而在子类 Son 中重写了父类的 say( )，导致编译出错，如图 5 – 8 所示。

5.2 抽象类与接口

在继承特性支持下，父类的设计越来越一般、通用，子类越来越具体。父类的设计应该保证父类和子类能够共享特征，越到顶层，父类设计的越抽象，它没有具体的实例，需要其他具体的类来支撑它。抽象类的作用就是为它的子类定义共同特征和某些依赖于具体实例而实现的抽象方法。接口也是 Java 实现数据抽象的重要途径，接口是比抽象类更加抽象的概念，它是一种纯粹的抽象类。

5.2.1 抽象类

抽象类就是只声明成员方法的存在，而不去具体实现成员方法的类。抽象类不能被实例化，也不能创建其对象。

1. 抽象类的定义

在定义抽象类时，在关键字 class 的前面加上关键字 abstract。

定义语法格式如下：

```
public abstract class 类名{
    类体定义；
}
```

在程序设计中，当一些具体的类有若干个相同的属性或若干个功能类似的行为时，可以将这些类的相同属性和相似行为进行概括和抽象，若有某个方法的具体实现无法确定，可将此方法定义为抽象方法，从而形成抽象类，然后再用具体的子类来继承这个抽象类，在子类中重写这个抽象类中未实现的方法，从而实现具体的功能。

2. 抽象方法的定义

抽象方法是只有方法声明而没有方法主体的特殊方法，采用 abstract 关键字修饰。

具体定义语法格式如下：

```
public abstract 返回值类型 方法名(参数列表)；
```

抽象方法用来描述系统的功能或者规范某些操作，不提供具体的实现。具体的实现通常由抽象方法所在类的子类来实现。没有 abstract 关键字修饰的方法称为具体方法，具体方法必须有具体实现，也就是必须有方法体。下面通过一个实例来了解抽象类的使用。

例 5 – 8 使用抽象类。

```
package chapter5;
abstract class Animal {          //定义抽象类
    abstract void shou( );        //定义抽象方法
}
class Bird extends Animal {      //定义 Bird 类继承抽象类 Animal
```

```
        void shou( ){              //实现抽象方法 shou()
              System.out.println("叽叽叽…");
        }
    }
public class example5_8{
    public static void main(String [ ] args){
            Bird bird = new Bird( );
            bird.shou( );
        }
    }
```

程序运行结果如图 5 – 9 所示。

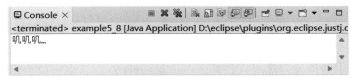

图 5 – 9　例 5 – 8 程序运行结果

在例 5 – 8 程序中，定义了抽象类 Animal，在子类 Bird 中实现了抽象类 Animal 中的抽象方法 shou( )。

使用 abstract 关键字修饰的抽象方法不能使用 private 修饰，因为抽象方法必须被子类实现，如果使用了 private 声明，那么子类无法实现该方法，因为 private 类型无法继承。

3. 抽象类和抽象方法的使用规则

抽象类和抽象方法的使用规则如下：

①抽象类和抽象方法都必须使用 abstract 关键字修饰。

②抽象类不能被实例化，无法使用 new 关键字来调用抽象类的构造方法创建抽象类实例，即使抽象类里面不包含抽象方法，这个抽象类也不能创建实例。

③抽象类可以包含属性、方法、构造方法、初始化块、内部类、枚举类。抽象类的构造方法不能用于创建实例，主要是用于被其子类调用。

④含有抽象方法的类只能被定义成抽象类。

4. 抽象类的用途

抽象类不能创建实例，只能被继承。抽象类是从多个具体类中抽象出来的父类，它具有更高层次的抽象。从多个具有相同特征的类中抽象出一个抽象类，以这个抽象类为模板，从而避免子类的随意设计。抽象类体现的就是模板模式的设计，抽象类作为多个子类的模板，子类在抽象类的基础上进行扩展，但是子类大致保留抽象类的行为。

5.2.2　接口

Java 语言中的接口是一个特殊的抽象类。接口中的所有方法都没有方法体。例如，定义一个动物类，动物类可以是老虎，可以是狮子，所以，动物这个类就可以定义成抽象类，还可以定义几个抽象的方法，比如捕食、奔跑等，这样就形成了一个接口。如果你想要一只狮子，那么就可以实现动物类这个接口，同样可以实现动物类接口中的方法，当然，也可以存在狮子特有的方法。

1. 定义接口

定义接口用到关键字 interface，接口的定义语法格式如下：

```
[public] interface 接口名 [extends 父接口名列表]{
    [public][static][final] 数据类型 常量名;
    [public][abstract] 返回值类型 抽象方法名(参数列表);
}
```

在上面的格式中，可以看到接口具有继承性，可以通过 implements 关键字来声明一个接口的父接口。但是和普通类的继承性不同的是，一个接口可以有多个父接口，父接口之间用逗号隔开，而普通的类只能有一个父类。Java 使用接口的目的就是克服普通类单继承的机制。

接口由抽象方法和常量组成。常量也就是接口的属性，所有属性都必须使用 public static final 修饰，可以全部或者部分省略不写，这时系统会默认添加这些修饰符，而且必须给这些常量赋初值。接口中的抽象方法必须使用 public abstract 修饰，也可以全部或部分省略不写，这时系统也会默认添加这些修饰符。

2. 实现接口

由于接口是特殊的抽象类，所以接口也不可以直接通过实例化来创建对象，要调用接口中的方法，需要定义一个类或多个类来实现接口。定义类实现接口时，可以使用 implements 关键字。一个类只能继承一个父类，但可以实现多个接口，而且一个类可以在继承某个父类的同时实现多个接口，多个接口之间用逗号隔开。实现接口的类的声明语法格式如下：

```
public class 类名 extends 父类名 implements 接口1,接口2…
{
    类体
}
```

实现接口时，需要注意以下几点：

①如果在一个类中实现了接口，那么该类就可以使用接口中的常量。

②一个类如果要实现接口，必须实现该接口中声明的所有抽象方法，否则这个类将变成抽象类或接口。

③如果类在实现接口时对接口中声明的方法进行了重写，那么重写的方法的访问权限必须为 public 权限，否则会出现编译错误。

例 5 - 9 实现接口。

```
package chapter5;
interface Circle{                          //定义接口 Circle
    double PI =3.14159;
    void setRadius(double rad);            //定义抽象方法 setRadius()
    double getArea( );                     //定义抽象方法 getArea()
}
public class example5_9 implements Circle{ //定义 DeInterface 类实现接口 Circle
    double radius;
```

```
    public void setRadius(double rad){        //重写 Circle 接口中的 setRadius()方法
        this.radius = rad;
    }
public double getArea( ){                      //重写 Circle 接口中的 getArea()方法
        return (radius * radius * PI);
    }
    public static void main(String[ ] args){
        do5_9 do1 = new do5_9( );
        System.out.println("接口中定义的 PI = " + PI);
        do1.setRadius(5.5);
        System.out.println("the area is" + do1.getArea( ));
    }
}
```

程序运行结果如图 5 – 10 所示。

图 5 – 10   例 5 – 9 程序运行结果

在例 5 – 9 程序中定义了接口 Circle，PI 是接口中定义的常量。显然定义 PI 时只用了 double 关键字指定常量的类型属性，但该常量默认应该是 public、static 类型的。在类 DeInterface 中的 main( )方法中可以直接使用 PI，说明 PI 是静态的，否则不能直接使用。

接口中定义的两个方法也只是指定了返回值类型，并没有指定其他属性。但这两个方法是抽象方法，如果实现该接口的类 DeInterface 不实现其中的任何一个方法，那么编译时将提示 DeInterface 类应为抽象类，并指出哪个方法没有定义。

在类中实现两个接口中的方法时，给方法指定了 public 属性，其原因是接口中定义的方法默认为 public 属性，实现这个接口的子类中重新定义该方法也必须指定为 public 属性，否则编译时将提示错误信息，原因是重写的方法不能比被重写的方法拥有更严格的访问权限。

3. 接口和抽象类

接口和抽象类的共同特点如下：

①接口与抽象类都不能被实例化，可以被其他类实现和继承。

②接口和抽象类中都可以包含抽象方法，实现接口或继承抽象类的普通子类都必须实现这些抽象方法。

接口和抽象类的区别如下：

①在接口中只能包含抽象方法，不能包含普通方法；而抽象类中可以包含普通方法。

②在接口中不能定义静态方法，而抽象类中可以定义静态方法。

③在接口中只能定义静态常量属性，不能定义普通属性；而在抽象类中既可以定义静态常量属性，也可以定义普通属性。

④在接口中不能包含构造方法；而抽象类中可以包含构造方法，抽象类中的构造方法是为了让其子类调用并完成初始化操作的。

⑤在接口中不能包含初始化块，而抽象类中可以包含初始化块。

⑥任何类最多只能有一个直接父类，但是一个类可以实现多个接口。

5.3 多态与异常

多态是面向对象思想中的一个非常重要的概念，在 Java 中，多态是指不同对象在调用同一个方法时表现出的多种不同行为。异常是指程序在运行时产生的错误。Java 语言中的异常也是通过一个对象来表示的，程序运行时抛出的异常，实际上就是一个异常对象。

5.3.1 多态

多态是面向对象的三大特征之一。多态指的是在程序中允许方法出现重名的现象。多态使程序具有良好的扩展性。对面向对象而言，多态可以分为编译时多态和运行时多态。其中编译时多态也叫静态多态，主要指方法重载，它是根据参数列表的不同来区分不同的方法的。而运行时多态，也叫动态多态，它是通过动态绑定来实现的，主要是指方法重写。

1. 方法的重载

编译多态是指程序编译过程中出现的多态，可以通过方法重载实现。Java 在编译时可以根据实际参数的数据类型、个数和顺序决定执行重载方法中的哪一个。

在 Java 中，允许同一类中的多个方法可以有相同的方法名称，但这些方法具有不同的参数列表，这就是方法重载（overload）。如果一个类中多个方法名称相同，参数列表也相同，只是返回值类型不同，那么不能称为方法重载，会出现编译错误。

例 5-10 实现方法重载。

```java
package chapter5;
public class example5_10{
    public static void main(String[ ] args){
        int s1 = sum(1,2);                        //求和方法的调用
        int s2 = sum(1,2,3);                      //求和方法的调用
        double s3 = (double) sum(1.0,2.0);        //求和方法的调用
        System.out.println("sum1 = " + s1);       //输出求和结果
        System.out.println("sum2 = " + s2);       //输出求和结果
        System.out.println("sum3 = " + s3);       //输出求和结果
    }
    public static int sum(int x,int y){           //实现两个整数相加
        return x + y;
    }
    public static int sum(int x,int y,int z){     //实现三个整数相加
        return x + y + z;
    }
```

```
public static double sum(double x,double y){          //实现两个小数相加
    return x +y;
    }
}
```

程序运行结果如图 5 - 11 所示。

图 5 - 11 例 5 - 10 程序运行结果

在例 5 - 10 程序中，定义了 3 个同名的 sum( )方法，但它们的参数个数或类型不同，这就是方法重载。在 main( )方法中调用 sum( )方法时，通过传入不同的参数就可以调用那个重载的方法，如 sum(1,2)调用的是两个整数求和的方法。

2. 构造方法的重载

如果在一个类体中定义了多个具有不同参数列表的同名构造方法，这就是构造方法的重载。在创建对象时，可以通过调用不同的构造方法来为不同的成员变量赋值。

例 5 - 11 构造方法的重载。

```
package chapter5;
class Person{
    String name;
    int age;
    Person(String name){                     //一个参数的构造方法
      this.name =name;
    }
    Person(String name,int age){             //两个参数的构造方法
      this.name =name;
      this.age =age;
    }
    void say( ){
      System.out.println("hello,my name is " +name +",this year " +age +" old");
    }
  }
 public class example5_11{
   public static void main(String[ ] args){
     p1 =new Person("tom");                  //调用一个参数构造方法
     p1.say( );
     Person p2 =new Person("lisi",22);       //调用两个参数的构造方法
     p2.say( );
   }
}
```

程序运行结果如图 5 – 12 所示。

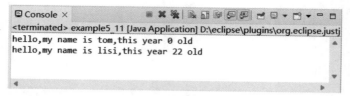

图 5 – 12　例 5 – 11 程序运行结果

在例 5 – 11 程序中定义了两个构造方法 Person( )，创建对象时，根据参数情况决定调用哪个构造方法，比如调用 Person("lisi",22)方法，实现对象的两个成员变量赋值；如果调用 Person("tom")方法，则实现对象的一个成员变量赋值。

3. 方法的重写

运行时多态指在程序运行过程中出现的多态性，可以通过方法重写实现。

子类继承了父类，当通过子类对象调用某个方法时，系统究竟是调用父类的方法还是子类的方法？如果子类重写了父类的方法，那么调用子类的方法；如果子类没有重写父类的方法，那么调用父类的方法。

子类继承了父类，当通过父类对象调用某个方法时，系统究竟是调用父类的方法还是子类的方法？这无法在编译时确定，需要在系统运行过程中根据实际对象类型来确定，所以称之为运行时多态。

通过继承，子类会自动拥有父类中定义的成员方法。子类也可以增加自己的成员方法。子类还可以对从父类继承过来的成员方法进行修改，从而满足子类自身的需要，也就是对父类的成员方法进行重写，简称方法重写。

例 5 – 12　方法重写。

```java
package chapter5;
abstract class Animal{              //定义抽象类
     abstract void shou( );          //定义抽象方法
}
class Chic extends Animal{          //定义 Chic 类继承 Animal 抽象类
    public void shou( ){
          System.out.println("叽叽叽…");
  }
 class Duk extends Animal{          //定义 Duk 类继承 Animal 抽象类
    public void shou( ){
          System.out.println("嘎嘎嘎…");
   }
  }
public class example5_12{          //定义主类
     public static void main(String[] args){
          Animal a1 = new Chic( );   //创建 Chic 对象,使用 Animal 类型的变量 a1 引用
          Animal a2 = new Duk( );    //创建 Duk 对象,使用 Animal 类型的变量 a2 引用
          a1.shou( );
          a2.shou( );
```

```
            }
    }
}
```

程序运行结果如图 5 - 13 所示。

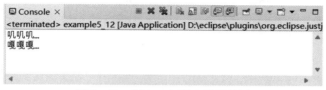

图 5 - 13　例 5 - 12 程序运行结果

在例 5 - 12 程序中，定义了一个抽象类 Animal，里面包含一个抽象方法 shou( )，同时还定义了两个继承于 Animal 的类 Chic 和 Duk，在这两个类中重写了 Animal 类中的 shou( ) 方法。创建的两个对象分别向上转型成了 Animal 类型的对象，然后通过 Animal 类型的对象分别调用两个子类中定义的 shou( ) 方法。

Java 规定，对于重写的方法，系统根据运行时实际调用的对象类型来决定选择调用哪一个重写的方法，这就是运行时多态。

在程序中，要达到运行时多态，需要满足以下要求：

①类和类之间有继承关系。

②子类对父类的方法进行了重写。

③存在父类引用子类对象。

实际使用中，定义父类对象时，可以将其引用为该类型或该类的子类对象。此时，父类对象调用的同一个方法将随其指向的对象类型不同而不同，从而使程序变得更加灵活，提高了程序的扩展性和维护性。

4. 对象类型转换

子类类型和父类类型之间的转换，和基本的数据类型转换一样。类对象之间也可以进行类型转换，转换可分为向上转型和向下转型两种。

（1）向上转型

向上转型指父类引用子类对象，也就是将子类对象当作父类对象使用。这种操作存在隐式转换，也就是隐式将子类对象转换为父类对象类型，不需要显式地强制转换，程序会自动完成。

对象类型的转换格式如下：

父类类型　父类对象 = 子类实例；

下面的例子实现了对象的向上转型。

例 5 - 13　对象的向上转型。

```java
package chapter5;
class Animal{                              //定义类 Animal
    public void shou( ){
        System.out.println("叽叽…");
    }
}
```

```
                                     }
class Duk extends Animal{                        //定义 Duk 类
    public void shou( ){
            System.out.println("嘎嘎…");
    }

    public void eat( ){
            System.out.println("吃虫子…");
    }
}

public class example5_13{                            //定义主类
            public static void main(String[ ] args){
            Duk duk = new Duk( );                  //创建 Duk 对象
            Animal at = duk;                       //将 Duk 对象向上转型为 Animal 类型的对象 at
            at.shou( );                            //使用对象 at 调用方法 shou( )
        }
}
```

程序运行结果如图 5 – 14 所示。

图 5 – 14　例 5 – 13 程序运行结果

在例 5 – 13 程序中，虽然是使用父类对象 at 调用了 shou( )方法，但实际上调用的是被子类重写过的 shou( )方法。因此，如果对象发生了向上转型关系，所调用的方法一定是被子类重写过的方法。

（2）向下转型

向下转型指子类引用父类对象，也就是将父类对象当子类对象使用，必须指明要转换的子类类型。

对象类型的转换格式如下：

```
父类类型 父类对象 = 子类实例;
子类类型 子类对象 = (子类)父类对象;
```

下面的例子实现了对象的向下转型。

例 5 – 14　对象的向下转型。

```
package chapter5;
class Animal{                                    //定义类 Animal
    public void shou( ){
            System.out.println("叽叽…");
    }
}
class Duk1 extends Animal{                        //Duk1 类
```

```
            public void shou( ){
                   System.out.println("嘎嘎…");
            }
            public void eat( ){
                   System.out.println("吃虫子…");
            }
       }
       public class example5_14{                          //定义主类
            public static void main(String[ ] args){
                   Animal at = new Duk1( );                //发生了向上转型
                   Duk1 duk = (Duk1)at;                    //发生了向下转型
                   duk.shou( );
                   duk.eat( );
            }
       }
```

程序运行结果如图 5 – 15 所示。

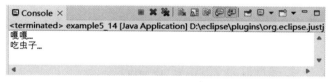

图 5 – 15 例 5 – 14 程序运行结果

在例 5 – 14 程序中，duk 对象调用的方法是被子类重写过的方法。子类对象向上转型为父类对象时不需要显示转换，而父类对象转换为子类对象时，需要显式强制类型转换。

（3）instanceof 运算符

向下转型必须确保父类对象是子类的一个实例，否则程序将抛出异常。为了确保向下转型不抛出异常，Java 提供了 instanceof 运算符。使用语法格式如下：

```
对象名 instanceof 类名
```

instanceof 返回一个布尔值来判断这个对象是否是这个特定类或者是它的子类的一个实例。如果是 true，那么对象为这个类或其子类的一个实例。

例 5 – 15   使用 instanceof 运算符实现转型。

```
package chapter5;
class Animal{
    public void run( ){
           System.out.println("动物跑…");
    }
}
class Cat extends Animal{
    public void run( ){
           System.out.println("跳跃跑…");
    }
```

```
    public void eat( ){
            System.out.println("吃老鼠…");
    }
}
public class example5_15{
    public static void main(String[ ] args){
            Animal a1 = new Cat( );       //将创建子类对象向上转型为 Animal 类型对象
            if (a1 instanceof Cat){        //判断父类对象 a1 是否为子类 Cat 的一个实例
                    Cat a2 = (Cat) a1;        //将父类对象 a1 向下转型为 Cat 类型对象
                    a2.run( );
                    a2.eat( );                //向下转型调用子类中扩展的方法
            }
    }
}
```

程序运行结果如图 5 – 16 所示。

图 5 – 16　例 5 – 15 程序运行结果

在例 5 – 15 程序中，在使用向下转型之前，用 instanceof 运算符进行判断，可以避免程序出现异常，程序运行更加稳定。

5.3.2　异常

引起程序中断，影响程序正常运行的事件称为异常。异常处理是使程序从故障中恢复，它包括提示异常信息、不产生无效结果和释放资源三方面内容。其中，显示异常信息和不产生无效结果可通过 try 和 catch 块来实现，释放资源可通过 finally 实现。

1. 异常概述

Java 语言采用面向对象的方法来处理异常。Java 程序在运行过程中，如果发生一个可识别的运行错误，系统应产生一个相应的异常类对象，并进一步寻找异常处理代码来处理它，确保程序能从故障中恢复，使程序能正常运行下去，直到结束。

（1）异常的概念

在程序运行过程中发生的，会中断程序正常执行的事件称为异常（Exception），也称为例外。

常见的异常包括数组下标越界、除数为零、内存溢出、文件找不到、方法参数无效等。这些异常事件发生后，会导致程序中断，使程序无法或不能正常运行下去，出现返回错误的运行结果、死循环、死机、莫名其妙的终止等现象。

Java 语言对异常事件进行分类，定义了很多异常类。每个异常类代表一个运行错误，并且它也包含了该运行错误的信息和处理错误的方法等内容。这样，可以利用类的层次性把多个具有相同父类的异常统一处理，也可以区分不同的异常分别处理，使用非常灵活。

　　下面通过例子来说明 Java 的异常处理机制确实提高了 Java 程序的健壮性。

　　例 5 - 16　除数为 0 的异常。

```java
package chapter5;
public class example5_16 {
    static void method(){
            int x = 0,z = 10;
            int y = 10/x;                    //x = 0,除数为 0
            System.out.println("z = " + z);
    }
    public static void main(String[] args){
            method();
            System.out.println("After method.");
    }
}
```

　　在例 5 - 16 程序中，程序执行到 y = 10/x 时，在除数 x = 0 时而产生错误（异常）后，就无法继续执行，由 Java 系统进行异常处理。然而 Java 系统没有做任何异常处理，于是，显示异常的信息，并终止程序运行，如图 5 - 17 所示。

```
Console ×
<terminated> example5_16 [Java Application] D:\eclipse\plugins\org.eclipse.justj.open
Exception in thread "main" java.lang.ArithmeticException: / by zero
        at chapter5.example5_16.method(example5_16.java:5)
        at chapter5.example5_16.main(example5_16.java:9)
```

图 5 - 17　例 5 - 16 程序运行结果

　　显示的信息指明了异常的类型：ArithmeticException：/ by zero（算术异常/用 0 除）。在这个程序中，没有异常处理的程序代码。这是因为除数为零是算术异常，它属于运行时异常（RunTimeException），通常，运行时异常在程序中不做处理。

　　例 5 - 17　除数为 0 的异常处理。

```java
package chapter5;
public class example5_17 {
    static void method(){
            int x = 0,z = 10;
            try { int y = 10/x;                    //异常处理语句
                System.out.println("z = " + z);
            }catch(ArithmeticException e) {
                System.out.println("ArithmeticException");
            }
            System.out.println("After try/catch blocks.");
    }
    public static void main(String[] args){
            method();
            System.out.println("After method.");
    }
}
```

程序的运行结果如图 5 – 18 所示。

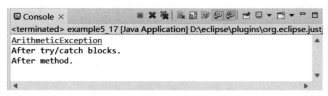

图 5 – 18　例 5 – 17 程序运行结果

在例 5 – 17 程序中，程序在执行 y = 10/x 时，当除数 x = 0 而抛出错误（异常）后，只是中断程序在 try 块中的执行，程序跳到 catch 块中继续执行，直到程序结束。

在上述两个例子中，程序都是首先调用 main( ) 方法，然后调用 method( ) 方法，并在调用 method( ) 方法时抛出了异常。

（2）异常处理机制

在 Java 语言中，方法的调用过程记录在 Java 虚拟机的方法调用栈中。该堆栈保存了每个调用方法的本地信息（如方法的局部变量）。对于 Java 应用程序的主线程，堆栈的底层是程序的入口方法 main( )。每当一个新方法被调用时，Java 虚拟机把描述该方法的栈结构置入栈顶，这样，位于栈顶的方法为正在执行的方法。图 5 – 19 描述了方法的调用顺序和异常的传递顺序。

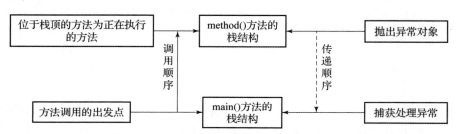

图 5 – 19　方法的调用顺序和异常的传递顺序

注意：每个线程都有一个独立的方法调用栈。应用程序的主线程是调用 main( ) 方法的线程。

当一个方法正常执行完毕后，Java 虚拟机会从调用栈中弹出该方法的栈结构，然后继续处理前一个方法。如果在执行方法的过程中抛出异常，则 Java 虚拟机必须找到能处理异常的 catch 代码块。它首先检查当前方法是否存在这样的 catch 代码块，如果存在，那么就执行该 catch 代码块；否则，Java 虚拟机会从调用栈中弹出该方法的栈结构，继续到前一个方法中查找合适的 catch 代码块。

在例 5 – 17 中，method( ) 方法抛出了 AritmeticException 算术异常，该方法提供了处理 AritmeticException 算术异常的 catch 代码块，就执行这个异常处理 catch 代码块。然后，程序继续执行 catch 代码块后的代码，直至程序结束。而在例 5 – 16 中，method( ) 方法抛出了 AritmeticException 算术异常，但没有提供处理 AritmeticException 算术异常的 catch 代码块，Java 虚拟机会从调用栈中弹出 method( ) 方法的栈结构，继续到前一个 main( ) 方法中查找合适的 catch 代码块。当 Java 虚拟机回溯到调用栈的底部方法时，如果仍然没有找到处理该异常的代码块，则按下列步骤处理。

①调用异常对象的 printStackTrace( )方法，打印来自方法调用栈的异常信息。例如，例 5 – 16 会打印如图 5 – 17 所示信息。

②如果该线程不是主线程，那么终止这个线程，其他线程继续正常运行。如果该线程是主线程，那么整个应用程序被终止。例 5 – 16 运行结果说明，Java 系统（即系统调用方法 printStackTrace( )）将调用堆栈的轨迹打印出来了。输出的第一行信息是 toString( )方法输出的结果，对这个异常对象进行简单的说明，即输出的异常对象，包括异常类的名字（ArithmeticException）和该异常的描述串（/by zero）。其余各行显示的信息表示了异常抛出过程中调用的方法，即栈的底部是 main( )方法一行（源文件中第 9 行），该行调用了 method( )方法，而 method( )方法的某行（源文件中第 5 行）抛出了异常。由于是主线程，所以终止程序。

一般来说，一个异常处理应该完成以下三个工作：抛出异常；捕获异常；处理异常。

2. 异常的分类

Java 语言中，所有的异常类都是内置类 Throwable 的子类，所以 Throwable 在异常类型层次结构的顶部。Throwable 有两个子类，这两个子类把异常分成两个不同的分支：一个是 Error，另一个是 Exception，如图 5 – 20 所示。分支 Error 定义了 Java 程序运行时的内部错误。通常用 Error 类来指明与运行环境相关的错误。应用程序不应该抛出这类异常，发生这类异常时通常是无法处理的。分支 Exception 用于程序中应该捕获的异常。Exception 下的异常主要分为两类：非检查型异常和检查型异常。

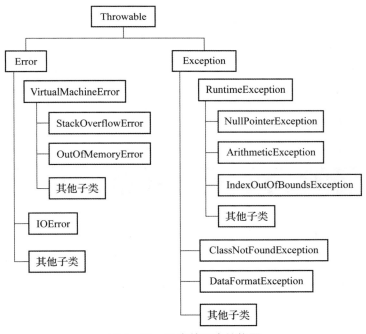

图 5 – 20　异常的层次结构图

非检查型异常指的是由于编程错误而导致的异常，或者不能期望程序捕获的异常（如数组越界、除零等），这些异常多数从 RuntimeException 派生而来，而且它们不需要被包含在任何方法的 throw 列表中，编译器不会针对这些异常做检查。其他类型的异常称为检查型异常，Java 类必须在方法定义中声明它们所抛出的任何检查型异常。对于任何方法，如果被调用的方法抛出一个类型为 E 的检查型异常，那么调用者必须捕获 E 或者也声明抛出 E（或者 E 的一个父类），对此，编译器要进行检查。

Java 语言的 java. lang 包中定义的非检查型异常列举于表 5 – 1 中。表 5 – 2 列出了 Java 语言中定义的必须在方法的 throw 列表中包括的检查型异常。

表 5 – 1   Java 语言的 java. lang 包中定义的非检查型异常

异常	说明
ArithmeticException	算术错误，如被 0 除
ArrayIndexOutOfBoundsException	数组下标出界
ArrayStoreException	数组元素赋值类型不兼容
ClassCastException	非法强制转换类型
IllegalArgumentException	调用方法的参数非法
IllegalMonitorStateException	非法监控操作，如等待一个未锁定线程
IllegalStateException	环境或应用状态不正确
IllegalThreadStateException	请求操作与当前线程状态不兼容
IndexOutOfBoundsException	某些类型索引越界
NullPointerException	非法使用空引用
NumberFormatException	字符串到数字格式非法转换
SecurityExeption	试图违反安全性
StringIndexOutOfBounds	试图在字符串边界之外索引
UnsupportedOperationException	遇到不支持的操作

表 5 – 2   java. lang 包中定义的检查异常

异常	
ClassNotFoundException	找不到类
CloneNotSupportedException	试图克隆一个不能实现 Cloneable 接口的对象
IllegalAccessException	对一个类的访问被拒绝
InstantiationException	试图创建一个抽象类或者抽象接口的对象
InterruptedException	一个线程被另一个线程中断
NoSuchFieldException	请求的字段不存在
NoSuchMethodException	请求的方法不存在

3. 异常的处理

对于检查型异常，Java 语言强迫程序必须进行处理。处理方法有以下两种。

● 捕获异常：使用 try{ }catch( ){ } finally{ }块捕获到所发生的异常，并进行相应的处理。

● 声明抛出异常：不在当前方法内处理异常，而是把异常抛出到调用方法中。

（1）捕获异常

在 Java 语言中对异常的处理主要有两种：一种是用 try…catch…finally 语句块来捕获处理异常；另一种是通过 throws 或 throw 关键字来抛出异常。下面首先来学习第一种处理方式。Java 语言中严格规定了该语句块的语法格式，它的基本语法格式如下。

```
try
{
        //可能出现异常代码
}
catch(异常类型 1 异常对象)
{
        //对异常 1 的处理
}
catch(异常类型 2 异常对象)
{
        //对异常 2 的处理
}
    ⋮
catch(异常对象 n 异常对象)
{
        //异常对象 n 的处理
}
finally
{
        //不管有没有异常总会执行的代码
}
```

在 try…catch 语句中捕获并处理异常，把可能出现异常的语句放入 try 语句块中，在 try 语句块后的是各个异常的处理模块。try 语句块只能有一个，而 catch 则可以有多个，catch 必须紧跟 try 语句后，中间不能有其他的任何代码。一般情况下，finally 语句块放在最后一个 catch 语句块后，不管程序是否抛出异常，都会执行它。

例 5 - 18　异常处理。

```
package chapter5;
public class example5_18 {
    public static void main(String[ ] args)
    {
            String str = null;
            int strLength = 0;
            try
```

```
                    {
                        strLength = str. length();
                        System.out.println("出现异常语句之后");
                    }
                    catch(NullPointerException e)
                    {
                        e. printStackTrace();
                    }
                    finally
                    {
                        System.out.println("执行 finally 语句块");
                    }
                    System.out.println("程序退出");
                }
            }
```

程序运行结果如图 5 – 21 所示。

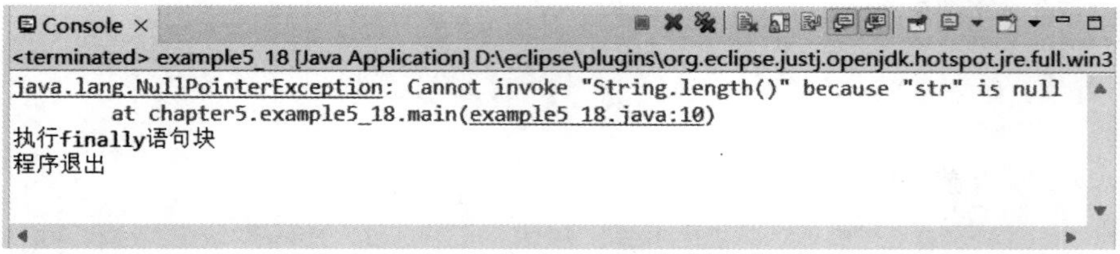

图 5 – 21　例 5 – 18 程序运行结果

在例 5 – 18 程序中，可以看到 try 语句块后面的打印语句并没有执行。在 Java 语言中就是这样，出现异常的时候会跳出当前运行的语句块，找到异常捕获语句块，然后再跳回程序中执行 catch 后的语句。有的时候有些语句是必须执行的，例如连接数据库的时候在使用完后必须对连接进行释放，否则系统会因为资源耗尽而崩溃。对于这些必须要执行的语句，Java 语言提供了 finally 语句块来执行。finally 语句块是异常捕获里的重要语句，它规定的语句块无论如何都要执行，在一个 try…catch 中只能有一个 finally 语句块。在 catch 块内部，可调用异常对象的 getMessage( )方法及 printStackTrace( )方法来处理异常对象。

（2）抛出异常

有一种说法是，最好的异常处理是什么都不做。这样说并不是任由系统自己处理出现的错误，而是说把出现的异常留给用户自己处理。例如，写一个方法，这个方法有抛出异常的可能性，最好的办法是把对异常的处理工作留给方法的调用者，因此需要在方法中定义要抛出的异常。

①通过 throws 抛出异常。

Java 语言中是使用 throws 关键字抛出异常。

例 5 – 19　throws 抛出异常。

```
package chapter5;
public class example5_19 {
    static void method()throws NullPointerException,IndexOutOfBoundsException
```

```
    {
        String str = null;
        int strLength = 0;
        strLength = str.length();
        System.out.println(strLength);
    }
    public static void main(String[ ] args){
        try
        {
            method();
        }
        catch(NullPointerException e)
        {
            System.out.println(" NullPointerException 异常");
            e.printStackTrace();
        }
        catch(IndexOutOfBoundsException e)
        {
            System.out.println("IndexOutOfBoundsException 异常");
            e.printStackTrace();
        }
    }
}
```

程序运行结果如图 5 - 22 所示。

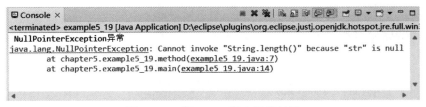

图 5 - 22　例 5 - 19 程序运行结果

在例 5 - 19 程序中声明了一个方法，它定义了可能抛出两种异常。定义抛出异常的一般格式如下：

```
修饰符 返回值类型 方法名() throws 异常类型 1,异常类型 2{
        //方法体
}
```

这种抛出异常的方式称为隐式抛出异常。还有一种方式称为显示抛出异常，它是通过 throw 关键字来实现的。

②用 throw 关键字再次抛出异常。

throw 关键字适用于异常的再次抛出。异常的再次抛出是指当捕获到异常的时候并不对它直接处理而是把它抛出，留给上一层的调用来处理。

例 5 - 20　throw 再次抛出异常。

```
package chapter5;
public class example5_20 {
    static void method()throws ClassNotFoundException
    {
        try
        {
            Class.forName("");
        }
        catch(ClassNotFoundException e)
        {
            System.out.println("方法中把异常再次抛出");
            throw e;
        }
    }
    public static void main(String[ ] args)
    {
        try
        {
            method();
        }
        catch (ClassNotFoundException e)
        {
            System.out.println("主方法对异常进行处理");
        }
    }
}
```

程序运行结果如图 5 - 23 所示。

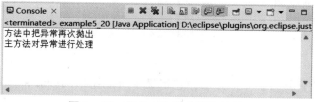

图 5 - 23　例 5 - 20 程序运行结果

从例 5 - 20 程序中可以看出，在方法中程序并没有对异常进行处理，而是把它抛出，在主方法调用的时候，必须放在 try…catch 语句块中，捕获上面抛出的异常并进行处理。在例 5 - 20 的程序中定义了一种可能抛出的异常，那么，在调用该方法的时候，就必须要把方法调用语句放在 try…catch 语句块中，并在 catch 语句块中捕获相应的异常。注意，如果只是定义抛出前两种的话，因为它们都是非检查异常，所以在调用的时候可以不放在 try…catch 语句块中，但是如果方法抛出检查异常，则必须要放入 try…catch 语句块中。

③自定义异常类。

创建自定义异常类很简单，只需要继承 Exception 类并实现一些方法即可。它的一般格式如下：

```
class 类名 extends Exception
    {
        //类体
    }
```

例 5 – 21　自定义异常类。

```
package chapter5;
class IntegerException extends Exception{
    String mes;
    public IntegerException( int m)
    {
        mes = "年龄" + m + "不合理";
    }
    public String toString( )
    {
        return mes;
    }
}

class Person
{
    int age;
    public void setAge( int age) throws IntegerException
    {
        if( age >150 ||age <0)
        {
            throw new IntegerException( age);
        }
        else
        {
            this. age = age;
        }
    }
    public int getAge( )
    {
        return age;
    }
}
public class example5_21 {
    public static void main(String[ ] args)
    {
        Person li = new Person( );
        Person zhang = new Person( );
        try
        {
            li.setAge(170);
```

```
                    System.out.println(li.getAge());
            }
            catch(IntegerException e)
            {
                    System.out.println(e.toString());
            }
            try
            {
                    zhang.setAge(35);
                    System.out.println(zhang.getAge());
            }
            catch(IntegerException e)
            {
                    System.out.println(e.toString());
            }
        }
}
```

程序运行结果如图 5 - 24 所示。

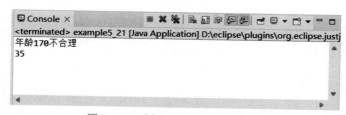

图 5 - 24   例 5 - 21 程序运行结果

在例 5 - 21 中，Person 类中有一个设置 age 的方法，如果该方法传递小于 1 或大于 170 的整数，方法就抛出 IntegerException 类型的异常。

5.4 项目实训

项目实训

5.4.1 实训任务

运用面向对象知识结合本项目介绍的内容，设计一个模拟货物快递系统程序。
要求如下：
①能显示订单信息，包括货物状态、订单号、运货人。
②显示运输车辆的位置信息。
③显示货物运输完成信息以及车辆状态信息。

5.4.2 任务实施

①定义交通工具类包含属性有车辆编号、车辆型号以及运货人，还需要定义一个抽象的运输方法。实现代码如下所示：

```
package chapter5;
public abstract class Stransportation {            //交通工具类
        private String truckid;                    //车辆编号
        private String model;                      //车辆型号
        private String driver;                     //运货人
        public Stransportation() {
                super();
        }
        public Stransportation(String truckid, String model, String driver) {
                this. truckid = truckid;
                this.model = model;
                this. driver = driver;
        }
         public abstract void transport();         //运输方法
         public void setTruckid (String truckid) {  //设置车辆编号
                this. truckid = truckid;
        }
         public String getTruckid () {
                return truckid;
        }
         public void setModel(String model) {       //设置车辆型号
                this.model = model;
        }
        public String getModel() {
                return model;
         }

        public void setDriver(String driver) {      //设置运货人
                this.driver = driver;
        }
        public String getDriver () {
                return driver;
    }
  }
}
```

　　在上述代码中，分别定义了车辆编号、车辆型号和运货人的属性，以及它们各自的 getter 和 setter 方法，同时还定义了一个抽象的运输方法 transport()。

　　②定义交通工具维修接口 Repair，该接口中包含车辆维修的方法，其实现代码如下所示：

```
package chapter5;
public interface Repair{                    //定义维修接口
        public abstract void upKeep();      //维修方法
  }
```

　　上述代码定义了保养接口 Repair，具备维修功能。

③定义运输车类 Zstransportation，该类继承了交通工具类，并实现了维修接口，其实现代码如下所示。

```java
package chapter5;
public class Zstransportation extends Stransportation implements Repair{

    public Zstransportation() {                          //无参构造方法
        super();
    }

                                                         //有参构造:车辆编号、型号、运货人
    public Zstransportation(String truckid, String model, String driver) {
        super(truckid, model, driver);
    }
    public void transport() {                            //运输方法
        System.out.println("货物运输进行中……");
    }

    public void upKeep() {                               //重写车辆维修方法
        System.out.println("货物运输车辆维修完毕!");
    }
}
```

④定义快递任务类 TransTask，该类的具体实现代码如下所示。

```java
package chapter5;
public class TransTask {
    private String number;                               //快递单号
    private double goodsWeight;                           //货物重量
    public TransTask() {
        super();                                         //可省略
    }
    public TransTask(String number, double goodsWeight) {
        this.number = number;
        this.goodsWeight = goodsWeight;
    }
    public void transBefore () { //送货前准备操作
        System.out.println("订单开始处理,仓库验货中……");
        System.out.println("货物重量:" +this.getGoodsWeight() + "kg");
        System.out.println("货物检验完毕!");
        System.out.println("货物装载完毕!");
        System.out.println("运货人已通知!");
        System.out.println("快递单号:" +this.getNumber());
    }
    public void trans (Zstransportation t,BDS tool) { //发送货物操作
        System.out.println("运货人" +t.getDriver ()
                        + "正在驾驶车辆编号为" +t.get Truckid ()
                        + "的" +t.getModel() +"发送货物!");
```

```
            t. transport();
            String showCoordinate = tool.showCoordinate();
            System.out.println("货物当前所在的坐标为:" +showCoordinate);
    }
    public void transAfter( Zstransportation t) {  //货物送到后操作
            System.out.println("货物运输任务已完成!");
            System.out.println("运货人" +t. getDriver()
                            +"所驾驶的车辆编号为" +t. getTruckid()
                            +"的" +t.getModel() +"已归还!");
    }
     public String getNumber() {
            return number;
      }
    public void setNumber( String number) {
            this.number = number;
    }
    public double getGoodsWeight() {
            return goodsWeight;
    }
    public void setGoodsWeight(double goodsWeight) {
            this.goodsWeight = goodsWeight;
      }
}
```

上述代码中创建了一个快递任务类 TransTask，在类中定义了发送货物前的准备操作 transBefore()方法、发送货物操作 trans()方法、货物送到后操作 transAfter()方法。

⑤定义包含显示位置功能的 BDS 接口和实现类 Phone，其实现代码如下所示。

```
package chapter5;
public interface BDS{
        public String showCoordinate();                        //显示坐标的方法
  }
package chapter5;
class Phone implements BDS{
        public Phone() {                                       //空参构造方法
            super();
    }
 public String showCoordinate() {                           //定位方法
     String location = "111,444";
     return location;
    }
}
```

⑥定义测试类，调用不同的构造方法创建不同对象并设置初值，测试程序运行结果，其代码如下所示。

```
package chapter5;
public class TaskTest {
    public static void main(String[] args) {
        TransTask task1 = new TransTask ("YT931236",77); //快递任务类对象
        task1. transBefore();                        //调用送货前准备方法
        System. out. println(" ===================== ");
                                                    //创建交通工具对象
        Zstransportation tr = new Zstransportation ("B036","卡车","张三");
        Phone ph = new Phone();                      //创建GPS工具对象
        task1. trans (tr,ph);                        //将交通工具与GPS工具传入送货方法
        System. out. println(" ===================== ");
        task1. transAfter(tr);                       //调用送货后操作方法
        tr.upKeep();
    }
}
```

5.4.3 任务运行

程序编译通过，运行结果如图 5 – 25 所示。

图 5 – 25 运行结果

运行成功后，在控制台显示程序中设置的订单单号、货物重量、运货人姓名、车编号、货物运输位置信息以及货物送到后卡车维修信息。

5.5 项目小测

一、填空题

1. Java 中一个类最多可以继承_____个类。

2. 在继承关系中，子类会自动继承父类中的方法，但也可以在子类中对继承的方法进行修改，也就是对父类的方法进行_____。

3. _____关键字可用于修饰类、变量和方法，修饰的类不能继承，修饰的变量不能

改变变量值，修饰的方法不能重写。

4. 一个类如果要实现一个接口，可以通过关键字＿＿＿＿＿实现这个接口。

二、选择题

1. 在一个类中可以定义多个名称相同，但参数不同的方法，称为方法的（　　）。

A. 继承　　　　　　　B. 覆盖　　　　　　C. 改写　　　　　　D. 重载

2. 关键字 super 的作用是（　　）。

A. 访问父类被隐藏的成员变量　　　　　B. 调用父类中被重载的方法

C. 调用父类的构造方法　　　　　　　　D. 以上都是

3. 关于构造方法，下列说法错误的是（　　）。

A. 构造方法只能有一个　　　　　　　　B. 构造方法用来初始化该类的一个新的对象

C. 构造方法具有和类名相同的名称　　　D. 构造方法没有任何返回值类型

4. （　　）情况下，构造方法被调用。

A. 类定义时　　　　B. 创建对象时　　　C. 调用对象方法时　D. 使用对象变量时

5. 用于定义类成员的访问权限的关键字是（　　）。

A. class，float，double，public　　　　B. float，Boolean，int，long

C. char，extends，float，double　　　　D. public，private，protected

6. 在 Java 中，类 cat 是类 Animal 的子类，cat 的构造方法中有一句"super( )"，该语句作用是（　　）。

A. 调用 cat 中定义的 super( )方法　　　B. 调用类 Animal 中定义的 super( )方法

C. 调用类 Animal 的构造方法　　　　　D. 语法错误

7. 若在类中有如下的方法定义："final void dispname( );"，则该方法属于（　　）。

A. 本地方法　　　　B. 静态方法　　　　C. 抽象方法　　　　D. 最终方法

8. 下面把方法声明为抽象公共方法的语句是（　　）。

A. public abstract void method( );　　　　B. public abstract void method( ){…}

C. public void method( ) extends abstract；　D. public abstract method( );

9. 下列叙述中，错误的是（　　）。

A. 抽象类中不可以有 private 的成员　　　B. abstract 不能与 final 修饰同一个类

C. 静态方法中能处理非 static 类型的属性　D. 抽象方法必须存在于抽象类或接口中

10. 下面程序运行的结果是（　　）。

```
class demo{
  public static void main(String[ ] args){
    int x = div(1,2);
    try{ }catch(Exception e){
        System.out.println(e);
      }
        System.out.println(x);
      }
public static int div(int a,int b){
  return a/b;
  }
}
```

A. 输出 1   B. 输出 0   C. 输出 0.5   D. 编译失败

11. 现有两个类 A、B，以下描述中表示 B 继承自 A 的是（　　　）。

A. class A extends B. class   B. class B implements A

C. class A implements B   D. class B extends A

12. 方法重写与方法重载的相同之处是（　　　）。

A. 权限修饰符   B. 方法名   C. 返回值类型   D. 形参列表

13. 下列关于接口的说法中，错误的是（　　　）。

A. 接口中定义的方法默认使用 "public abstract" 来修饰

B. 接口中的变量默认使用 "public static final" 来修饰

C. 接口中的所有方法都是抽象方法

D. 接口中定义的变量可以被修改

14. Java 中，抛出异常的关键字是（　　　）。

A. try   B. catch   C. throw   D. finally

15. 下列选项中，能够作为自定义异常类所继承的系统类是（　　　）。

A. Exception   B. Error   C. AWTError   D. ThreadDeath

三、判断题

1. 抽象类不能实例化。   （　　　）

2. 一个类中，只能拥有一个构造方法。   （　　　）

3. 在 Java 程序中，通过类的定义只能实现单一继承。   （　　　）

4. 接口中的所有方法都没有被实现。   （　　　）

5. 如果要实现一个接口，那么在类中一定要实现接口中的所有方法。 （　　　）

6. 父类的引用指向自己子类的对象是多态的一种体现形式。   （　　　）

四、简答题

1. 接口是否可以被继承？

2. 接口与抽象类的区别是什么？

3. 如何捕获异常？

4. 简单说明成员方法重载与成员方法覆盖的区别。

五、编程题

1. 定义一个长方形类 Rectangle，类中有两个属性：长 length、宽 width；一个构造方法 Rectangle(int width, int length)，可分别给两个属性赋值；一个方法 getArea()，可求面积。在测试类中，创建一个 Rectangle 对象，计算长方形面积并输出。

2. 创建一个名称为 Trans 的接口，在接口中定义两个方法 start() 和 stop()，然后分别定义 Ebike 和 Ebus 类实现 Trans 接口，并实现接口中对应的方法。在测试类中创建 Ebike 和 Ebus 实例对象，并调用 start() 和 stop() 方法。

3. 农场主通过多态实现饲养各种牲畜。牲畜饿了，需要农场主给牲畜喂食，不同牲畜喂的东西不一样，通过多态实现农场主可以统一喂食。

项目 6

图形用户界面设计

【项目导读】

本项目从 Java GUI 概述进行介绍，包括 AWT、Swing 的介绍，接着从容器和布局管理器进行介绍，然后详细介绍了 GUI 比较常用的组件，为后期 Java 项目开发奠定了基础。最后，通过项目实训，巩固本项目所讲解的内容。

【学习目标】

本项目学习目标为：

(1) 掌握 AWT 和 Swing 的相关概念。

(2) 掌握 Swing 顶级容器的使用。

(3) 掌握 Swing 常用组件的使用。

(4) 掌握 GUI 中的布局管理器。

(5) 掌握 GUI 中的事件处理机制。

【技能导图】

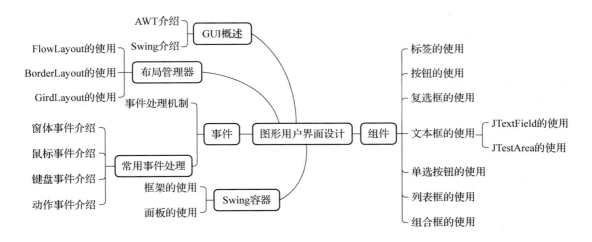

【思政课堂】

心中有信仰脚下有力量

2021 年 6 月 29 日　10：46　│来源：人民日报 官方微博

习近平说，坚定信念，就是坚持不忘初心、不移其志，以坚忍执着的理想信念，以对党和人民的赤胆忠心，把对党和人民的忠诚和热爱牢记在心目中、落实在行动上，为党和人民事业奉献自己的一切乃至宝贵生命，为党的理想信念顽强奋斗、不懈奋斗。

心中有信仰，脚下有力量。全党同志都要把对马克思主义的信仰、对中国特色社会主义的信念作为毕生追求，永远信党爱党为党，在各自岗位上顽强拼搏，不断把为崇高理想奋斗的实践推向前进。

6.1　GUI 概述

GUI 全称是 Graphical User lnterface，即图形用户界面。顾名思义，CUI 就是可以让用户直接操作的图形化界面，包括窗口、菜单、按钮、工具栏和其他各种图形界面元素。目前，图形用户界面已经成为种趋势，几乎所有的程序设计语言都提供了 GUI 设计功能。

Java 针对 GUI 设计提供了丰富的类库，这些类分别位于 java.awt 和 javax.swing 包中，简称为 AWT 和 Swing。AWT 引入了大量的 Windows 函数，因此称为中重量级组件。Swing 是以 AWT 为基础构建起来的轻量级图形界面组件，在 Java 的图形界面开发中使用更多，本项目将对图形化编程相关知识进行讲解。

6.1.1　AWT 介绍

AWT（Abstract Window Toolkit）包括了很多类和接口，用于 Java Application 的 GUI 编程。Container 和 Component 是 AWT 中的两个核心类。所有的 AWT 组件都保存在 java.awt 包中。图 6-1 展示了 AWT 各组件关系。

所有的可以显示出来的图形元素都称为 Component，Component 代表了所有的可见的图形元素，比较典型的 Component 包括 Button（按钮）、Label（标签）、Textarea（文本）等。Component 里面有一种比较特殊的图形元素叫 Container（容器），Container 在图形界面里面是一种可以容纳其他 Component 元素的一种容器，Container 本身也是一种 Component，Container 里面也可以容纳别的 Container。

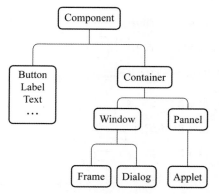

图 6-1　AWT 各组件关系结构

Container 又分为 Window 和 Pannel，Window 是可以独立显示出来的，平时我们看到的各种各样的应用程序的窗口都可以称为 Window，Window 作为一个应用程序窗口独立显示出来，Pannel 也可以容纳其他的图形元素，但一般看不见 Pannel，Pannel 不能作为应用程序的独立窗口显示出来，Pannel 要想显示出来，就必须得把自己装入 Window 里面。

Pannel 应用比较典型的就是 Applet（Java 的页面小应用程序），现在基本上已经不用了，AJAX 和 JavaScript 完全取代了它的应用。

Window 本身又可以分为 Frame 和 Dialog，Frame 就是平时看到的一般的窗口，而 Dialog 则是那些需要用户进行了某些操作（如单击某个下拉菜单的项）才出现的对话框，这种对话框就是 Dialog。

6.1.2　Swing 介绍

Swing 是 Java 语言开发图形化界面的一个工具包。它以抽象窗口工具包（AWT）为基础，使图形化界面编程实现更好的跨平台效果，解决了 AWT 在跨平台的过程中由于平台环境的不同导致的图形不一致问题。Swing 拥有丰富的库和组件，使用非常灵活，开发人员只用很少的代码就可以创建出良好的用户界面。

在 Java 中，所有的 Swing 组件都保存在 javax.swing 包中，为了有效地使用 Swing 组件，必须了解 Swing 包的层次结构和继承关系。Swing 组件的所有类都继承自 Container 类，然后根据 GUI 开发的功能扩展了两个主要分支，分别是容器分支和组件分支。其中，容器分支是为了实现图形化用户界面窗口的容器而设计的，而组件分支则是为了实现向容器中填充数据、元素和交互组件等功能，如图 6-2 所示。

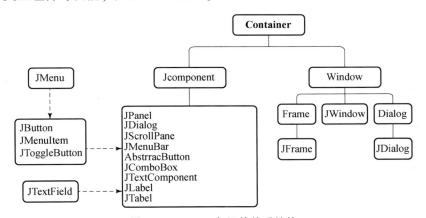

图 6-2　Swing 各组件关系结构

例 6-1　Java.awt 类库简单示例。

```java
package Chapter6;
import java.awt. *;
public class example6_1 {
    public static void main(String[] args) {
        Frame frame = new Frame();              //声明和创建一个窗体 frame
        Button button = new Button("an awt button");//声明和创建一个按钮 button
        frame.add(button);                      //将按钮 button 添加到窗体 frame 上
        frame.setSize(200,200);                 //设置 frame 的大小
        frame.setVisible(true);                 //设置 frame 可见
    }
}
```

程序运行结果如图 6 - 3 所示。

运行程序后发现，单击窗体"关闭"按钮，无法正常关闭该窗体，原因是还未添加关闭窗体的事件驱动程序。在 Eclipse 开发环境中，可以通过单击控制台 Console 窗口上的红色方形（停止）按钮强行终止程序的运行。

AWT 利用操作系统所提供的图形库创建图形界面，但不同操作系统的图形库所提供的功能并不完全一样，这就导致一些应用程序在测试时界面非常美观，而一旦移植到其他的操作系统平台

图 6 - 3　运行结果

上就可能变得"惨不忍睹"。Swing 是试图解决 AWT 缺点的，在 AWT 的基础上构建的一套新的图形界面系统，是 JFC（Java Foundation Class）的一部分。它提供了 AWT 所能够提供的所有功能，并且用纯粹的 Java 代码对 AWT 的功能进行了大幅度的扩充。所有的 Swing 组件实际上也是 AWT 的一部分，组件名称是在 AWT 类库中相同功能组件名称前加上字母 J。

例 6 - 2　Javax. swing 类库简单示例。

```java
package Chapter6;
import javax.swing. *;
    public class example6_2 {
        public static void main(String[] args) {
            JFrame frame = new JFrame();//声明和创建一个窗体 Jframe
            JButton button = new JButton("a swing button");/* 声明和创建一
个按钮 button * /

            frame.add(button);              //将按钮 button 添加到窗体 Jframe 上
            frame.setSize(200,200);     //设置 Jframe 的大小
            frame.setVisible(true);        //设置 Jframe 可见

        }
}
```

程序运行结果如图 6 - 4 所示。

由以上例子可以看出，Swing 的例子与 AWT 十分相似。Swing 的例子中提供了关闭窗体时的退出操作，因此图 6 - 4 所示窗体可以正常关闭。

综合上面两个案例，可以总结出，GUI 界面设计分为以下几步：

①创建顶层容器窗体，作为放置其他组件的容器；

②创建要放置在窗体上的各个组件；

③将各个组件添加到容器上（可使用布局管理器来管理位置）；

④处理事件响应，本例处理的是窗体关闭事件；

⑤设置顶层容器组件大小；

⑥使顶层容器组件可见。

图 6 - 4　运行结果

6.2　Swing 容器

容器的主要作用是包容其他组件，并按指定的方式组织排列它们。Java 中的容器主要分为顶层容器和中间容器。顶层容器是进行图形编程的基础，可以在其中放置若干中间容器或

组件。在 Swing 中，有 4 种顶层容器：JWindow、JFrame、JDialog 和 JApplet。中间容器专门放置其他组件，介于顶层容器和普通 Swing 组件中间的容器。常用的中间容器有 JPanel、JOptionPane、JMenuBar、JToolBar JTabbedPane 等。下面介绍几种常用的顶层容器和中间容器。

6.2.1　框架

JFrame 是一个顶层容器，允许开发者将各种通用容器和组件添加到其中，并把它们组织起来，同时也为窗体勾勒出了边界。事实上，SwingZ 还有另外两种顶层容器：JDialog 和 JApplet，分别用于构建对话框和 Web 页面。

当程序在构造窗体的时候，必须首先创建 JFrame 实例，代码如下：

```
JFrame myFrame = new JFrame( String title) ;
```

其中，参数 title 表示窗体的标题。JFrame 的 setSize(Dimension d) 方法用于设置以菱形对象定义的窗体大小，Dimension 对象是一个矩形区域，如 Dimension d = new Dimension(300，200)；就是定义了一个长 300 像素，高 200 像素的矩形区域。JFrame 常用的方法见表 6 – 1。

表 6 – 1　JFrame 类常用方法

方法名	方法功能
JFrame( )	创建一个普通窗体对象
JFrame(String title)	创建一个普通窗体对象，并指定标题
Add( )	将组件添加到窗体
setTitle( )	获取/设置窗体标题
setVisible(boolean b)	获取/设置窗体是否可见
setSize(int width，int height)	获取/设置窗体大小
setSize(Dimention d)	通过 Dimention 设置窗体大小
Background(Color c)	设置窗体的背景颜色
setLocation(int x，inty)	设置窗体在屏幕上的显示位置
Add(Component comp)	向窗体中增加组件
setState( )	设置窗体的最小化、最大化等状态
setLayout(Component comp)	设置窗体的布局管理器
getContentPane( )	获取窗体的内容面板

6.2.2　面板

JPanel 是不带功能的通用容器，是一种无边框且不能移动、放大、缩小或者关闭的面板，其主要的功能为放置若干组件。面板除了背景外，不会绘制任何内容，背景默认是透明的，可以使用 setBackground( ) 方法设置其背景颜色；也可以使用 setOpaque(false) 方法将 JPanel 的背景设置为透明，这样其背景颜色就不会显示，而其下方的组件就可以显露。

面板常用构造方法包括：

JPanel()：创建具有流布局的新面板。

JPanel(LayoutManager layout)：创建具有指定布局管理器的新面板。

JPanel 类的常用方法如下：

add(Component comp)：添加组件到面板。

setBorder(Border border)：设置面板的边框。

例 6 - 3　JPanel 类面板的使用。

```java
package Chapter6;
import javax.swing. *;
public class example6_3 {
    public static void main(String[] args) {
        JFrame frame = new JFrame("JPanel 使用");            //声明并创建一个窗体 JFrame
        JPanel panel = new JPanel();                       //声明并创建一个面板 JPanel
        JButton button = new JButton("面板上的按钮");        //声明并创建一个按钮 JButton
        panel.setBorder(BorderFactory.createTitledBorder("面板的边界"));/* 设置
面板的边界 */
        panel.add(button);                                 //将按钮放在面板上
        frame.add(panel);                                  //将面板放在窗体上
        frame.setSize(300,300);//设置窗体的尺寸
        frame.setDefaultCloseOperation(JFrame.EXIT_ON_CLOSE);   /* 设置关闭窗口时
的退出操作 */
        frame.setVisible(true);                            //设置 JFrame 可见
    }
}
```

程序运行结果如图 6 - 5 所示。

JScrollPane 是一个带有滚动条的通用容器，也是一种面板。如果某个窗格中的组件比较多，无法在容器的显示区域一次性显示出来，就可以使用带有滚动条的 JScrollPane 来装载这些组件，然后就可以通过滚动条来显示所有的组件。

特别要注意的是，JScrollPane 只能容纳一个组件，如果需要将多个组件放入其中，可以先将这些组件放入一个 JPanel 对象中，然后再将 JPanel 对象放入 JScrollPane 中。JScrollPane 常用的方法见表 6 - 2。

图 6 - 5　面板应用

表 6 - 2　面板

方法声明	方法功能
JScrollPane()	创建一个空的 JScrollPane 面板
JScrollPane(Component view)	创建一个显示指定组件的 JScrollPane 面板，一旦组件的内容超过视图大小，就会显示水平或垂直滚动条
JScrollPane(Component view, int vsbPolicy, int hsbPolicy)	创建一个显示指定容器并具有指定滚动条策略的 JScrollPane，参数 vsbPolicy 和 hsbPolicy 分别表示垂直滚动条策略和水平滚动条策略

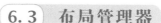

6.3　布局管理器

组件在容器中的位置和尺寸是由布局管理器决定的，每当需要重新调整屏幕大小时，都要用到布局管理器。Swing 常用的布局管理器有 4 种，分别是 FlowLayout（流式布局管理器）、BorderLayout（边界布局管理器）、GridLayout（网格布局管理器）、GridBagLayout（网格包布局管理器）。Swing 容器在创建时都会使用一种默认的布局管理器，在程序中可以通过调用容器对象的 setLayout( )方法设置布局管理器，通过布局管理器可自动进行组件的布局管理。

6.3.1　FlowLayout

顾名思义，流式布局是指容器内的组件像漂浮在水流上的漂浮物一样集中排列，FlowLayout 是 Panel 类的默认布局管理器，FlowLayout 布局管理器对组件逐行定位，行内从左到右，一行排满后换行。不改变组件的大小，按组件原有尺寸显示组件，可设置不同的组件间距、行距以及对齐方式。FlowLayout 布局管理器默认的对齐方式是居中。FlowLayout 的常用的方法见表 6 - 3。

表 6 - 3　FlowLayout 常用方法

方法声明	方法功能
FlowLayout( )	构造一个流式布局，默认居中对齐，水平和垂直间隙是 5 个单位
FlowLayout(int align)	构造一个流式布局，可以设置对齐方式，默认的水平和垂直间隙是 5 个单位
FlowLayout(int align, int hgap, int vgap)	构造一个流式布局，可以设置对齐方式、水平间距、垂直间距。 align：对齐方式，有 LEFT、CENTER 和 RIGHT 3 个静态常量取值，分别表示左、中、右 hgap：水平间距，以像素为单位 vgap：垂直间距，以像素为单位
setAlignment( )	设置此布局的对齐方式
setHgap( )	设置组件之间以及组件与容器的边之间的水平间距
setVgap( )	设置组件之间以及组件与容器的边之间的垂直间距

设置容器为流式布局的步骤为：

①建立流式布局管理器对象；

②通过容器的 setLayout(LayoutManager 1)方法为容器设置布局方式。

例 6 - 4　FlowLayout 布局在 AWT 中的应用。

```
package Chapter6;
import java.awt. * ;
public class example6_4 {
    public static void main(String[] args) {
        Frame frame = new Frame("FlowLayout");      //创建窗体
            //使用 Button 类创建按钮
            Button button1 = new Button("button1");
            Button button2 = new Button("button2");
            Button button3 = new Button("button3");
            frame.setLayout(new FlowLayout());//使用 FlowLayout 对窗体排列进行布局
            frame.setSize(200,200);             //设置窗体大小
            frame.add(button1);                 //把创建出来的按钮放置到 Frame 窗体中
            frame.add(button2);                 //把创建出来的按钮放置到 Frame 窗体中
            frame.add(button3);                 //把创建出来的按钮放置到 Frame 窗体中
            frame.setVisible(true);             //设置窗体可见
    }
}
```

程序运行结果如图 6 –6 所示。

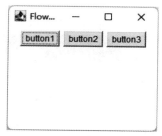

图 6 – 6   **FlowLayout** 在 **AWT** 中的应用

例 6 – 5   FlowLayout 布局在 Swing 中的应用。

```
package Chapter6;
import javax.swing. * ;
import java.awt. * ;
public class example6_5 {
    public static void main(String[] args) {
        JFrame frame = new JFrame( "FlowLayout" );//创建窗体 JFrame
        FlowLayout f1 = new FlowLayout();              //创建布局管理器
        f1.setAlignment(FlowLayout.LEFT);              //设置布局管理器的对齐方式
        f1.setHgap(20);
        //设置布局管理器的组件之间 /组件与容器边界的水平距离
        f1.setVgap(20);
        //设置布局管理器的组件之间 /组件与容器边界的垂直距离
        frame.setLayout(f1);                        //为窗体的布局设定为 f1 的布局方式
        for ( int i =1;i <=10;i ++ ) {
            frame.add(new JButton("按钮" + i));      //创建按钮
        }
```

```
        frame.setSize(300,300);//设置窗体大小
        frame.setVisible(true);//设置窗体可见
    }
}
```

程序运行结果如图 6-7 所示。

6.3.2　BorderLayout

BorderLayout（边界布局管理器）是一种较为复杂的布局方式，它将窗体划分为 5 个区域，分别是东（EAST）、南（SOUTH）、西（WEST）、北（NORTH）、中（CENTER）。组件可以被放置在这 5 个区域中的任意一个区域中。BorderLayout 的布局效果如图 6-8 所示。

图 6-7　FlowLayout 在 Swing 中的应用

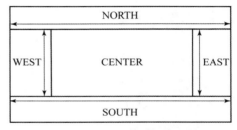

图 6-8　边界布局管理器布局效果

在图 6-8 中，BorderLayout 将窗体划分为 5 个区域，其中箭头是指改变容器大小时，各个区域需要改变的方向。也就是说，在改变窗体大小时，NORTH 和 SOUTH 区域高度不变，宽度调整；WEST 和 EAST 区域宽度不变，高度调整；CENTER 会相应进行调整。

当向 BorderLayout 管理的窗体中添加组件时，需要调用 add（Component comp，Object constraints）方法。其中，参数 comp 表示要添加的组件，参数 constraints 是一个 Objet 类型的对象，用于指定组件添加方式和添加的位置。向 add（ ）方法传递参数时，可以使用 Border-Layout 类提供的 5 个常量，它们分别是 EAST、SOUTH、WEST、NORTH 和 CENTER。

BorderLayout 管理器是容器 Windows、dialog、frame 的默认布局管理器；是 JFrame、JApplet 和 JDialog 的内容窗格的默认布局管理器。BorderLayout 的常用的方法见表 6-4。

表 6-4　BorderLayout 的常用方法

方法	方法功能
BorderLayout（ ）	构造一个组件之间没有间距的边界布局
BorderLayout（int hgap，int vgap）	构造一个指定组件之间的边界布局 Hgap 表示水平间距，vgap 表示垂直间距

例 6 – 6　边界布局管理器的应用。

```
package Chapter6;
import java.awt. *;
import javax.swing. *;
public class example6_6 {
    public static void main(String[] args) {
        JFrame frame = new JFrame( " BorderLayout 布局管理器示例" );//构造窗体
        frame.setLayout(new BorderLayout()) ;
        //设置窗体的布局为边界布局,创建五个按钮组件,分别用于存放窗体的五个方位
        JButton north = new JButton("North") ;
        //north.setPreferredSize( new Dimension(0,50)),设置 north 高度为 50
        JButton south = new JButton("South");
        JButton west = new JButton("West");
        JButton east = new JButton("East") ;
        JButton center = new JButton("Center");
        //按照边界布局向容器五个方位添加按钮组件
        frame.add(north,BorderLayout.NORTH) ;
        frame.add(south,BorderLayout.SOUTH);
        frame.add(east ,BorderLayout.EAST) ;
        frame.add(west ,BorderLayout.WEST);
        frame.add(center,BorderLayout.CENTER);
        frame.setSize(250,250);        //设置窗体大小
        frame.setVisible(true);        //设置窗体可见
    }
}
```

程序运行结果如图 6 – 9 所示。

图 6 – 9　边界布局管理器

6.3.3　GirdLayout

GridLayout 型布局管理器将空间划分成规则的矩形网格，为网格布局管理器，划分的每个单元格区域大小相等。组件被添加到每个单元格中，从左到右填满一行后换行。GirdLayout 常用的方法见表 6 – 5。

表 6 – 5　GidLayout 常用方法

方法	方法功能
GidLayout( )	构建一个单行单列的网格布局
GidLayout(int rows, int cols)	构建一个行列为 rows * cols 的网格布局
GidLayout(int rows, int cols, int hgap, int vgap)	构建一个行列为 rows * cols 的网格布局,同时组件的水平间距和垂直间距分别为 hgap 和 vgap

例 6 – 7　网格布局管理器的应用。

```java
package Chapter6;
import java.awt. * ;
public class example6_7 {
    public static void main( String[] args) {
        Frame frame = new Frame( "TestGridLayout");//创建窗体
        Button btn1 = new Button( "btn1");        //创建按钮 1
        Button btn2 = new Button( "btn2");        //创建按钮 2
        Button btn3 = new Button( "btn3");        //创建按钮 3
        Button btn4 = new Button( "btn4");        //创建按钮 4
        Button btn5 = new Button( "btn5");        //创建按钮 5
        Button btn6 = new Button( "bnt6");        //创建按钮 6
        frame.setLayout(new GridLayout(3,2));
        //设置窗体的布局为网格布局,同时把布局划分成 3 行 2 列的形式
        frame.add(btn1);        //向窗体添加按钮
        frame.add(btn2);        //向窗体添加按钮
        frame.add(btn3);        //向窗体添加按钮
        frame.add(btn4);        //向窗体添加按钮
        frame.add(btn5);        //向窗体添加按钮
        frame.add(btn6);        //向窗体添加按钮
        /* Frame.pack()是 Java 语言的一个函数,这个函数的作用就是根据窗口里面的布
局及组件的 preferredSize 来确定 frame 的最佳大小。* /
        frame.pack();
        frame.setVisible(true);        //设置窗体可见
    }
}
```

程序运行结果如图 6 – 10 所示。

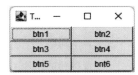

图 6 – 10　网格布局管理器应用

注意：以上例子使用的是 awt 模块，没有使用到 swing 模块，注意区分。

6.4 组件

在建立起窗体的层次关系和各容器的布局以后，就可以在窗体及容器中添加各种功能的组件了，常用的组件包括标签、按钮、文本框等。下面介绍 Java 窗体常用的几种 Swing 组件（类）。

6.4.1 标签

标签是窗体上用于显示文本提示的一种组件，通过 JLabel 类来实现。JLabel 显示的文本对于用户是只读的，无法响应任何事件，可以认为是一个"静态"组件。标签相关方法见表 6 - 6。

表 6 - 6 标签常用方法

方法	方法功能
JLabel( )	创建无标题的 JLabel 实例
JLabel(Icon image)	创建具有指定图像的 JIabel 实例
JLabel(Icon image，int horizontalAlignment)	创建具有指定图像和水平对齐方式的 JLabel 实例
JLabel(String text)	创建具有指定文本的 JLabel 实例
JLabel(String text，Icon icon，int horizontal-Alignment)	创建具有指定文本、图像和水平对齐方式的 JLabel 实例
JLabel(String text，int horizontalAlignment)	创建具有指定文本和水平对齐方式的 JLabel 实例

6.4.2 按钮

按钮是图形用户界面中用途非常广泛的组件，用户单击它，然后通过事件处理响应某种请求。

按钮组件的相关方法见表 6 - 7。

表 6 - 7 按钮的常用方法

方法	方法功能
JButton( )	创建没有标签和图标的按钮
JButton(Icon icon)	创建一个带有图标的按钮
JButton(String text)	创建一个带有文本的按钮
JButton(String text，Icon icon)	创建一个带有初始文本和图标的按钮
setText( )	设置按钮所显示文字
setIcon( )	设置按钮的图片
setHorizontalAlignment( )	设置文本的水平对齐方式
seterticalAlignment( )	设置文本的垂直对齐方式

续表

方法	方法功能
setMnemonic( )	设置访问键（下划线字符），与 Alt 键组合，完成按钮单击功能

6.4.3 文本框

虽然都是处理窗体上的文本信息，但文本框与标签不同，文本框主要用于获取用户文本输入。文本组件包括文本框（TextField）、文本域（JTexArea）等。文本组件都有一个共同父类 JTextComponent。JTextComponent 类是抽象类，它提供了文本组件的常用方法。

1. JTextField

JTextField 称为文本框，它只能接收单行文本的输入。JTextField 常用的构造方法见表 6 - 8。

表 6 - 8　JTextField 常用方法

方法	方法功能
JTextField( )	创建一个空的文本框，初始字符串为 null
JTexdField(int columns)	创建一个具有指定列数的文本框，初始字符串为 null
JTextfField(String text)	创建一个显示指定初始字符串的文本框
JTexField(String text, int columns)	创建一个具有指定列数并显示指定初始字符串的文本框
JTextField( )	创建一个空的文本框，初始字符串为 null
setText( )	设置文本框内容
setFont( )	设置当前字体
setHorizontalAlignment( )	设置文本的水平对齐方式
setColumns( )	设置文本框的列数

2. JTextArea

JTextArea 称为文本域，它能接收多行文本的输入。使用 JTextArea 构造方法创建对象时，可以设定区域的行数、列数。JTextArea 常用的构造方法见表 6 - 9。

表 6 - 9　JTextArea 常用方法

方法	方法功能
JTextArea( )	创建一个空文本域
JTextArea(String text)	创建显示指定初始字符串的文本域
JTextArea(int rows, irt columns)	创建具有指定行数和列数的空文本域
JTextArea(String text, int rows, int columns)	创建显示指定初始文本并指定了行数、列数的文本域
setText( )	设置文本框内容

方法	方法功能
setRows( )	设置多行文本框行数
setColumns( )	设置多行文本框列数
setLineWrap( )	设置文本框是否允许自动换行
append( )	文本追加
insert(String str, int pos)	文本插入

例6-8 标签、文本框、按钮综合案例。

```
package Chapter6;
import java.awt. *;
import javax.swing. *;
public class example6_8 {
     public static void main(String[] args) {
          Frame frame = new Frame("TestGridLayout");//创建窗体
        frame.setSize(300,300);            //设置窗体尺寸
        frame.setLayout(new FlowLayout());//设置窗体的布局管理器为流式布局管理器

        JLabel jlabel = new JLabel("这是一个标签");  //创建一个具有指定文本的标签
        Button btn1 = new Button("这是一个按钮");  //创建按钮
        JTextField jta0 = new JTextField("这是一个单行文本框");//创建单行文本框
        JTextArea jta1 = new JTextArea("第一个多行文本框");    //创建文本框
        jta1.append("这是多行文本框的追加部分内容");    //追加内容
        JTextArea jta2 = new JTextArea(5,5);  //指定一个多行文本框,行列数为 5 * 5
        jta2.append("aaaaaaaaaaaaaaaaaaaaaaaaabbbbbbbbbbbbbbbbbbbbbbbbbb");
        //追加内容
        jta2.setLineWrap(true);        //设置自动换行

        frame.add(jlabel);          //向窗体添加标签
        frame.add(btn1);            //向窗体添加按钮
        frame.add(jta0);            //向窗体添加单行文本框
        frame.add(jta1);            //向窗体添加文本框
        frame.add(jta2);            //向窗体添加文本框
        frame.setVisible(true);        //设置窗体可见
    }
}
```

程序运行结果如图6-11所示。

6.4.4 复选框

复选框（JCheckBox）是一组具有开关的按钮，复选框支持多项选择。复选按钮允许用户通过勾选/不勾选操作输入一个关于某主题的逻辑值，如果用户勾选"运动员"复选框，即表示"是运动员"；相反，不勾选则表示"不是运动员"。

Java 复选框通过 JCheckBox 类来实现，JCheckBox 也是 AbstractButton 类的派生类。复选框的相关方法见表6-10。

图 6 – 11　标签/文本框/按钮

表 6 – 10　复选框常用方法

方法	方法功能
JCheckBox( )	创建一个没有文本、没有图标并且最初未被选定的复选框
JCheckBox(lcon icon)	创建有一个图标、最初未被选定的复选框
JCheckBox(lcon icon, boolean selected)	创建一个带图标的复选框，并指定其最初是否处于选定状态
JCheckBox(String text)	创建一个带文本的、最初未被选定的复选框
JCheckBox(String text, boolean selected)	创建一个带文本的复选框，并指定其最初是否处于选定状态
JCheckBox(String text, lcon icon)	创建带有指定文本和图标的、最初未被选定的复选框
JCheckBox(String text, lcon icon, boolean selected)	创建一个带文本和图标的复选框，并指定其最初是否处于选定状态
setSelected(boolean selected)	设置按钮是否被选中
isSelected( )	返回按钮当前选中状态

6.4.5　单选按钮

单选按钮（JRadioButton）的作用与复选按钮非常类似，也是具有开关的按钮，它实现的功能是"多选一"，允许用户通过勾选/不勾选操作来输入一个逻辑值，但是单选按钮一般成组出现，用于表示一组互斥的属性，用户只能勾选其中的一个，如性别组中放置的两个单选按钮，分别是"男"和"女"，用户只能勾选其中一个。

Java 单选按钮通过 JRadioButton 类来实现，JRadioButton 同样也是 AbstractButton 类的派生类。JRadioButton 也提供了 isSelected( )和 seSelected(true/false)方法类读写本身状态。

例 6 – 9　复选框和单选按钮的使用。

```
package Chapter6;
import java.awt. *;
import javax.swing. *;
public class example6_9 {
    public static void main(String[] args) {
        JFrame frame = new JFrame("单选框复选框示例");//创建窗体
        JLabel a = new JLabel("选择喜爱的运动:");//创建标签
        JCheckBox jcb1 = new JCheckBox("唱歌");//创建复选框
        JCheckBox jcb2 = new JCheckBox("跳舞");//创建复选框
        JCheckBox jcb3 = new JCheckBox("打篮球");//创建复选框
        JCheckBox jcb4 = new JCheckBox("游泳");//创建复选框
        JLabel b = new JLabel("选择性别");//创建标签
        JRadioButton jrb1 = new JRadioButton("男");//创建单选框
        JRadioButton jrb2 = new JRadioButton("女");//创建单选框
        ButtonGroup ab = new ButtonGroup();//创建分组对象,将jrb1和jrb2放在同组
        ab.add(jrb1);//添加jrb1
        ab.add(jrb2);//添加jrb2
        JPanel panel = new JPanel();//创建面板,用于将组件添加至面板
        panel.add(a);//添加组件
        panel.add(jcb1); //添加组件
        panel.add(jcb2); //添加组件
        panel.add(jcb3); //添加组件
        panel.add(jcb4); //添加组件
        panel.add(b); //添加组件
        panel.add(jrb1); //添加组件
        panel.add(jrb2); //添加组件
        frame.add(panel);//将面板添加至窗体
        frame.setSize(400,200); //设置窗体尺寸
        frame.setVisible(true);//设置窗体可见
    }
}
```

程序运行结果如图 6 – 12 所示。

图 6 – 12 复选框和单选框

注意：以上（ButtonGroup ab = new ButtonGroup( )；// 创建分组对象，将 jrb1 和 jrb2 放在同组 ab. add（jrb1）；// 添加 jrb1 ab. add（jrb2）；// 添加 jrb2）部分代码一定要写，用于将这两个按钮放在同一组，否则单选按钮男和女可同时选择。

6.4.6 列表框

列表（JList）是包含多行选项的组件，每个选项是一个 item，每个 item 可以独立操作。

支持从一个列表中选择一个或多个选项。其相关方法见表6–11。

表6–11　列表常用方法

方法	方法功能
JList( )	创建一个单选的列表框
JList(Object[ ] listData)	利用数组对象创建一个单选的列表框
int getSelectedIndex( )	返回列表中第一个被选择的项目的索引，–1 表示没有选中项
Int[ ] getSelectedIndices( )	返回所选的全部索引的数组（按升序排列）
Object getSelectedValue( )	返回列表中第一个被选择的项目的名称，如果没有选中项，则返回 null
getSelectedValues( )	返回所有选择值的数组，根据其列表中的索引顺序按升序排序
isSelectedIndex(int index)	如果选择了指定的索引，则返回 true，否则返回 false
setSelectedIndex(int index)	选择指定索引的条目
setSelectedIndices(int[ ] indices)	选择指定索引数组的条目
setSelectedValue (Object anObject, boolean shouldScroll)	选择指定的对象
SelectionMode(int selectionMode)	设置列表的选择模式

例6–10　列表的创建及其应用。

```
package Chapter6;
import java.awt. *;
import javax. swing. *;
public class example6_10 {
    public static void main(String[] args) {
        JFrame frame = new JFrame("JList 示例");
        frame.setSize(300, 300);
        //创建列表(List 实例)
        JList list = new JList(new String[]{"计算机科学与技术","软件工程","网络工程","物联网工程","数字媒体技术"});//创建列表
        list.setFont(new Font("宋体",Font.BOLD,20));//设置字体
        list.setSelectionMode(ListSelectionModel.SINGLE_SELECTION);/* 设置选择模式 */
        JScrollPane scrollPane = new JScrollPane(list); /*将列表放入带滚动条的通用容器 JScrollPane */
        frame.add(scrollPane); //将通用容器放入窗体
        frame.setVisible(true);
        }
    }
```

159

程序运行结果如图 6 – 13 所示。

图 6 – 13   列表框

6.4.7   组合框

JComboBox 组件称为下拉框或者组合框，它将所有选项折叠在一起，默认显示的是第一个添加的选项。

当用户单击下拉框时，会出现下拉式的选择列表，用户可以从中选择其中一项并显示。JComboBox 下拉框组件分为可编辑和不可编辑两种形式。对于不可编辑的下拉框，用户只能选择现有的选项列表；对于可编辑的下拉框，用户既可以选择现有的选项列表，也可以自己输入新的内容。需要注意的是，用户自己输入的内容只能作为当前项显示，并不会添加到下拉框的选项列表中。JComboBox 常用的方法见表 6 – 12。

表 6 – 12   JComboBox 常用方法

方法	方法功能
JComboBox( )	创建一个没有可选项的下拉框
JComboBox(Object[ ] items)	创建一个下拉框，将 Object 数组中的元素作为下拉框的下拉列表选项
JComboBox(Vector items)	创建一个下拉框，将 Vector 集合中的元素作为下拉框的下拉列表选项
void addItem(Object anObject)	为下拉框添加选项
void insertItemAt(Object anObject, int index)	在指定的索引处插入选项
Object getItemAt(int index)	返回指定索引处选项，第一个选项的索引为 0
int getItemCount( )	返回下拉框中选项的数目
Object getSelectedItem( )	返回当前所选项
void removeAllItems( )	删除下拉框中所有的选项
void removeItem (Object object)	从下拉框中删除指定选项
void removeItemAt(int index)	删除指定索引处的选项
void setEditable(boolean aFlag)	设置下拉框的选项是否可编辑，aFlag 为 true，则可编辑，反之则不可编辑

例6-11 组合框的创建及其应用。

```
package Chapter6;
import java.awt. * ;
import javax.swing. * ;
public class example6_11 {
        public static void main(String[] args) {
                JFrame frame = new JFrame( "JComboBox 示例" );
                frame.setSize(400,300);
                //创建组合框(JComboBox 实例)
                JComboBox combo = enew JComboBox( new String[ ]{"计算机科学与技术",
"软件工程","网络工程", "物联网工程", "数字媒体技术"});
                combo.setEditable(true);//将组合框设置为可编辑的
                combo.setFont(new Font("宋体",Font. BOLD,20));//设置字体
                frame.add(combo);
                frame.setVisible(true) ;
        }
}
```

程序运行结果如图6-14所示。

图6-14 组合框

6.5 事件

6.5.1 事件处理机制

Swing 组件中的事件处理专门用于响应用户的操作，如响应用户的鼠标单击、按下键盘等操作。在 Swing 事件处理的过程中，主要涉及三类对象。

事件源（Event Source）：事件发生的场所，通常是产生事件的组件，如窗口、按钮、菜单等。

事件对象（Event）：封装了 GUI 组件上发生的特定事件（通常就是用户的一次操作）。

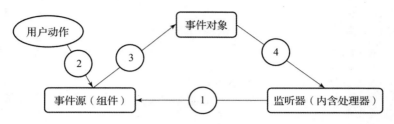

监听器（Listener）：负责监听事件源上发生的事件，并对各种事件做出相应处理（监听器对象中包含事件处理器）。

上面提到的事件源、事件对象、监听器在整个事件处理过程中都起着非常重要的作用，它们彼此之间有着非常紧密的联系。事件处理的工作流程如图 6 – 15 所示。

图 6 – 15　事件处理工作流程

图中 1、2、3、4 作用如下：

①将监听器注册到事件源。

②触发事件源上的事件。

③产生并传递事件对象。

④接受事件对象，激活事件处理器，实现预定功能。

图 6 – 15 中，事件源是一个组件，当用户进行一些操作时，例如，按下鼠标或者释放键盘等，都会触发相应的事件，如果事件源注册了监听器，则触发的相应事件将会被处理。

例 6 – 12　事件的应用。

```java
package Chapter6;
import java.awt. * ;
import javax.swing. * ;
import java.awt.event. * ;//导入事件
public class example6_12 {
      public static void main(String[ ] args) {
            Frame frame = new Frame();
            Button button = new Button("An AWT button");
            frame.add(button);
            frame.setSize(400,200);
            frame.addWindowListener(new CloseMe());   //注册监听器
            frame.setVisible(true);
      }
}
class CloseMe extends WindowAdapter{                   //声明监听器
      public void windowClosing(WindowEvent evt) {     //实现/覆盖监听器中的方法
            System.exit(0);                            //退出程序
      }
}
```

程序运行结果如图 6 – 16 所示。

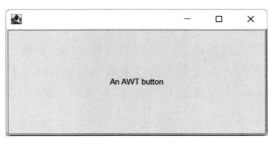

图 6 - 16　事件

代码中定义了一个名为 CloseMe 的 Windows 事件处理类（即监听器），它继承 Window-Adapter 类，覆盖了 windowClosing( )方法，当出现关闭窗口事件时，将执行这个方法，这个方法只有一行语句：System.*exit*(0)，即退出应用程序。在主方法中用 addWindowListener( )方法为 frame 注册这个监听器的实例。

这时 frame 会将监听到的各种窗口事件都交给 CloseMe 的实例处理，该实例接收到关闭窗口的事件时，调用 windowClosing( )，退出应用程序。

在这个例子中，监听器类必须实现 WindowListener 接口（或继承 WindowAdapter 抽象类，称为适配器，它是 WindowListener 接口的抽象实现），并且为需要关注的事件编写相应的处理程序，为关闭窗口事件编写处理程序 windowClosing( )，即退出应用程序。

事件处理主要步骤如下：

①创建事件源：除了一些常见的按钮、键盘等组件可以作为事件源外，还可以使用 JFrame、Frame 窗口在内的顶级容器作为事件源。

②自定义事件监听器：根据要监听的事件源创建指定类型的监听器进行事件处理。监听器是一个特殊的 Java 类，必须实现 XXXListener 接口。根据组件触发的动作进行区分，例如，WindowListener 用于监听窗口事件，ActionListener 用于监听动作事件。

③为事件源注册监听器：使用 addXXXListener( )方法为指定事件源添加特定类型的监听器。当事件源上发生监听事件后，就会触发绑定的事件监听器，由监听器中的方法对事件进行相应处理。

6.5.2　Swing 常用事件处理

Swing 提供了丰富的事件，这些事件大致可以分为窗体事件（WindowEvent）、鼠标事件（MouseEvent）、键盘事件（KeyEvent）、动作事件（ActionEvent）等。

1. 窗体事件

大部分 GUI 应用程序都需要使用 Window 窗体对象作为最外层的容器，可以说窗体对象是所有 GUI 应用程序的基础，应用程序中通常都是将其他组件直接或者间接地添加到窗体中。

当对窗体进行操作时，如窗体的打开、关闭、激活、停用等，这些动作都属于窗体事件。Java 提供了一个 WindowEvent 类用于表示窗体事件。在应用程序中，当对窗体事件进行处理时，首先需要定义一个实现了 WindowListener 接口的类作为窗体监听器，然后通过 addWindowListener( )方法将窗体对象与窗体监听器进行绑定。

2. 鼠标事件

在图形用户界面中，用户会经常使用鼠标进行选择、切换界面等操作，这些操作被定义为鼠标事件，包括鼠标按下、鼠标松开、鼠标单击等。Java 提供了一个 MouseEvent 类来描述鼠标事件。处理鼠标事件时，首先需要通过实现 MouseListener 接口定义监听器（也可以通过继承适配器 MouseAdapter 类定义监听器），然后调用 addMouseListener( )方法将监听器绑定到事件源对象。

3. 键盘事件

键盘操作是最常用的用户交互方式，例如，键盘按下、释放等，这些操作被定义为键盘事件。Java 提供了一个 KeyEvent 类表示键盘事件，处理 KeyEvent 事件的监听器对象需要实现 KeyListener 接口或者继承 KeyAdapter 类，然后调用 addKeyListener( )方法将监听器绑定到事件源对象。

4. 动作事件

动作事件不同于前面 3 种事件，它不代表某类事件，只是表示一个动作发生了。例如，在关闭一个文件时，可以通过键盘关闭，也可以通过鼠标关闭。在这里，读者不需要关心使用哪种方式关闭文件，只要对关闭按钮进行操作，就会触发动作事件。

在 Java 中，动作事件用 ActionEvent 类表示，处理 ActionEvent 事件的监听器对象需要实现 ActionListener 接口。监听器对象在监听动作时，不会像鼠标事件一样处理鼠标的移动和单击的细节，而是去处理类似于"按钮按下"这样"有意义"的事件。

6.6 项目实训

6.6.1 实训任务

本任务要求使用 GUI 知识编写一个用户登录界面，用户需要提供用户名和密码。要求如下：

①编写窗体容器；

②定义登录界面所需要的各个组件；

③定义 3 个面板对象，分别放置南面（欢迎语句）、中间（用户名、密码框）、北面（确定、取消按钮）3 个位置的组件；

④设置窗体容器为边界布局，将面板放在相应位置上；

⑤设置窗体大小；

⑥使窗体可见。

6.6.2 任务实施

①根据描述创建登录界面需要的窗体、标签、文本框、确定和取消按钮，代码如下

```
package Chapter6;
import java.awt.*;
import javax.swing.*;
```

```
public class UserLogin {
    public static void main(String[] args) {
        JFrame frame = new JFrame("职工工资管理系统");  //创建窗体
        //定义登录界面所需要的组件
        JLabel lbl_title = new JLabel("职工工资管理系统");     //创建标签,用于提示
        JLabel lbl_name = new JLabel("用户名：");          //创建标签,用于提示输入用户名
        JLabel lbl_pwd = new JLabel("密码：");            //创建标签,用于提示输入密码
        JTextField txt_name = new JTextField(16);      //创建文本框,用于输入用户名
        JPasswordField txt_pwd = new JPasswordField(16); //创建文本框,用于输入密码
        txt_pwd.setEchoChar('*');                     //设置密码,输入为 '*'
        JButton btn_OK = new JButton("确定");          //创建按钮,用于确认登录
        JButton btn_cancel = new JButton("取消");      //创建按钮,用于取消登录
```

通过创建类 JFrame 的对象 frame，实现窗体的创建，该窗体用于存放登录界面各个组件，包括标签、文本框、按钮等。

②针对登录界面进行布局，各个位置存放的内容代码如下：

```
// frame 设置为边界布局,设置存放在 frame 上 north、center、south 位置的 panel
JPanel panel_north = new JPanel();                  //创建面板,用于存放登录标题,位置在上方
panel_north.add(lbl_title);                         //将登录标题放于上方面板
JPanel panel_name = new JPanel();                   //创建面板,用于存放用户名
panel_name.add(lbl_name);                           //将用户名标签存放于面板
panel_name.add(txt_name);                           //将文本框用户名存放于面板
JPanel panel_pwd = new JPanel();                    //创建面板,用于存放密码
panel_pwd.add(lbl_pwd);                             //将密码标签存放于面板
panel_pwd.add(txt_pwd);                             //将文本框密码名存放于面板
JPanel panel_center = new JPanel();    /*创建面板,用于存放用户名和密码两个面板,位于
中部 */
panel_center.setLayout(new GridLayout(2,1));//设置中部布局管理器为网格布局管理器
panel_center.add(panel_name);                       //将用户名面板放于中部面板
panel_center.add(panel_pwd);                        //将密码面板放于中部面板
//创建面板,用于存放登录确定和登录取消按钮          //位于登录界面下部
JPanel panel_south = new JPanel();
panel_south.add(btn_OK);                            //将确定按钮放于下部面板
panel_south.add(btn_cancel);                        //将取消按钮放于下部面板
```

创建多个面板，分别用于存放登录标题、用户名标签及文本框、密码标签及密码、用户名面板及密码面板、选择按钮。

③将各个面板放于窗体，使得整个登录界面清晰。

```
//将 panel 放在 frame 相应的位置上
frame.setLayout(new BorderLayout());                //设置窗体为边界布局
frame.add(BorderLayout.NORTH,panel_north);          //将上部面板存放于上方
frame.add(BorderLayout.CENTER,panel_center);        //将中部面板存放于中部
frame.add(BorderLayout.SOUTH,panel_south);          //将下部面板存放于下部
```

④设置窗体尺寸，设置窗体可见。

```
    frame.setSize(300,180);        //设置窗体尺寸
    frame.setVisible(true);        //设置窗体可见
    }
}
```

通过设置窗体尺寸，以及窗体可见，使得登录界面可见。

6.6.3 任务运行

程序运行结果如图 6 - 17 所示。

图 6 - 17　用户登录界面设计

6.7 项目小测

一、填空题

1. Java 图形化编程主要用到的包有_____和_____。

2. 方法 JFrame( ) 的作用为_____。

3. setLayout 可以为容器设置_____。

4. JPanel 为_____。

5. JPanel panel = new JPanel( ) 的作用为_____。

二、选择题

1. FlowLayout 为（　　）。

A. 流失布局管理器　　B. 边界布局管理器　　C. 网格布局管理器　　D. 窗口布局管理器

2. 组件 JLable 为（　　）。

A. 窗体　　　　　　B. 标签　　　　　　C. 按钮　　　　　　D. 文本框

3. 以下代码的作用为（　　）。

```
Button btn1 = new Button();
```

A. 创建一个标签　　B. 创建一个按钮　　C. 创建一个文本框　　D. 创建一个复选框

4. 方法 JComboBox( ) 的作用为（　　）。

A. 创建一个没有可选项的下拉框　　　　B. 创建一个有可选项的下拉框

C. 创建一个没有可选项的窗体　　　　　D. 创建一个没有可选项的按钮

5. KeyEvent 为（　　）。

A. 鼠标事件　　　　B. 键盘事件　　　　C. 动作事件　　　　D. 窗体事件

三、判断题

1. Swing 是由 AWT 衍生而来的。　　　　　　　　　　　　　　　　（　　）

2. JFrame 为顶层容器，可以用它来创建窗体。　　　　　　　　　　（　　）

3. BorderLayout 为边界布局管理器，它将窗体划分为 5 个区域，分别为东、南、西、北、中。　　　　　　　　　　　　　　　　　　　　　　　　　　　（　　）

4. MouseEvent 为鼠标事件。　　　　　　　　　　　　　　　　　　（　　）

5. 窗体方法中，setHgap（20）的作用是创建组件之间/组件与容器边界之间的水平距离。　　　　　　　　　　　　　　　　　　　　　　　　　　　　　　（　　）

6. GridLayout 型布局管理器将空间划分成规则的矩形网格，为网格布局管理器，划分的每个单元格区域大小相等。　　　　　　　　　　　　　　　　　　　　（　　）

7. FlowLayout 布局管理器对组件逐行定位，行内从左到右，一行排满后换行。　（　　）

8. 文本框不用于获取用户文本输入，主要用于显示文本内容。　　　　（　　）

9. JTextArea 称为文本域，它能接收多行文本的输入。　　　　　　　（　　）

10. 单选按钮（JRadioButton）的作用与复选按钮的非常类似，也是具有开关的按钮，它实现的功能是"多选多"。　　　　　　　　　　　　　　　　　　　（　　）

四、简答题

1. 请简述事件处理的步骤。

2. 请简述 GUI 界面设计的主要步骤。

3. 请简述 JPanel 的作用。

4. 请简述布局管理器的作用，列出几种 Swing 中典型的布局管理器。

5. 请简述 JComboBox 组件的功能。

五、编程题

1. 创建一个 GUI 界面，创建 9 个按钮，使用网格布局，使得其效果如图 6 - 18 所示。

2. 创建一个 GUI 界面，创建多个按钮，分别将各种水果放入窗体，使得其效果如图 6 - 19 所示。

图 6 - 18　编程题 1 效果图

图 6 - 19　编程题 2 效果图

项目 7

常用类库

【项目导读】

在程序设计中，为了处理方便，把具有相同类型的若干变量按有序的形式组织起来。这些按序排列的同类数据元素的集合称为数组。

接口和类一样，是一系列方法的声明，是一些方法特征的集合，一个接口只有方法的特征而没有方法的实现，因此，这些方法可以在不同的地方被不同的类实现，而这些实现可以具有不同的行为（功能）。

类库是 Java 应用程序接口（API），是系统提供的已实现的标准类的集合。Java 类库中的类和接口封装在特定的包里，每个包有自己的功能。除了 java.lang 之外，其他包的内容需要经过 import 语句引用，方便在程序中使用。

【学习目标】

本项目学习目标为：
（1）熟悉字符串的定义及应用。
（2）熟悉一维数组和二维数组的定义。
（3）掌握数组的访问和使用。
（4）掌握常用工具类库的定义和使用。
（5）掌握集合的定义和使用方法。
（6）掌握接口的定义和使用方法。

【技能导图】

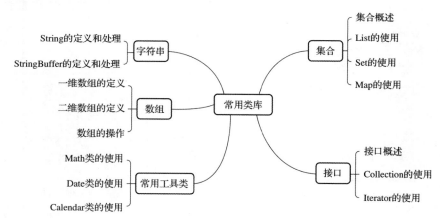

【思政课堂】

传播正能量，做好引路人

通过"数组"的概念，我们了解到相同的、相关的数据组成数组。"近朱者赤，近墨者黑""物以类聚，人以群分"，要多接触和传播具有正能量的人与事，广大教师要做好学生人生发展轨迹的引路人。

"广大教师要做学生锤炼品格的引路人，做学生学习知识的引路人，做学生创新思维的引路人，做学生奉献祖国的引路人。"习近平总书记在考察北京市八一学校时，希望广大教师做学生成长的"引路人"，这一要求赋予了教师光荣的责任和使命，对教师队伍建设、教师的自我塑造和职业发展，提出了明确的目标，广大教师务必要认真领会和踏实践行。

教育寄托着每个家庭对未来生活的美好向往，承载着国家和民族的未来，而教育的未来，系于每一名甘守三尺讲台的教师。在我们每一个人的成长过程中，虽然家庭教育、社会教育都在发挥作用。但毫无疑问，教师居于关键位置，起着关键作用。因此，教师能不能当好学生的"引路人"，直接关系着一代人的前途和命运，关系着千千万万的家庭。正因如此，自古以来，中华民族就有尊师重教、崇智尚学的优良传统。在人民对好的教育更加期盼的今天，要不断满足"有学上"到"上好学"的更高要求，我们的教育需要一支庞大的师德高尚、业务精湛、结构合理、充满活力的高素质专业化教师队伍，需要一大批好老师来当学生的"引路人"。

要做学生的"引路人"，关键是要按照"四有"的标准，努力把自己塑造成"有理想信念、有道德情操、有扎实学识、有仁爱之心"的好老师。在这个价值取向纷繁交织的时代，只有坚定理想信念的老师，才能当好学生的人生导师，引导学生经受住各种诱惑的考验，扣好人生的第一粒扣子。只有那些取法乎上、见贤思齐，不断提高道德修养，提升人格品质的好老师，才能把正确的道德观传授给学生，才能引领学生做一个高尚的人、纯粹的人、脱离了低级趣味的人。只有那些始终处于学习状态，刻苦钻研、严谨笃学，不断充实、拓展、提高自己，拥有扎实的知识功底、过硬的教学能力、勤勉的教学态度、科学的教学方法的好老师，才能赢得至高的职业尊严。只有那些以仁爱之心把温暖和情感倾注到每一个学生身上，用欣赏增强学生的信心，用信任树立学生的自尊的好老师，才能让每一个学生都健康成长，让每一个学生都享受成功的喜悦。

传授知识容易，当好学生成长的全方位"引路人"不易。只有不断锤炼尊重学生、理解学生、宽容学生的职业品质，才能取得更好的教育效果。特别是在基础教育阶段，尊重、理解、宽容本身就是一种伟大的教育力量，舍此，就谈不上教育。学生来自不同的家庭，老师面对一个个性格爱好、脾气秉性、兴趣特长、家庭情况、学习状况不一的学生，应该精心引导和培育，不能因为有的学生不讨自己喜欢、不对自己胃口就态度冷淡，加以排斥，更不能把学生分为三六九等。好老师一定要平等对待每一个学生，尊重学生的个性，理解学生的情感，包容学生的缺点和不足，善于发现每一个学生的长处和闪光点，让所有学生都成长为有用之才。特别是在中小学，对所谓的差生、问题学生，老师更应该多一些理解和帮助，老师无意间的一句话，可能造就一个孩子，也可能毁灭一个孩子。

参考文献：

［1］陈莉. 做好孩子的引路人［J］. 新作文：教研，2018（10）：1 - 2.

［2］黄春燕. 用心关爱，做好孩子成长的引路人［J］. 西部教育研究（陕西），2020（1）：65 - 67.

（7.1） 字符串的使用

在 Java 中，单引号标识的内容表示字符，而双引号标识的内容则表示字符串。字符串常量是用双引号括起来的一组若干字符序列。字符串中的字符可以是任何有效字符：字母、数字、符号和转义符。

7.1.1 String 类

String 类是一个不可变类，是 java. lang 包中的类。一个 String 对象所包含的字符串内容永远不会被改变。在不给字符串变量赋值的情况下，其默认值为 null，如果此时调用 String 的方法，则会发生空指针异常。

1. 声明 String 类对象

语法格式如下：

```
String 对象名;
String a;                    //声明一个 String 对象 a
```

2. 创建 String 类对象

创建 String 类对象可以通过以下三种方式进行。

（1）直接引用字符串常量创建

```
String a = "Hello";          //直接引用字符串常量实例化
System.out.println("a = " + a);
```

（2）使用已有字符串变量创建

```
String b = new String("Hello");    //利用构造方法实例化
String c = new String(b);          //利用已有字符串变量实例化
```

（3）使用字符数组创建

```
char[] d = {'H','e','l','l','o'};
String e = new String(d);          //利用字符数组实例化
```

例 7 - 1 录音机工作过程。

```
public class example7_1 {
    public static void main(String[] args) {
        char[ ] sentence = {'J','a','v','a'};    //定义一个 char 型数组,并初始化
        for(int i =0;i < sentence.length;i ++) { //循环输出 sentence 数组每一个元素
            System.out.println("record play:" + sentence[i]);
        }
```

```
        System.out.print("read sentences:");
        String sentences = new String(sentence);
        //创建 String 类对象 sentences,它包含 sentence 中的所有元素
        System.out.println(sentences);
    }
}
```

例 7 – 1 程序运行结果如图 7 – 1 所示。

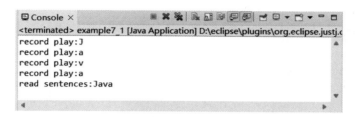

图 7 – 1　例 7 – 1 程序运行结果

在本例程序中，首先定义字符数组 sentence，使用 for 循环依次输出数组的元素。利用 String 类对象 sentences 输出 sentence 中的所有元素。

3. String 类的方法

String 类广泛应用在 Java 编程的字符串处理中，常用的方法如下：

（1）获取字符串的长度 length

格式：str. length( )

功能：获取字符串 str 的长度，方法返回 int 型。

（2）获取指定的字符 charAt

格式：str. charAt(int index)

功能：获取字符串 str 中索引 index 的字符，方法返回一个字符。

（3）获取字符串的子串 substring

格式 1：str. substring(int start)

功能：获取字符串 str 中从 start 索引位置开始的字符串，方法返回一个字符串。

格式 2：str. substring(int start，int end)

功能：获取字符串 str 中从 start 索引位置开始到 end 索引位置结束的字符串，方法返回一个字符串。

（4）连接字符串 concat

格式：str1. concat(str2)

功能：字符串 str1 连接字符串 str2，方法返回一个字符串。

（5）比较字符串 equals

格式：str1. equals(str2)

功能：比较字符串 str1 和字符串 str2，方法返回一个 boolean 型。若字符串 str1 和字符串 str2 不为 null 且内容相同，则返回 true；否则返回 false。

（6）比较字符串 compareTo

格式：str1. compareTo(str2)

功能：按照字典顺序比较字符串 str1 和字符串 str2，方法返回 int 型。前者大，则返回正数；后者大，则返回负数；相等，则返回0。

（7）替换字符串 replace

格式：str. replace(oldstr，newstr)

功能：将 str 中的 oldstr 用 newstr 替换，方法返回一个字符串。

下面通过一个例子使用字符串处理方法实现用户登录功能。

例7-2 用户登录验证。

```java
import java.util.Scanner;
public class example7_2 {
    public static void main(String[] args) {
        String user = "root";
        String password = "123456";
        System.out.println("请输入密码:");
        Scanner input = new Scanner(System.in);
        String inputPassword = input.nextLine();
        if(inputPassword.equals(password)&&
                inputPassword.length() == password.length())
            System.out.println("密码校验通过");
        else if(inputPassword.length() > password.length())
            System.out.println("密码长度过长");
        else
            System.out.println("密码长度过短");
    }
}
```

例7-2程序运行结果如图7-2所示。

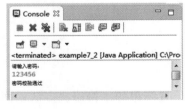  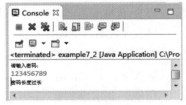

图7-2 例7-2输出结果

已知用户名和密码，然后输入密码，并将其与正确密码进行比较，如果相同（即对应位置字符相同和密码长度相同），输出密码校验通过，如果不相同，比较密码长度，输出密码长度过长或过短的提示。在本例程序中，首先定义字符常量 user、password，利用 Scanner 接收用户密码，使用 equals 方法和 length 方法再进行判断。

7.1.2 StringBuffer 类

String 类是一个不可变类。如果想对字符串进行修改，则必须创建一个新的 String 类对

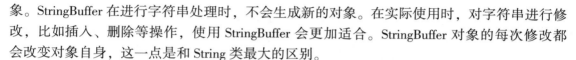

象。StringBuffer 在进行字符串处理时，不会生成新的对象。在实际使用时，对字符串进行修改，比如插入、删除等操作，使用 StringBuffer 会更加适合。StringBuffer 对象的每次修改都会改变对象自身，这一点是和 String 类最大的区别。

1. 创建 StringBuffer 类对象

（1）使用构造方法 StringBuffer( )创建

构造方法 StringBuffer( )创建一个不带字符的字符串对象，分配给该对象实体的初始容量是 16 个字符，当容量大于 16 时，容量自动增加。

例如，下面代码创建一个空的字符串对象 str。

```
StringBuffer str = new StringBuffer();
```

（2）使用构造方法 StringBuffer(int size)创建

构造方法 StringBuffer(int size)创建一个不带字符的字符串对象，并指定初始容量是 size 个字符，当容量大于 size 时，容量自动增加。

例如，下面代码创建一个容量大小为 50 的空字符串对象 str。

```
StringBuffer str = new StringBuffer(50);
```

（3）使用构造方法 StringBuffer(String s)创建

构造方法 StringBuffer(String s)创建一个字符串对象，并初始化为指定字符串 s。

例如，下面代码创建初始值为"Java"的字符串对象 str。

```
StringBuffer str = new StringBuffer("Java");
```

2. StringBuffer 类的方法

StringBuffer 类中的方法主要侧重于字符串的改变，比如对字符串进行追加、插入和删除等。

（1）追加字符串 append

格式：str1. append(str2)

功能：将字符串 str2 追加到 StringBuffer 对象 str1 的末尾，类似于字符串的连接。调用此方法后，StringBuffer 对象的内容也发生改变。

（2）插入字符串 insert

格式：str1. insert(index，str2)

功能：在 StringBuffer 对象 str1 索引处 index 插入字符串 str2，并返回当前对象的引用。

（3）删除字符串 delete

格式：str1. delete(start，end)

功能：从 StringBuffer 对象 str1 中的字符序列中删除一个从 start 开始到 end 结束的子字符串，并返回当前对象的引用。

下面通过一个例子使用 StringBuffer 类的字符串处理方法来实现点餐功能。

例 7 - 3　点餐系统。

```
public class example7_3 {
    public static void main(String[] args) {
```

```
            StringBuffer sbf = new StringBuffer( );
            System.out.println("点餐信息:");              //使用 append( )方法追加字符串
            sbf.append("1 号桌 宫保鸡丁 北京烤鸭 ");       //1 号桌点餐
            sbf.append("2 号桌 手撕包菜 肉末茄子 ");       //2 号桌点餐
            System.out.println(sbf);
            sbf.insert(15, "爆炒腰花");                   //1 号桌加菜
            System.out.println("最新点餐信息:");
            System.out.println(sbf);
        }
    }
```

例 7 – 3 程序运行结果如图 7 – 3 所示。

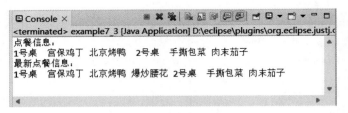

图 7 – 3　点餐系统

在本例程序中，首先创建 StringBuffer 对象，利用追加字符串方法 append 实现点菜功能，利用插入字符串方法 insert 实现加菜功能。

7.2　数组

数组是具有类型相同的、相关的一组数据的有序集合，以便用循环的方式对这些数据进行处理。其中，每个数据称作数组的一个元素，每个数组元素可以通过下标来访问它们。

7.2.1　一维数组

1. 一维数组的声明

在 Java 语言中，要使用数组，必须先进行声明。声明一个数组只为其指定数组名和数组元素的数据类型，一维数组的声明格式如下：

> 数据类型[ ] 数组名;

或

> 数据类型 数组名[ ];

其中：

数据类型：是数组元素的数据类型。对于同一个数组，其所有元素的数据类型都是相同的。

数组名：必须遵循 Java 语言标识符命名规则。数组名不能与程序中其他变量名相同。

例如：

```
int a[ ];        //声明一个 int 型的一维数组 a
char[ ] ch;      //声明一个 char 型的一维数组 ch
```

2. 一维数组的初始化

数组声明以后，并没有为数组分配内存空间，可以通过初始化为数组分配空间，或为数组元素赋值。数组初始化分为静态初始化和动态初始化。

（1）静态初始化

数组初始化是指在数组声明时给数组元素赋予初值。静态数组初始化时，不需要指定数组的大小，系统会自动根据元素个数算出数组长度并分配内存空间。静态初始化的一般格式为：

```
数据类型[ ] 数组名 = {初值表};
```

其中，在 {初值表} 中的各数据值即为各元素的初值，各值之间用逗号间隔。

例如下面代码，在定义整型数组 a 的同时，将常量 1、2、4、8、9 分别赋给元素 a[0]、a[1]、a[2]、a[3]、a[4]。

```
int[ ] a = {1,2,4,8,9};
```

（2）动态初始化

使用 new 关键字进行数组动态初始化，同时分配内存空间。动态初始化的一般格式为：

```
数据类型[ ] 数组名 = new 数据类型[数组长度];
```

其中，数组长度表示元素的个数，应为整型常量或整型表达式。

例如下面代码：

```
int[ ] a = new int[3];      //声明并初始化整型数组 a
a[0] = 1;                    //给第 1 个元素赋值
a[1] = 2;                    //给第 2 个元素赋值
a[2] = 4;                    //给第 3 个元素赋值
```

3. 一维数组的使用

数组元素是组成数组的基本单元。数组元素也是一种变量，其标识方法为数组名后跟一个下标。下标表示了元素在数组中的序号。

数组元素的一般表示形式为：

```
数组名[下标]
```

其中，下标是任何非负整型数据，取值范围是 0 ~（元素个数 −1）。

一个数组元素实质上就是一个变量，它具有和相同类型单个变量一样的属性，可以对它进行赋值和参与各种运算。

例 7 − 4 对 10 个学生的 Java 成绩从小到大排序。

```
import java.util.Arrays;
public class example7_4 {
    public static void main(String[] args) {
```

```
          int[] a = {85,63,71,20,96,76,87,66,56,90};
          for(int i = 0;i < a.length - 1;i ++) {
          for(int j = 0;j < a.length - i - 1;j ++) {
                  if(a[j] > a[j+1]) {
                  int t = a[j];
                  a[j] = a[j+1];
                  a[j+1] = t;
                    }
                  }
          }
      System.out.println("排序后的数组:" + Arrays.toString(a));
      }
}
```

例 7 - 4 程序的运行结果如图 7 - 4 所示。

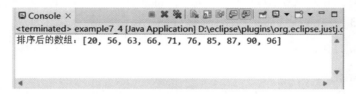

图 7 - 4　例 7 - 4 程序运行结果

在例 7 - 4 程序中对数组 a 赋初值，使用了双重循环进行排序，使用 Arrays 类中的 toString 方法进行输出。

提示：Arrays 类是一个工具类，提供很多操作数组的方法。

7.2.2　二维数组

前面介绍的数组只有一个下标，称为一维数组，其数组元素也称为单下标变量。在实际应用中，有很多量是二维的或多维的。一维数组的应用场景有限，很多数据不是一维的。基于此，Java 提供了二维或多维数组。多维数组元素有多个下标，以标识它在数组中的位置，所以也称为多下标变量。本小节只介绍二维数组，多维数组可由二维数组类推而得。

1. 二维数组的声明

二维数组声明的一般格式为：

> 数据类型[ ][ ] 数组名；

或

> 数据类型 数组名[ ][ ]；

数据类型：是数组元素的数据类型。对于同一个数组，其所有元素的数据类型都是相同的。

数组名：遵循 Java 语言标识符命名规则。数组名不能与程序中其他变量名相同。

例如：

```
int a[ ][ ];      //声明一个 int 型的二维数组 a
char[ ][ ] ch;    //声明一个 char 型的二维数组 ch
```

2. 二维数组的初始化

二维数组初始化也分为静态初始化和动态初始化。二维数组可以看作是以一维数组为数组名的一维数组。

（1）静态初始化

静态初始化的一般格式为：

```
数据类型[ ][ ] 数组名={初值表};
```

其中，在｛初值表｝中的各数据值即为各一维数组的初值，各值之间用逗号间隔。

例如：

```
int[ ][ ] a={ {80,75,92},{61,65,71},{59,63,70},{85,87,90},{76,77,85}};
```

数组 a 可以看作由 5 个一维数组组成。在声明整型数组的同时，将｛80，75，92｝、｛61，65，71｝、｛59，63，70｝、｛85，87，90｝、｛76，77，85｝分别赋值给元素 a[0]、a[1]、a[2]、a[3]、a[4]。

（2）动态初始化

使用 new 关键字进行数组动态初始化和分配内存空间，并指定数组元素的行数和列数。动态初始化的一般格式为：

```
数据类型[ ][ ] 数组名=new 数据类型[常量表达式1][常量表达式2];
```

其中，常量表达式 1 表示行下标，常量表达式 2 表示列下标。数组元素个数为：常量表达式 1 × 常量表达式 2。

例如：

```
int[ ][ ] a=new int[2][3];
```

a 是二维数组名，这个二维数组共有 6 个元素（2×3=6），分别是 a[0][0]、a[0][1]、a[0][2]、a[1][0]、a[1][1]、a[1][2]，其全部元素数据类型均为整型。

对于二维数组的初始化赋值，还有以下说明：

```
int[ ][ ] a=new int[2][ ];  //声明一个 int 型的二维数组,并且数组名为 a
a[0]=new int[2];            //第一行 a[0]包含 2 个元素
a[1]=new int[3];            //第一行 a[1]包含 3 个元素
```

注意：二维数组初始化时，行长度可省，列长度不能省。

3. 二维数组的引用

二维数组的元素也称为双下标变量，其表示的形式为：

```
数组名[行下标表达式][列下标表达式]
```

其中，下标应为整型常量或整型表达式。与一维数组相同，下标值从 0 开始。

例 7-5 演讲比赛有 5 个人参加，每个人的演讲成绩由形象风度（30%）、演讲内容（30%）、语言表达（40%）三部分组成，见表 7-1。

表 7 – 1　每个人的演讲成绩

成绩比例	张	王	李	赵	周
形象风度（30%）	80	61	59	85	76
演讲内容（30%）	75	65	63	87	77
语言表达（40%）	92	71	70	90	85

```java
public class example7_5 {
    public static void main(String[] args) {
        int[ ][ ] a = { {80,75,92},{61,65,71},{59,63,70},
                        {85,87,90},{76,77,85}};
        double b[] = {0.3,0.3,0.4};
        double[] s = new double[5];
        int i,j;
        for(i = 0;i < 5;i ++){
        for(j = 0;j < 3;j ++){
                s[i] = s[i] + a[i][j] * b[j];
        }
        System.out.println("第" + (i + 1) + "个学生的综合成绩为" + s[i]);
        }
    }
}
```

例 7 – 5 程序输出结果如图 7 – 5 所示。

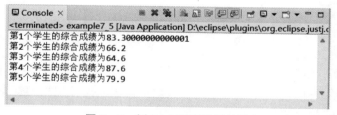

图 7 – 5　例 7 – 5 程序运行结果

在本例程序中，可设一个二维数组 a[5][3] 存放 5 个人演讲三个部分的成绩，使用数组 b 存放各部分成绩比例，使用数组 s 存放 5 个人的演讲比赛最后成绩。

7.3　常用工具类

在 Java 中，工具类定义了一组公共方法。本小节将介绍 Java 中使用频繁的 Java 工具类：Math 类、Date 类以及 Calendar 类。

7.3.1　Math 类

Math 继承于 java. lang. Object 类。Math 类包含用于执行基本数学运算的方法，如开平方、求绝对值、幂函数、指数函数等。Math 类有两个数字常量：一个表示自然对数 e，另一个表示圆周率 pi。Math 类所有的成员都用 static 标识。

Math 类的常用方法见表 7 – 2。

表 7 – 2　Math 类

常量及方法	含义
static double E	比任何其他值都更接近 e 的 double 值
static double PI	比任何其他值都更接近 pi 的 double 值
static double abs(double a)	返回 a 值的绝对值
static double floor(double a)	向下取整，返回小于或等于 a 的最大值
static double ceil(double a)	向上取整，返回大于或等于 a 的最小值
static double max(double a, double b)	返回 a、b 两个值中较大的一个
static double min(double a, double b)	返回 a、b 两个值中较小的一个
static double pow(double a, double b)	返回 a 的 b 次幂的值
static double random( )	返回 0 ~ 1 的随机数
static double cos(double a)	返回 a 的三角余弦
static double tan(double a)	返回 a 的三角正切
static double sin(double a)	返回 a 的三角正弦
static double sqrt(double a)	返回 a 的平方根

下面通过编写程序来了解 Math 类的常用方法。

例 7 – 6　计算在 – 12.8 ~ 6.9 之间，绝对值大于 6 或者小于 3.1 的整数有多少个。

```java
public class example7_6 {
    public static void main(String[] args) {
        int num = 0;            //定义计算个数的整数变量
        for(int i = (int)Math.ceil( -12.8); i < Math.ceil(6.9); i ++){
            if(Math.abs(i) > 6 ||Math.abs(i) <= Math.floor(3.1)){
                System.out.print(i + ",");
                num ++;
            }
        }
        System.out.println();
        System.out.println("绝对值大于 6 或者小于 3.1 的整数个数为:" + num);
    }
}
```

例 7 – 6 程序运行结果如图 7 – 6 所示。

图 7 - 6　例 7 - 6 程序运行结果

本例程序要用到强制类型的转换（double 的精度大于 int，不会自动转换，只能用强制类型转换），因为此程序要求的是整数个数，使用向上取整方法 ceil 进行范围确认，再使用绝对值方法 abs 判断绝对值大于 6 或者小于 3.1。

7.3.2　Date 类

在 Java 中使用 Date 类操作日期和时间，Date 类表示特定的瞬间，精确到毫秒。Date 对象表示时间的默认顺序是星期、月、日、小时、分、秒、年。

Date 类的常用方法见表 7 - 3。

表 7 - 3　Date 类

方法	含义
Date( )	Date 类的构造方法：获取系统当前时间
Date(long date)	Date 类的构造方法：表示从 1970 年 1 月 1 日 0 时 0 分 0 秒开始经过参数 date 指定的毫秒数
boolean after(date when)	返回 a 值的绝对值
boolean before(date when)	向下取整，返回小于或等于 a 的最大值
long gettime( )	获取从 1970 年 1 月 1 日 0 时 0 分 0 秒开始到当前的秒数
void settime(long time)	设置当前 Date 对象的日期时间
int compareTo(Date anotherDate)	比较两个日期的顺序，当第一个值大于参数的值时，返回 1；两个值相等，返回 0；第一个值小于参数的值，返回 − 1

下面通过编写程序来了解 Date 类常用方法。

例 7 - 7　Date 类常用方法。

```java
import java.util.Date;
public class example7_7 {
    public static void main(String[] args) {
        Date date1 = new Date();                        //创建 Date 对象,使用无参构造
        System.out.println("date1 :" + date1);
        //调用无参构造,直接输出显示与计算机时钟时间相同的时间,因为重写了 toString 方法
        long date = 1000 * 60 * 60;//从毫秒转化为小时的单位换算
```

```
            Date date2 = new Date(date);
            System.out.println("date2 :" +date2);
    //此调用会输出1970年0时0点之后加上一个小时的时间,换算CST后,应再加8个小时的时区差
            System.out.println(" ------------------------------------ ");
            System.out.println("date1.after(date2) :" + date1.after(date2));
            System.out.println("date1.before(date2) :" + date1.before(date2));
            System.out.println(" ------------------------------------ ");
            System.out.println( "date1.compareTo(date2) :" + date1.compareTo
(date2)); //1
            System.out.println( "date1.compareTo(date1): " + date1.compareTo
(date1)); //0
            System.out.println( "date2.compareTo(date1) :" + date2.compareTo
(date1)); // -1
        }
    }
```

例 7 - 7 程序运行结果如图 7 - 7 所示。

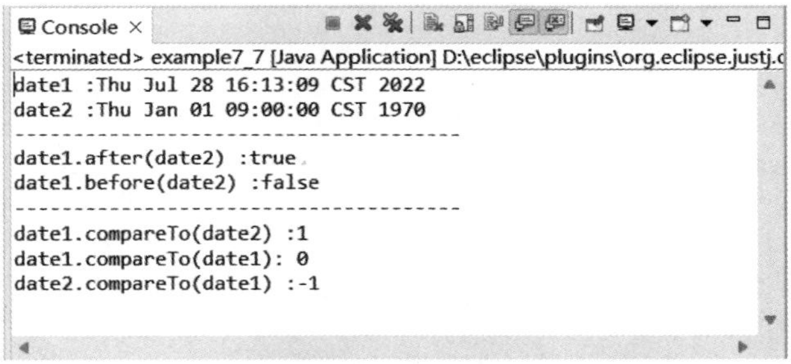

图 7 - 7　例 7 - 7 程序运行结果

在本例程序中，Date( )获取系统当前时间 date1，Date(long date)获取 date2。使用 after 方法和 before 方法分别判断 date1 和 date2 的时间前后，返回 true 或 false。使用 compareTo 方法比较两个日期的顺序。

7.3.3　Calendar 类

Calendar 类提供了获取或者设置各种日历字段的方法。Calendar 类可以理解为工具类，因为它是一个抽象类，所以外界无法通过 new 的方式创建本类对象。

Calendar 类的功能要比 Date 类强大很多，可以方便地进行日期的计算。获取日期中的信息时，考虑了时区等问题。此外，在实现方式上也比 Date 类要复杂一些。

Calendar 类是一个抽象类，而且 Calendar 类的构造方法是受保护的，所以无法使用 Calendar 类的构造方法来创建对象。API 中提供了 getInstance 方法用来创建对象。

Calendar 类常用的方法见表 7 - 4。

表 7 - 4　Calendar 类

方法	含义
static Calendar getInstance( )	使用默认时区或区域获取日历

方法	含义
void set（int year，int month，int date，int hourofday，int minute，int second）	设置日历的时分秒
int get（int filed）	返回给定日历字段的值，字段比如年、月、日等
void setTime（Date date）	用给定 Date 设置此日历的时间
Date getTime（）	返回一个 Date 表示日历的时间
void add（int file，int amount）	按照日历的规则，给指定字段添加或者减少时间
long getTimeMillies（）	以毫秒为单位，返回该日历的时间值

下面通过编写程序来了解 Calendar 类常用方法。

例 7 - 8　Calendar 类常用方法使用。

```java
import java.util.Calendar;
public class example7_8 {
    public static void main(String[] args) {
        Calendar cal = Calendar.getInstance();//1.创建 Calendar 类对象
        System.out.println(cal.getTime());   //打印出当前日期
        int year = cal.get(Calendar.YEAR);    //2.获取时间信息,获取年
        int month = cal.get(Calendar.MONTH);  //获取月
        int day = cal.get(Calendar.DAY_OF_MONTH);//获取日
        int hour = cal.get(Calendar.HOUR_OF_DAY);  //获取小时
        int minute = cal.get(Calendar.MINUTE);     //获取分钟
        int second = cal.get(Calendar.SECOND);     //获取秒
        System.out.println(year + "年" + (month + 1) + "月" + day + "日" + hour + "时" + minute + "分" + second + "秒");
        Calendar cal2 = Calendar.getInstance();
        cal2.set(Calendar.DAY_OF_MONTH,5);         //3.修改时间
        System.out.println(cal2.getTime().toString());
        cal2.add(Calendar.HOUR_OF_DAY, -10);          //4.add 方法修改时间
        System.out.println(cal2.getTime());
    }
}
```

例 7 - 8 程序运行结果如图 7 - 8 所示。

图 7 - 8　例 7 - 8 程序运行结果

在本例程序中，首先创建 Calendar 对象 cal，使用 getTime（）方法打印当前时间，使用 get 方法获取不同参数，从而获取年、月、日、小时、分钟、秒。创建对象 cal2，使用 set（）方法修改时间，也可使用 add（）方法修改时间。

7.4　集合

在前面的项目中已经介绍过在程序中可以通过数组来保存多个对象，但是在某些情况下软件开发者无法预先确定需要保存对象的个数，需要能随时或在任何地方创建任意的数据，甚至是不同类型的对象，这时数组就不再适用，因为数组只能存放统一类型的数据，而且长度固定。例如，要保存一个学校的学生信息，由于不断有新生来报道，同时也有学生毕业离开学校，这时学生人数就很难确定。为了在程序中可以保存这些人数不确定的对象，JDK 中提供了一系列特殊的类，这些类可以存储任意类型的对象，并且长度可变，在 Java 中这些类统称为集合。集合类都位于 java. util 包中，在使用时一定要通过 import 语句导入包，否则会出现异常。

7.4.1　集合概述

集合按照其存储结构，可以分为两大类，即单列集合 Collection 和双列集合 Map，这两种集合的特点具体如下。

1. Collection

单列集合类的根接口，用于存储一系列符合某种规则的元素，它有两个重要的子接口，分别是 List 接口和 Set 接口。其中，List 接口的特点是元素有序、可重复。Set 接口的特点是元素无序且不可重复。List 接口的主要实现类有 ArrayList 和 LinkedList，Set 接口的主要实现类有 HashSet 和 TreeSet。

2. Map

双列集合类的根接口，用于存储具有键（Key）/值（Value）映射关系的元素，每个元素都包含一对键值，其中键值不可重复且每个键最多只能映射到一个值。在使用 Map 集合时，可以通过指定的 Key 找到对应的 Value。例如，根据一个学生的学号就可以找到对应的学生。Map 接口的主要实现类有 HashMap 和 TreeMap。

从上面的描述可以看出，JDK 中提供了丰富的集合类库，为了便于进行系统的学习集合的相关知识，下面通过一张图来描述整个集合类的继承体系，如图 7-9 所示。

图 7-9 中列出了程序中常用的一些集合类，其中，虚线框填写的都是接口类型，而实线框里填写的都是具体的实现类。我们将针对图中所列举的集合进行逐一的讲解。

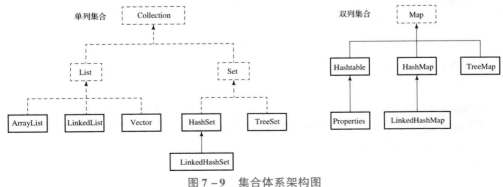

图 7-9　集合体系架构图

7.4.2 Collection 接口

Collection 是所有单列集合的父接口，它定义了单列集合（List 和 Set）通用的一些方法，这些方法可用于操作所有的单列集合。Collection 接口的常用方法见表 7－5。

Collection 接口和
List 接口（上）

表 7－5　Collection 接口的常用方法

方法声明	功能描述
boolean add(Object o)	向集合中添加一个元素
boolean addAll(Collection c)	将指定 Collection 中的所有元素添加到该集合中
void clear( )	删除该集合中的所有元素
boolean remove(Object o)	删除该集合中指定的元素
boolean removeAll(Collection c)	删除指定集合中的所有元素
boolean isEmpty( )	判断该集合是否为空
boolean contains(Object o)	判断该集合中是否包含某个元素
boolean containsAll(Collection c)	判断该集合中是否包含指定集合中的所有元素
Iterator iterator( )	返回在该集合的元素上进行迭代的迭代器（Iterator），用于遍历该集合所有元素
int size( )	获取该集合元素个数

表中列举出了 Collection 接口的一些方法，在开发中，往往很少直接用 Collection 接口进行开发，基本上都是使用其子接口，子接口主要有 List、Set、Queue 和 SortedSet。

7.4.3 List 接口

1. List 接口介绍

List 接口继承自 Collection 接口，是单列集合的一个重要分支。习惯性地将实现 List 接口的对象称为 List 集合。在 List 集合中允许出现重复的元素，所有的元素都是以一种线性方式进行存储的，在程序中可以通过索引访问 List 集合中的指定元素。另外，List 集合还有一个特点就是元素有序，即元素的存入顺序和取出顺序一致。

List 作为 Collection 集合的子接口，不但继承了 Collection 接口中的全部方法，还增加了一些根据元素索引操作集合的特有方法。List 集合的常用方法见表 7－6。

表 7－6　List 集合的常用方法

方法声明	功能描述
void add (int index, Object element)	将元素 element 插入 List 集合的 index 处
boolean addAll (int index, Collection c)	将集合 C 所包含的所有元素插入 List 集合的 index 处

续表

方法声明	功能描述
Object get（int index）	返回集合索引 index 处的元素
Object remove（int index）	删除集合索引 index 处的元素
Object set（int index，Object element）	将集合索引 index 处的元素替换成 element 对象，并将替换后的元素返回
int indexOf（Object o）	返回对象 o 在 List 集合中出现的位置索引
int lastIndexOf（Object o）	返回对象 o 在 List 集合中最后一次出现的位置索引
List subList(int fromIndex，int toIndex)	返回从索引 fromIndex（包括）到 toIndex（不包括）处的所有元素组成的子集合

表 7 - 6 中列举了 List 集合的常用方法，所有的 List 实现类都可以通过调用这些方法操作集合元素。

2. ArrayList 集合

ArrayList 是 List 接口的一个实现类，它是程序中最常见的一种集合。在 ArrayList 内部封装了一个长度可变的数组对象，当存入的元素超过数组长度时，ArrayList 会在内存中分配一个更大的数组来存储这些元素，因此可以将 ArrayList 集合看作长度可变的数组。

ArrayList 集合中大部分方法都是从父类 Collection 和 List 继承过来的，其中 add（）方法和 get（）方法分别用于实现元素的存入和取出。下面通过一个实例学习 ArrayList 集合的元素存取。

例 7 - 9　使用 ArrayList 集合存取元素。

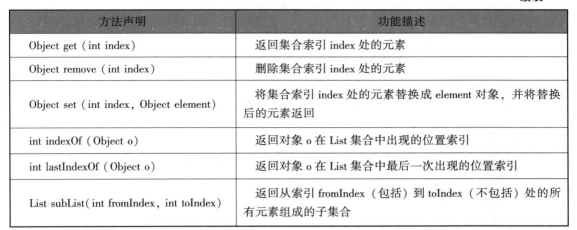

```java
import java.util.*;
public class example7_9 {
        public static void main(String[] args) {
            ArrayList list = new ArrayList();            //创建 ArrayList 集合
            list.add("静静");                    //向集合中添加元素
            list.add("小花");
            list.add("李四");
            //获取集合中元素的个数
        System.out.println("集合的长度:" + list.size());
            //取出并打印指定位置的元素
        System.out.println("第二个元素是:" + list.get(1));
        }
    }
```

程序运行结果如图 7 - 10 所示。

在例 7 - 9 中，首先创建了一个 list 对象，并使用 list 对象调用 add（Object o）方法向 ArrayList 集合中添加了 4 个元素；然后使用 list 对象调用 size（）方法来获取集合中元素个数并输出打印；最后通过使用 list 对象来调用 Arraylist 的 get（int index）方法，取出指定索引位置的元素并输出打印。从图 7 - 10 所示的运行结果可以看出，索引位置为 1 的元素是集合中

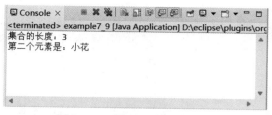

图 7 – 10   例 7 – 9 的运行结果

的第二个元素，这就说明集合和数组一样，索引的取值范围是从 0 开始的，最后一个索引是 size – 1，在访问元素时，一定要注意索引不可超出此范围，否则会抛出下标越界异常 IndexOutOfBoundsException。

由于 ArrayList 集合的底层使用一个数组来保存元素，在增加或删除指定位置的元素时，会创建新的数组，效率比较低，因此不适合做大量的增加或删除操作。因为这种数组的结构允许程序通过索引的方式来访问元素，所以使用 ArrayList 集合查找元素很便捷。

3. LinkedList 集合

前面讲解的 ArrayList 集合在查询元素时速度很快，但在增加或删除元素时效率较低。为了克服这种局限性，可以使用 List 接口的另一个实现类 LinkedList。LinkedList 集合内部维护了一个双向循环链表，链表中的每一个元素都使用引用的方式来记住它的前一个元素和后一个元素，从而可以将所有的元素彼此连接起来。当插入一个新元素时，只需要修改元素之间的这种引用关系即可，删除一个节点也是如此。正因为有这样的存储结构，所以 LinkedList 集合进行元素的增加或删除操作时效率很高。LinkedList 集合增加和删除元素过程如图 7 – 11 所示。

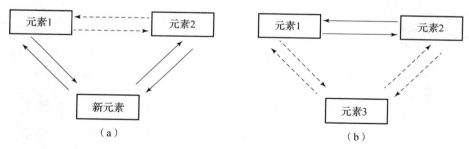

图 7 – 11   双向循环链表结构图

图 7 – 11 中通过两张图描述了 LinkedList 集合新增元素和删除元素的过程。其中，图 7 – 11（a）为新增一个元素，图中的元素 1 和元素 2 在集合中彼此为前后关系，在它们之间新增一个元素时，只需要让元素 1 记住它后面的元素是新元素，让元素 2 记住它前面的元素为新元素就可以了。图 7 – 11（b）为删除元素，要想删除元素 1 与元素 2 之间的元素 3，只需要让元素 1 与元素 2 变成前后关系就可以了。由此可见，LinkedList 集合具有新增和删除元素效率高的特点。

针对元素的添加和删除操作，LinkedList 集合定义了一些特有方法，见表 7 – 7。

表 7－7　LinkedList 集合中定义的方法

方法声明	功能描述
void add(int index, E element)	在此列表中指定的位置插入指定的元素
void addFirst(Object o)	将指定元素插入此集合的开头
void addLast(Object o)	将指定元素添加到此集合的结尾
Object getFirst()	返回此集合的第一个元素
Object getLast()	返回此集合的最后一个元素
Object removeFirst()	删除并返回此集合的第一个元素
Object removeLast()	删除并返回此集合的最后一个元素

表 7－7 中列出的方法主要是针对集合中的元素进行增加、删除和获取操作。下面通过一个实例来学习这些方法的使用。

例 7－10　对集合中的元素进行增加、删除和获取操作。

```java
import java.util.*;
public class example7_10 {
    public static void main(String[] args) {
        LinkedList link = new LinkedList();     //创建 ArrayList 集合
        link.add("小明");
        link.add("大明");
        link.add("菲菲");
        link.add("赵四");
        System.out.println(link.toString()); //取出并打印该集合的元素
        link.add(3,"Student");                  //向该集合中指定位置插入元素
        link.addFirst("First");                 //向该集合第一个位置插入元素
        System.out.println(link);
        System.out.println(link.getFirst());    //取出该集合的第一个元素
        link.remove(3);                         //删除该集合中指定位置的元素
        link.removeFirst();                     //删除该集合的第一个元素
        System.out.println(link);
    }
}
```

程序运行结果如图 7－12 所示。

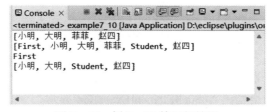

图 7－12　例 7－10 的运行结果

在例 7 - 10 中，首先在 LinkedList 集合中存入 4 个元素；然后通过 add(int index，Object o) 和 addFirst(Object o) 方法分别在集合的指定位置和第一个位置（索引 0 位置）插入元素；最后使用 remove(in index) 和 removeFirst( ) 方法将指定位置和集合中的第一个元素删除，这样就完成了元素的增加和删除操作。由此可见，使用 LinkedList 对元素进行增加和删除操作是非常便捷的。

4. Iterator 接口

在程序开发中，经常需要遍历集合中的所有元素。针对这种需求，JDK 专门提供了一个接口 Iterator。Iterator 接口也是集合中的一员，但它与 Collection、Map 接口有所不同。Collection 接口与 Map 接口主要用于存储元素，而 Iterator 主要用于遍历访问 Collection 中的元素，因此 Iterator 对象也称为迭代器。下面通过一个实例来学习如何使用 Iterator 迭代集合中的元素。

例 7 – 11 Iterator 迭代器的使用。

```java
import java.util.*;
public class example7_11 {
    public static void main(String[] args) {
        ArrayList list = new ArrayList();        //创建 ArrayList 集合
        list.add("小明");                          //向该集合中添加字符串
        list.add("大明");
        list.add("菲菲");
        list.add("赵六");
        Iterator it = list.iterator();           //获取 Iterator 对象
        while (it.hasNext()){                     //判断 ArrayList 集合中是否存在下一个元素
            Object obj = it.next();               //取出 ArrayList 集合中的元素
            System.out.println(obj);
        }
    }
}
```

程序的运行结果如图 7 – 13 所示。

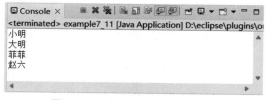

图 7 – 13 例 7 – 11 的运行结果

例 7 – 11 演示的是 Iterator 遍历集合的整个过程，它定义了一个迭代器。当遍历元素时，首先通过调用 ArrayList 集合的 iterator( ) 方法获得迭代器对象；然后使用 hasNext( ) 方法判断集合中是否存在下一个元素，如果存在，则调用 next( ) 方法将元素取出，否则说明已到达了集合末尾，停止遍历元素。需要注意的是，在通过 next( ) 方法获取元素时，必须保证要获取的元素存在，否则，会抛出 NoSuchElementException 异常。

Iterator 迭代器对象在遍历集合时，内部采用指针的方式来跟踪集合中的元素，为了让初学者能更好地理解迭代器的工作原理，下面通过一个图例来演示 Iterator 对象迭代元素的过程，如图 7 – 14 所示。

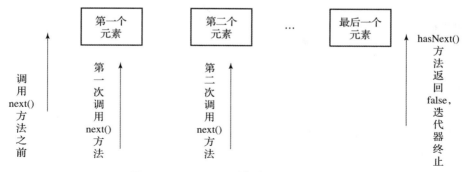

图 7 – 14　**Iterator** 对象遍历元素的过程

在图 7 – 14 中，在调用 Iterator 的 next( )方法之前，迭代器的索引位于第一个元素之前，不指向任何元素，当第一次调用迭代器的 next( )方法后，迭代器的索引会向后移动一位，指向第一个元素并将该元素返回，当再次调用 next( )方法时，迭代器的索引会指向第二个元素并将该元素返回，依此类推，直到 hasNext( )方法返回 false，表示到达了集合的末尾，终止对元素的遍历。

需要注意的是，通过迭代器获取 ArrayList 集合中的元素时，都会将这些元素当作 Object 类型，如果想获取到特定类型的元素，则需要对数据类型进行强制转换。

5. foreach *循环*

虽然 Iterator 可以用来遍历集合中的元素，但写法上比较烦琐，为了简化书写，从 JDK 5 开始，提供了 foreach 循环。foreach 循环是一种更加简洁的 for 循环，也称为增强 for 循环。foreach 循环用于遍历数组或集合中的元素，具体语法格式如下：

```
for(容器中元素类型 : 容器变量){
    执行语句
    }
```

从上面的格式可以看出，与 for 循环相比，foreach 循环不需要获得容器的长度，也不需要根据索引访问容器中的元素，但它会自动遍历容器中的每个元素。下面通过一个实例来演示 foreach 循环的用法。

例 7 – 12　foreach 循环的用法。

```
import java.util.*;
public class example7_12 {
    public static void main(String[] args) {
        ArrayList list = new ArrayList();    //创建 ArrayList 集合
        ist.add("111");                      //向 ArrayList 集合中添加字符串元素
        list.add("222");
        list.add("333");
        for(Object obj : list){              //使用 foreach 循环遍历 ArrayList 对象
```

```
                System.out.println(obj);    //取出并打印 ArrayList 集合中的元素
        }
    }
}
```

程序的运行结果如图 7 – 15 所示。

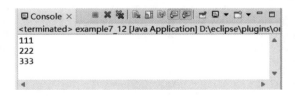

图 7 – 15　例 7 – 12 的运行结果

在例 7 – 12 中，首先声明了一个 ArrayList 集合，并向集合中添加了 3 个元素；然后使用 foreach 循环遍历 ArrayList 集合并打印。可以看出，foreach 循环在遍历集合时语法非常简洁，没有循环条件，也没有迭代语句，所有这些工作都交给虚拟机去执行了。foreach 循环的次数是由容器中元素的个数决定的，每次循环时，foreach 中都通过变量将当前循环的元素记住，从而将集合中的元素分别打印出来。

7.5　Set 接口和 Map 接口

7.5.1　Set 接口

1. Set 接口简介

Set 接口和 List 接口一样，同样继承自 Collection 接口，它与 Collection 接口的方法基本一致，并没有对 Collection 接口进行功能扩充，只是比 Collection 接口更严格了。与 List 接口不同的是，Set 接口中元素无序，并且都会以某种规则保证存入的元素不出现重复。

Set 接口和
HashSet 集合

Set 接口主要有两个实现类，分别是 HashSet 和 TreeSet。其中，HashSet 是根据对象的散列值来确定元素在集合中的存储位置的，具有良好的存取和查找性能；TreeSet 则是以二叉树的方式来存储元素，它可以实现对集合中的元素进行排序。下面将对 HashSet 和 TreeSet 进行详细讲解。

2. HashSet 集合

HashSet 是 Set 接口的一个实现类，它所存储的元素是不可重复的，并且元素都是无序的。当向 HashSet 集合中添加一个对象时，首先会调用该对象的 hashCode() 方法来计算对象的哈希值，从而确定元素的存储位置。如果此时哈希值相同，再调用对象的 equal() 方法来确保该位置没有重复元素。Set 集合与 List 集合存取元素的方式都一样，在此不再进行详细介绍。下面通过一个实例来演示 HashSet 集合的用法。

例 7 – 13　HashSet 集合的使用。

```
import java.util.HashSet;
import java.util.Iterator;
public class example7_13 {
    public static void main(String[] args) {
        HashSet set = new HashSet();          //创建 HashSet 集合
        set.add("小明");                       //向该 set 集合中添加字符串
        set.add("大明");
        set.add("赵四");
        set.add("大明");                       //向该 set 集合中添加重复元素
        Iterator it = set.iterator(); //获取 Iterator 对象
        while(it.hasNext()){          //通过 while 循环判断集合中是否有元素
          Object obj = it.next();     //如果有元素,就通过迭代器的 next()方法获取元素
          System.out.println(obj);
        }
    }
}
```

程序的运行结果如图 7 − 16 所示。

图 7 − 16   例 7 − 13 的运行结果

在例 7 − 13 中，首先声明了一个 HashSet 集合并通过 add( )方法向 HashSet 集合依次添加了 4 个字符串，然后声明了一个迭代器对象 it，通过 Iterator 迭代器遍历所有的元素并输出。从打印结果可以看出，取出元素的顺序与添加元素的顺序并不一致，并且重复存入的字符串对象"大明"被去除了，只添加了一次。

HashSet 集合之所以能确保不出现重复的元素，是因为它在存入元素时做了很多工作。当调用 HashSet 集合的 add( )方法存入元素时，首先调用当前存入对象的 hashCode( )方法获得对象的散列值，然后根据对象的散列值计算出一个存储位置。如果该位置上没有元素，则直接将元素存入；如果该位置上有元素存在，则会调用 equals( )方法让当前存入的元素依次与该位置上的元素进行比较，如果返回的结果为 false，就将该元素存入集合，如果返回的结果为 true，则说明有重复元素，将该元素舍弃。HashSet 存储元素的流程如图 7 − 17 所示。

根据前面的分析不难看出，当向集合中存入元素时，为了保证 HashSet 正常工作，要求在存入对象时重写 Object 类中的 hashCode( )和 equals( )方法。例 7 − 13 中将字符串存入 HashSet 时，String 类已经重写了 hashCode( )和 equals( )方法。但是如果将自定义的 Student 对象存入 HashSet，结果又如何呢？下面通过一个实例来演示向 HashSet 存储 Student 对象的过程。

例 7 − 14   向 HashSet 存储 Student 对象。

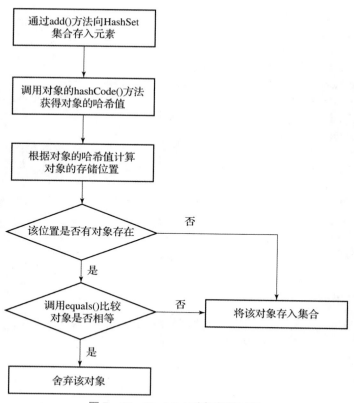

图 7 – 17 HashSet 对象存储过程

```java
import java.util. * ;
class Student{
      String id;
      String name;
      public Student (String id,String name) {        //创建构造方法
          this.id = id;
          this.name = name;
      }
      public String toString(){                       //重写 toString()方法
          return id + ":" +name;
          }
}
public class example7_14 {
      public static void main(String[ ] args) {
          HashSet hs = new HashSet();                 //创建 HashSet 集合
          Student stu1 =new Student("1","小明");       //创建 Student 对象
          Student stu2 =new Student("2","菲菲");
          Student stu3 =new Student("2","菲菲");
          hs.add(stu1);
          hs.add(stu2);
```

```
        hs.add(stu3);
        System.out.println(hs);
    }
}
```

程序的运行结果如图 7 – 18 所示。

图 7 – 18　例 7 – 14 的运行结果

在例 7 – 14 中，首先声明了一个 HashSet 集合，并声明了 3 个 Student 对象，分别将这 3 个对象存入 HashSet 集合中并输出。图 7 – 18 所示的运行结果中出现了两个相同的学生信息"2：菲菲"，这样的学生信息应该被视为重复元素，不允许同时出现在 HashSet 集合中。之所以没有去掉这样的重复元素，是因为在定义 Student 类时没有重写 hashCode( ) 和 equals( ) 方法。下面对例 7 – 14 中的 Student 类进行改写，假设 id 相同的学生就是同一个学生，改写后的代码见例 7 – 15。

例 7 – 15　去掉集合重复元素。

```java
import java.util.*;
class Student{
private String id;
private String name;
    public Student(String id,String name){
        this.id = id;
        this.name = name;
    }
    //重写 toString()方法
    public String toString() {
        return id + ":" +name;
    }
    //重写 hashCode()方法
    public int hashCode(){              //返回 id 属性的散列值
        return id.hashCode();
    }
    //重写 equals()方法
    public boolean equals(Object obj){
        if (this == obj){              //判断是否为同一个对象
            return true;               //如果是,直接返回 true
        }
            if (! (obj instanceof Student)){   //判断对象是否为 Student 类型
                return false;
            }
```

```
                    Student stu = (Student)obj;          //将对象强转换为 Student 类型
                    boolean b = this.id.equals(stu.id);//判断 id 的值是否相等
                    return b; //返回判断结果
        }
}
public class example7_15{
        public static void main(String[] args){
                HashSet hs = new HashSet();
                Student stu1 = new Student("1","小明");//创建 HashSet 对象
                Student stu2 = new Student("2","菲菲");//创建 Student 对象
                Student stu3 = new Student("2","菲菲");
                hs.add(stu1);                            //向集合存入对象
                hs.add(stu2);
                hs.add(stu3);                            //打印集合中的对象
                System.out.println(hs);
        }
}
```

程序的运行结果如图 7 – 19 所示。

图 7 – 19   例 7 – 15 的运行结果

在例 7 – 15 中，Student 类重写了 Object 类的 hashCode( )和 equals( )方法。在 hashCode( )方法中返回 id 属性的散列值，在 equals( )方法中比较对象的 id 属性是否相等，并返回结果。当调用 HashSet 集合的 add( )方法添加 stu3 对象时，发现它的散列值与 stu2 对象相同，而且 stu2.equals(stu3)返回 true，HashSet 集合认为两个对象相同，因此重复的 Student 对象被成功去除了。

HashSet 集合存储的元素是无序的，如果想让元素的存取顺序一致，可以使用 Java 中提供的 LinkedHashSet 类，LinkedHashSet 类是 HashSet 的子类，与 LinkedList 一样，它也是使用双向链表来维护内部元素的关系的。下面通过一个实例来学习 LinkedHashSet 类的用法。

例 7 – 16   LinkedHashSet 类的用法。

```
import java.util.Iterator;
import java.util.LinkedHashSet;
public class example7_16 {
        public static void main(String[] args){
                LinkedHashSet set = new LinkedHashSet();
                set.add("小明");                     //向该 set 集合中添加字符串
                set.add("菲菲");
                set.add("赵四");
                Iterator it = set.iterator();  //获取 Iterator 对象
```

```
        while (it.hasNext())               //通过 while 循环判断集合中是否有元素
        {
                Object obj = it.next();
                System.out.println(obj);
        }
    }
}
```

程序的运行结果如图 7 – 20 所示。

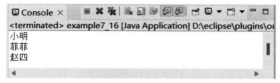

图 7 – 20 例 7 – 16 的运行结果

在例 7 – 22 中，首先创建了一个 LinkedHash. Map 集合并存入了 3 个元素，然后使用迭代器将元素取出。从图 7 – 17 中的运行结果可以看出，元素迭代出来的顺序和存入的顺序是一致的。

3. TreeSet 集合

前面讲解了 HashSet 集合存储的元素是无序且不可重复的，为了对集合中的元素进行排序，Set 接口提供了另一个可以对 HashSet 集合中元素进行排序的类——TreeSet。下面通过一个实例来演示 TreeSet 集合的用法。

TreeSet 集合

例 7 – 17 TreeSet 集合的用法。

```
import java.util.TreeSet;
public class example7_17 {
    public static void main(String[] args){
        TreeSet ts = new TreeSet();
        ts.add(3);
        ts.add(1);
        ts.add(1);
        ts.add(2);
        ts.add(3);
        System.out.println(ts);
    }
}
```

程序的运行结果如图 7 – 21 所示。

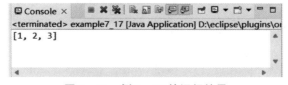

图 7 – 21 例 7 – 17 的运行结果

在例 7 - 17 中,首先声明了一个 TreeSet 集合,并通过 add( )方法向 TreeSet 集合依次添加了 5 个整数类型的元素,然后将该集合打印输出。从打印结果可以看出,添加的元素已经自动排序,并且重复存入的整数 1 和 3 只添加了一次。

TreeSet 集合之所以可以对添加的元素进行排序,是因为元素的类可以实现 Comparable 接口(基本类型的包装类、String 类都实现了该接口),Comparable 接口强行对实现它的每个类的对象进行整体排序,这种排序称为类的自然排序。Comparable 接口的 compareTo( )方法称为自然比较方法。如果将自定义的 Student 对象存入 TreeSet,TreeSet 将不会对添加的元素进行排序,Student 对象必须实现 Comparable 接口并重写 compareTo( )方法实现对象元素的顺序存取。下面通过一个实例讲解使用 compareTo( )方法实现对象元素的顺序存取。

例 7 - 18　使用 compareTo( )方法实现对象元素的顺序存取。

```java
import java.util.TreeSet;
class Student1 implements Comparable < Student1 >{
    private String id;
    private String name;
    public Student1(String id,String name){
        this.id = id;
        this.name = name;
    }
    //重写 toString()方法
    public String toString(){
        return id + ":" +name;
    }
    @Override
    public int compareTo(Student1 o){
        //return 0;        //集合中只有一个元素
        //return 1         //集合想怎么存就怎么存
        return -1;         //集合按照存入元素的倒序进行存储
    }
}
public class example7_18{
    public static void main(String[] args){
        TreeSet ts = new TreeSet();
        ts.add(new Student1("1","小明"));
        ts.add(new Student1("2","菲菲"));
        ts.add(new Student1("2","赵四"));
        System.out.println(ts);
    }
}
```

例 7 - 18 运行结果如图 7 - 22 所示。

图 7 - 22　例 7 - 18 的运行结果

在例 7 - 18 中，首先定义了一个 Student 类并实现了 Comparable 泛型接口，然后通过 TreeSet 集合存入 3 个 Student 对象，并将这 3 个对象迭代输出。从图 7 - 22 所示的运行结果可以看出，TreeSet 按照存入元素的倒序存入集合中，因为 Student 类实现了 Comparable 接口，并重写了 compareTo( )方法，当 compareTo( )方法返回 0 的时候，集合中只有一个元素；当 compareTo( )方法返回正数的时候，集合会正常存取；当 compareTo( )方法返回负数的时候，集合会倒序存储。

TreeSet 集合除了自然排序外，还有另一种实现排序的方式，即实现 Comparator 接口，重写 compare( )方法和 equals( )方法，但是由于所有的类默认继承 Object，而 Object 中有 equals( )方法，所以自定义比较器类时，不用重写 equals( )方法，只需要重写 compare( )方法，这种排序称为比较器排序。下面通过一个实例学习将自定义的 Student 对象通过比较器的方式存入 TreeSet 集合，见例 7 - 19。

例 7 - 19　将自定义的 Student 对象通过比较器的方式存入 TreeSet 集合。

```java
import java.util.Comparator;
import java.util.TreeSet;
class Student1{
private String id;
    private String name;
    public Student1 (String id,String name){
        this.id = id;
        this.name = name;
    }
    //重写 toString()方法
    public String toString(){
        return id + ":" +name;
    }
}
public class example7_19 {
    public static void main(String[] args){
        TreeSet ts =new TreeSet(new Comparator()
        {
            @Override
            public int compare(Object o1, Object o2)
            {
                return -1;
            }
        });
        ts.add(new Student1("1","菲菲"));
        ts.add(new Student1("2","小明"));
        ts.add(new Student1("2","王五"));
        System.out.println(ts);
    }
}
```

例 7 - 19 的运行结果如图 7 - 23 所示。

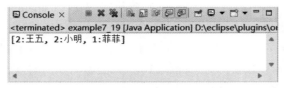

图 7 - 23 例 7 - 19 的运行结果

在例 7 - 19 中，首先声明一个 TreeSet 集合并通过匿名内部类的方式实现了 Comparator 接口，然后重写了 compare( ) 方法，并且该方法返回值与例 7 - 18 中 compareTo( ) 方法返回值一致。

7.5.2 Map 接口

1. Map 接口简介

在现实生活中，每个人都有唯一的身份证号，通过身份证号可以查询到这个人的信息，这两者是一对一的关系。在应用程序中，如果想存储这种具有对应关系的数据，则需要使用 JDK 中提供的 Map 接口。

MAP 接口和
HashMap
集合（上）

Map 接口是一种双列集合，它的每个元素都包含一个键对象 Key 和值对象 Value，键和值对象之间存在一种对应关系，称为映射。从 Map 集合中访问元素时，只要指定了 Key，就能找到对应的 Value。为了便于学习 Map 接口，首先来了解一下 Map 接口中的常用方法，见表 7 - 8。

表 7 - 8　Map 接口的常用方法

方法声明	方法描述
void put(Object key, Object value)	将指定的值与此映射中的指定键关联(可选操作)
Object get(Object key)	返回指定键映射的值；如果此映射不包含该键的映射关系，则返回 null
void clear( )	删除所有的键值对元素
V remove(Object key)	根据键删除对应的值，返回被删除的值
int size( )	返回集合中键值对的个数
boolean containsKey(Object key)	如果此映射包含指定键的映射关系，则返回 true
boolean containsValue(Object value)	如果此映射将一个或多个键映射到指定值，则返回 true
Set keySet( )	返回此映射中包含的键的 Set 图
Collection < V > values( )	返回此映射包含的值的 Collection
Set < Map. Entry < K, V > > entrySet( )	返回此映射中包含的映射关系的 Set 视图

表 7 - 8 中列出了一系列方法用于操作 Map，其中，put(Object key, Object value) 和 get (Object key)方法分别用于向 Map 中存入元素和取出元素；containsKey(Object key) 和 containsValue(Object value)方法分别用于判断 Map 中是否包含某个指定的键或值；keySet( ) 和

values( )方法分别用于获取 Map 中所有的键和值。

2. HashMap 集合

HashMap 集合是 Map 接口的一个实现类，用于存储键值映射关系，但 HashMap 集合没有重复的键且键值无序。下面通过一个实例学习 HashMap 的用法，见例 7 – 20。

例 7 – 20　HashMap 的用法。

```java
import java.util.HashMap;
public class example7_20 {
    public static void main(String[] args) {
        HashMap map = new HashMap();            //创建 Map 对象
        map.put("1","菲菲");                     //存储键和值
        map.put("2","李四");
        map.put("3","小林");
        System.out.println("1:" + map.get("1"));  //根据键获取值
        System.out.println("2:" + map.get("2"));
        System.out.println("3:" + map.get("3"));
    }
}
```

程序的运行结果如图 7 – 24 所示。

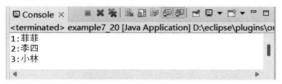

图 7 – 24　例 7 – 20 的运行结果

在例 7 – 20 中，首先声明了一个 HashMap 集合并通过 Map 的 put(Object key, Object value)方法向集合中加入 3 个元素，然后通过 Map 的 get(Object key)方法获取与键对应的值。

前面已经讲过 Map 集合中的键具有唯一性，现在向 Map 集合中存储一个相同的键看看会出现什么情况。对例 7 – 20 进行修改，在第 7 行代码下面增加一行代码，如下所示：

```java
map.put("3","小明");
```

再次运行文件，结果如图 7 – 25 所示。

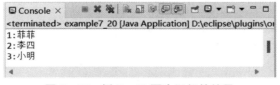

HashMap
集合（下）

图 7 – 25　例 7 – 20 再次运行的结果

从图 7 – 25 中可以看出，Map 中仍然只有 3 个元素，只是第二次添加的值"小明"覆盖了原来的值"小林"，这也证实了 Map 中的键必须是唯一的，不能重复，如果存储了相同的键，后存储的值会覆盖原有的值，简而言之，就是：键相同，值覆盖。

在程序开发中，经常需要取出 Map 中所有的键和值，那么如何遍历 Map 中所有的键值

对呢？有两种方式可以实现，第一种方式就是先遍历 Map 集合中所有的键，再根据键获取相应的值。接下来通过一个实例来演示先遍历 Map 集合中所有的键，再根据键获取相应的值。

例 7 – 21 遍历 Map 集合中所有的键，再根据键获取相应的值。

```java
import java.util.HashMap;
import java.util.Iterator;
import java.util.Set;
public class example7_21 {
public static void main(String[] args) {
        HashMap map = new HashMap();
        map.put("1","菲菲");                      //创建 Map 方法
        map.put("2","小明");                      //存储键和值
        map.put("3","王五");
        Set keySet = map.keySet();                //获取键的集合
        Iterator it = keySet.iterator();   //迭代键的集合
        while(it.hasNext()){
            Object key = it.next();
            Object value = map.get(key);    //获取每个键对应的值
            System.out.println(key + ":" + value);
        }
    }
}
```

程序的运行结果如图 7 – 26 所示。

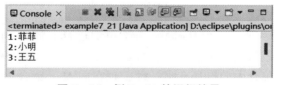

图 7 – 26　例 7 – 21 的运行结果

在例 7 – 21 中，第 10 ~ 15 行代码是第一种遍历 Map 的方式。首先调用 Map 对象的 KeySet( )方法，获得存储 Map 中所有键的 Set 集合，然后通过 Iterator 迭代 Set 集合的每一个元素，即每一个键，最后通过调用 get(String key)方法，根据键获取对应的值。

Map 集合的另外一种遍历方式是先获取集合中所有的映射关系，然后从映射关系中取出键和值。下面通过一个实例来演示这种遍历方式。

例 7 – 22 利用 Map 集合获取集合中所有的映射关系。

```java
import java.util.HashMap;
import java.util.Iterator;
import java.util.Map;
import java.util.Set;
public class example7_22 {
public static void main(String[] args) {
        HashMap map = new HashMap();                    //创建 Map 集合
```

```
        map.put("1","小明");                    //存储键和值
        map.put("2","菲菲");
        map.put("3","王五");
        Set entrySet = map.entrySet();
        Iterator it = entrySet.iterator();    //获取 Iterator 对象
        while(it.hasNext()){
            //获取集合中键值对映射关系
            Map.Entry entry = (Map.Entry) (it.next());
            Object key = entry.getKey();        //获取 Entry 中的键
            Object value = entry.getValue();    //获取 Entry 中的值
            System.out.println(key + ":" + value);
        }
    }
}
```

程序的运行结果如图 7 – 27 所示。

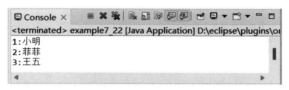

图 7 – 27   例 7 – 22 的运行结果

在例 7 – 22 中，第 11 ~ 18 行代码是第二种遍历 Map 的方式。首先调用 Map 对象的 entrySet( )方法获得存储在 Map 中所有映射的 Set 集合，这个集合中存放了 Map. Entry 类型的元素（Entry 是 Map 内部接口），每个 Map. Entry 对象代表 Map 中的一个键值对，然后迭代 Set 集合，获得每一个映射对象，并分别调用映射对象的 getKey( )和 getValue( )方法获取键和值。

在 Map 中，还提供了一些操作集合的常用方法，例如，values( )方法用于得到 Map 实例中所有的 value，返回值类型为 Collection；size( )方法用于获取 Map 集合类的大小；Contains-Key( )方法用于判断是否包含传入的键；ContainsValue( )方法用于判断是否包含传入的值；remove( )方法用于根据 key 删除 Map 中与该 key 对应的 value 等。下面通过一个实例来演示这些方法的使用。

例 7 – 23   Map 类中的方法操作集合。

```
import java.util.Collection;
import java.util.HashMap;
import java.util.Iterator;
public class example7_23 {
public static void main(String[] args) {
        HashMap map = new HashMap();        //创建 Map 集合
        map.put("1","菲菲");                   //存储键和值
        map.put("2","李四");
        map.put("3","小明");
```

```
System.out.println("集合大小为: "+map.size());
System.out.println("判断是否包含传入的键: "+map.containsKey("2"));
System.out.println("判断是否包含传入的值: "+map.containsValue("王五"));
System.out.println("删除键为 1 的值是:"+map.remove("1"));
Collection values = map.values();
Iterator it = values.iterator();
while(it.hasNext()){
        Object value = it.next();
        System.out.println(value);
    }
  }
}
```

程序的运行结果如图 7 – 28 所示。

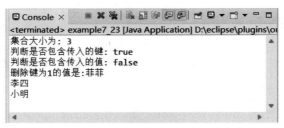

图 7 – 28   例 7 – 23 的运行结果

在例 7 – 23 中，首先声明了一个 HashMap 集合并通过 Map 的 put（Object key, Object value）方法向集合中加入 4 个元素；然后通过 Map 的 size（）方法获取了集合的大小；再通过 containsKey（Object key）方法和 containsValue（Object value）分别判断集合中是否包含所传入的键和值；接着通过 remove（Object key）方法删除键值为 1 的元素对应的值；最后通过 values（）方法获取包含 Map 中所有值的 Collection 集合，然后通过迭代器输出集合中的每一个值。

从上面的例子可以看出，HashMap 集合迭代出来元素的顺序和存入的顺序是不一致的。如果想让这两个顺序一致，可以使用 Java 中提供的 LinkedHashMap 类，它是 HashMap 的子类，与 LinkedList 一样，它也使用双向链表来维护内部元素的关系，使 Map 元素迭代的顺序与存入的顺序一致。下面通过一个实例学习 LinkedHashMap 的用法。

例 7 – 24   LinkedHashMap 的用法。

```
import java.util.Iterator;
import java.util.LinkedHashMap;
import java.util.Set;
public class example7_24 {
public static void main(String[] args) {
        LinkedHashMap map = new LinkedHashMap();        //创建 Map 集合
        map.put("3","菲菲");                            //存储键和值
        map.put("2","王五");
        map.put("4","小明");
```

```
        Set keySet = map.keySet();
        Iterator it = keySet.iterator();
        while(it.hasNext()){
            Object key = it.next();
            Object value = map.get(key);        //获取每个键所对应的值
            System.out.println(key + ":" + value);
        }
    }
}
```

程序的运行结果如图 7 - 29 所示。

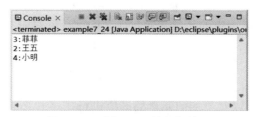

图 7 - 29　例 7 - 24 的运行结果

在例 7 - 24 中，首先创建了一个 LinkedHashMap 集合并存入了 3 个元素；然后使用迭代器遍历集合中的元素并通过元素的键获取对应的值，并打印输出。从运行结果可以看出，元素迭代出来的顺序和存入的顺序是一致的。

3. TreeMap 集合

前面讲解了 HashMap 集合存储的元素的键值是无序且不可重复的，为了对集合中的元素的键值进行排序，Map 接口提供了另一个可以对集合中元素键值进行排序的类 TreeMap。下面通过一个实例演示 TreeMap 集合的用法。

TreeMap 集合

例 7 - 25　TreeMap 集合的用法。

```
import java.util.Iterator;
import java.util.Set;
import java.util.TreeMap;
public class example7_25 {
    public static void main(String[] args) {
        TreeMap map = new TreeMap();              //创建 Map 集合
        map.put(3,"菲菲");                          //存储键和值
        map.put(2,"小明");
        map.put(4,"赵六");
        map.put(3,"大明");
        Set keySet = map.keySet();
        Iterator it = keySet.iterator();
        while(it.hasNext()){
            Object key = it.next();
            Object value = map.get(key);          //获取每个键对应的值
            System.out.println(key + ":" + value);
        }
    }
}
```

程序的运行结果如图 7 – 30 所示。

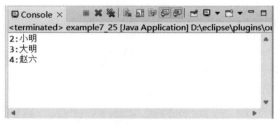

图 7 – 30 例 7 – 25 的运行结果

在例 7 – 25 中，首先通过 Map 的 put（Object key，Object value）方法向集合中加入 4 个元素；然后使用迭代器遍历集合中的元素并通过元素的键获取对应的值，然后打印输出。从图 7 – 30 的运行结果可以看出，添加的元素已经自动排序，并且键值重复存入的整数 3 只有一个，只是后边添加的值"大明"覆盖了原来的值"菲菲"。这也证实了 TreeMap 中的键必须是唯一的，不能重复且有序，如果存储了相同的键，后存储的值会覆盖原有的值。

TreeMap 集合之所以可以对添加的元素的键值进行排序，是因为其实现同 TreeSet 一样，TreeMap 的排序也分为自然排序和比较排序两种。下面通过一个实例演示比较排序法实现按键值排序，在该实例中，键是自定义的 String 类。

例 7 – 26 比较排序法实现按键值排序。

```
import java.util.Comparator;
import java.util.Iterator;
import java.util.Set;
import java.util.TreeMap;
class Student {
private String name;
    private int age;
    public String getName(){
        return name;
    }
    public void setName(String name){
        this.name = name;
    }
    public int getAge(){
        return age;
    }
    public void setAge(int age){
        this.age = age;
    }
    public Student(String name,int age){
        this.name = name;
        this.age = age;
    }
    @Override
    public String toString(){
```

```
            return "Student [name = " + name + ",age = " + age + "]";
        }
    }
public class example7_26{
    public static void main(String[] args) {
        TreeMap tm = new TreeMap(new Comparator < Student >(){
            @Override
            public int compare(Student s1,Student s2) {
                int num = s1.getName().compareTo(s2.getName());//按照姓名比较
                return num == 0? num:s1.getAge() - s2.getAge();
            }
        });
        tm.put(new Student("菲菲",23),"北京");
        tm.put(new Student("李四",33),"上海");
        tm.put(new Student("小明",53),"深圳");
        tm.put(new Student("小花",23),"广州");
        Set keySet = tm.keySet();
        Iterator it = keySet.iterator();
        while(it.hasNext()){
            Object key = it.next();
            Object value = tm.get(key);
            System.out.println(key + ":" + value);
        }
    }
}
```

程序的运行结果如图 7 - 31 所示。

图 7 - 31　例 7 - 26 的运行结果

在例 7 - 26 中，首先定义了一个 Student 类；然后又定义了一个 TheeMap 集合，并在该集合中通过匿名内部类的方式实现了 Comparator 接口，然后重写了 compare( )方法，在 com-pare( )方法中通过三目运算符自定义了排序方式为先按照年龄排序，年龄相同再按照姓名排序；最后通过 Map 的 put(Objet key,Ohjetvalue)方法向集合中加入 4 个键为 Student 对象、值为 String 类型的元素，并使用迭代器将集合中的元素打印输出。

4. Properties 集合

Map 接口中还有一个实现类 Hashtable，它与 HashMap 十分相似，区别在于 Hashtable 是线程安全的。Hashtable 存取元素时速度很慢，目前基本上被 HashMap 类所取代，但

Hashtable 类的子类 Properties 在实际应用中非常重要。

Properties 主要用来存储字符串类型的键和值，在实际开发中，经常使用 Properties 集合来存取应用的配置项。假设有一个文本编辑工具，要求默认背景色是绿色，字体大小为 18 px，语言为中文，其配置项的代码如下：

```
Backgroup - color = green
Font - size = 18 px
Language = chinese
```

在程序中可以使用 Properties 集合对这些配置项进行存取，下面通过一个实例学习 Properties 集合的使用。

例 7 - 27　Properties 集合的使用。

```java
import java.util.Enumeration;
import java.util.Properties;
public class example7_27 {
public static void main(String[] args) {
        Properties p = new Properties();        //创建 Properties 对象
        p.setProperty("Background - color","green");
        p.setProperty("Font - size","18px");
        p.setProperty("Language","chinese");
        Enumeration names = p.propertyNames(); //获取 Enumeration 对象所有键的枚举
        while(names.hasMoreElements()){
            String key = (String)names.nextElement();
            String value = p.getProperty(key);
            System.out.println(key + ":" + value);
        }
    }
}
```

程序的运行结果如图 7 - 32 所示。

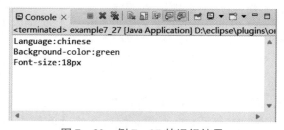

图 7 - 32　例 7 - 27 的运行结果

例 7 - 27 的运行结果如图 7 - 32 所示，使用了 Properties 类中针对字符串存取的两个专用方法 setProperty( ) 和 getProperty( )。setProperty( ) 方法用于将配置项的键和值添加到 Properties 集合中。在第 8 行代码中通过调用 Properties 的 propertyNames( ) 方法得到一个包含所有键的 Enumeration 对象，然后在遍历所有的键时，通过调用 getProperty( ) 方法获得键所对应的值。

7.6　项目实训

7.6.1　实训任务

编写程序，实现查询、修改学生劳动教育课程成绩，并输出学生劳动教育课程成绩：

①创建一个 Map 对象保存学生信息，包含学生姓名和成绩，添加 3 个学生。

②新增一条学生信息：张三 85。

③将张三劳动教育成绩改为 90。

④删除黄六的信息，遍历 Map，输出所有学生劳动教育成绩。

7.6.2　实训实施

①创建键、值类型分别为 String、Integer 的 HashMap 对象 map，调用 put( )方法将 3 个学生信息键值对添加到 map 中。核心代码如下：

```
HashMap < String,Integer > map = new HashMap < >();
map.put("李四", 60);
map.put("王五", 90);
map.put("黄六", 87);
```

②新增一条学生信息：张三 85。从控制台输入名字和分数。使用 get 方法获取键值和 map 中对象键值进行判断，key 不存在再进行插入；key 存在，输出学生已存在。核心代码如下：

```
System.out.println(" ********* 新增学生成绩 ********* ");
 Scanner console = new Scanner(System.in);
 String sname = console.next();
 Integer sscore = map.get(sname);  //get 方法用来获取 k 值,如果获取的 k 值不存在,则返回 null
 if(sscore == null) {                    //判断 k 值是否存在
       Integer score = Integer.valueOf(console.next());//获取学生姓名
       map.put(sname, score);    //使用 put 方法将键值对传入 map 集合
       }
       else {
             System.out.println("您所输入的学生" + sname + "已存在");
       }
```

③将张三劳动教育成绩改为 90。从控制台输入名字和分数。使用 get 方法获取键值和 map 中 key 值进行判断，key（名字）存在，使用 put( )方法进行值的修改；key（名字）不存在，输出学生不存在。代码如下：

```
System.out.println(" ********* 修改学生成绩 ********* ");
System.out.println("请输入的学生名字:");
Scanner console1 = new Scanner(System.in);
while(true) {
```

```
        String sname1 = console1.next();
        Integer sscore1 = map.get(sname1);/* get 方法用来获取 k 值,如果获取的 k 值不存在,
则返回 null */
        if(sscore1 == null) {                          //判断 k 值是否存在
        System.out.println("您所输入的学生" + sname1 + "不存在");
            continue;
        }
        else {
            System.out.println("请输入的学生成绩:");
            Integer score1 = Integer.valueOf(console1.next());    //获取学生姓名
            map.put(sname1, score1);               //使用 put 方法将键值对传入 map 集合
            System.out.println("修改成功");
        }
```

④如果 map 中包含指定键,使用 remove 方法删除黄六的信息。核心代码如下:

```
System.out.println(" ********* 删除学生成绩 ********* ");
Scanner console2 = new Scanner(System.in);
String sname2 = console2.next();
if(map.containsKey(sname2)) {
    map.remove(sname2);
    printInfo(map);
}
else {
    System.out.println("您所输入的学生" + sname2 + "不存在");}
```

⑤调用 keySet( )获取键的集合,并生成对应的迭代器。hasNext( )方法遍历迭代器。核心代码如下:

```
Iterator < String > it = mapStudent.keySet().iterator();
while(it.hasNext()) {
    String key = it.next();                  //获取键
    Integer val = mapStudent.get(key);       //调用 get()方法获取键对应的值
    System.out.println("姓名:" + key + ",成绩:" + val);
}
```

7.6.3 实训运行

①程序调试成功后,运行程序,结果如图 7 – 33 所示。创建一个 Map 对象保存学生信息,包含学生姓名和成绩,添加 3 个学生。

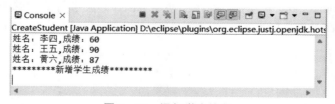

图 7 – 33　添加学生信息

②按提示信息，新增一条学生信息：张三 85，结果如图 7 – 34 所示。

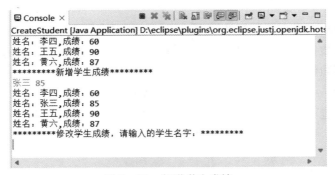

图 7 – 34　新增学生成绩

③根据提示信息，修改张三成绩为 90，结果如图 7 – 35 所示。

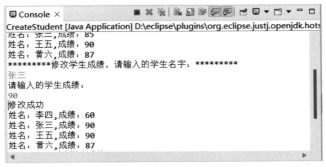

图 7 – 35　修改学生成绩

④根据提示删除黄六的信息，遍历 Map，输出所有学生劳动教育成绩，结果如图 7 – 36 所示。

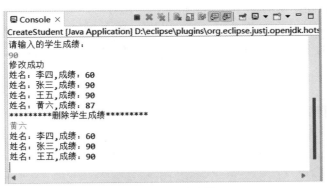

图 7 – 36　删除成绩

7.7　项目小测

一、填空题

1. 接口中的方法被默认的访问权限是_____。

2. 如果接口中的方法的返回类型不是 void 的，那么在类中实现该接口的方法时，方法体至少要有一个_____语句。

3. _____是相同类型的数据按顺序组成的一种复合数据类型。

4. Java 中定义数组后，通过_____加数组下标来使用数组中的数据。

5. Java 中声明数组包括数组的名字、数组包含的元素的_____。

6. 数组声明后，必须使用_____运算符分配内存空间。

7. 一维数组通过下标符访问自己的元素，需要注意的是，下标从_____开始。

8. 创建数组后，系统会给每一个数组元素一个默认的值，如 float 型是_____。

二、选择题

1. 给出下面程序代码：

```
byte[] a1,a2[ ];
byte a3 [][];
byte[] [ ]a4;
```

下列数组操作语句中，不正确的是（   ）。

A. a2 = a1   B. a2 = a3   C. a2 = a4   D. a3 = a4

2. 关于数组，下列说法中不正确的是（   ）。

A. 数组是最简单的复合数据类型，是一系列数据的集合

B. 数组元素可以是基本数据类型、对象或其他数组

C. 定义数组时，必须分配内存

D. 一个数组中所有元素都必须具有相同的数据类型

3. 设有下列数组定义语句：

```
int a[] = {1,2,3};
```

则对此语句的叙述错误的是（   ）。

A. 定义了一个名为 a 的一维数组   B. a 数组有 3 个元素

C. a 数组元素的下标为 1 ~ 3   D. 数组中每个元素的类型都是整数

4. 执行语句 int[ ]x = new int[20];后，正确的是（   ）。

A. x[19]为空   B. x[19]未定义   C. x[19]为 0   D. x[0]为空

5. 下面代码运行后的输出结果为（   ）。

```
public class x6_1_5 {
public static void main (string[ ] args) {
AB aa = new AB ();
AB bb;
bb = aa;
system.out.println (bb.equals (aa));
}
}
class AB{ int x = 100 ; }
```

A. true   B. false   C. 编译错误   D. 100

6. 已知有定义：String s = "I love"，下面表达式正确的是（　　）。

A. s += "you";

B. char c = s[1];

C. int len = s. length;

D. String s = s. toLowerCase();

7. 下列不属于 Collection 子接口的是（　　）。

A. List　　　　　　　　B. Map　　　　　　C. Queue　　　　　　D. Set

8. 已知 ArrayList 的对象是 list，以下方法是判断 ArrayList 中是否包含 "dodoke" 的是
（　　）。

A. list. contains("dodoke");

B. list. add("dodoke");

C. list. remove("dodoke");

D. list. remove("dodoke");

9. 下列方法可以获取列表指定位置处的元素的是（　　）。

A. add(E e)

B. remove()

C. size()

D. get(int index)

10. 以下关于 Set 对象的创建，错误的是（　　）。

A. Set set = new Set();

B. Set set = new HashSet();

C. HashSet set = new HashSet();

D. Set set = new HashSet(10);

11. 关于 Iterator 的描述，错误的是（　　）。

A. Iterator 可以对集合 Set 中的元素进行遍历

B. hasNext()方法用于检查集合中是否还有下一个元素

C. next()方法返回集合中的下一个元素

D. next()方法的返回值为 false 时，表示集合中的元素已经遍历完毕

12. HashMap 的数据是以 key – value 的形式存储的，以下关于 HashMap 的说法正确的是
（　　）。

A. HashMap 中的键不能为 null

B. HashMap 中的 Entry 对象是有序排列的

C. key 值不允许重复

D. value 值不允许重复

13. 以下关于 Set 和 List 的说法，正确的是（　　）。

A. Set 中的元素是可以重复的

B. List 中的元素是无序的

C. HashSet 中只允许有一个 null 元素

D. List 中的元素是不可以重复的

三、判断题

1. Object 类是所有类的直接或间接父类，它在 java. lang 包中。　　　　　　　　　（　　）

2. System 类是一个功能强大、非常有用的特殊的类，它提供了标准输入/输出。这个类可以实例化。　　　　　　　　　　　　　　　　　　　　　　　　　　　　　　　　　　（　　）

3. 数组是一种复合数据类型，在 Java 中，数组是作为对象来处理的。数组是有限元素的有序集合，数组中的元素具有相同的数据类型，并可用统一的数组名和下标来唯一确定其元素。　　　　　　　　　　　　　　　　　　　　　　　　　　　　　　　　　　　　（　　）

4. 在数组定义语句中，如果［　］在数据类型和变量名之间时，［　］之后定义的所有变量都是数组类型。　　　　　　　　　　　　　　　　　　　　　　　　　　　　　　　　　　（　　）

5. 在数组定义语句中，当［］在变量名之后时，只有［］之前的变量是数组类型，之后没有［］的则不是数组类型。 （   ）

6. 数组初始化包括静态初始化和动态初始化两种方式。 （   ）

7. Java 语言提供了两种具有不同操作方式的字符串类：String 类和 StringBuffer 类。它们都是 java. lang. Object 的子类。 （   ）

8. List 是一个无序的、可重复的集合，不允许包含 null 元素。 （   ）

9. Set 不能包含重复的元素，因此最多只允许包含一个 null 元素。 （   ）

四、简答题

1. 简述集合 List、Set 和 Map 的区别。

2. 简述为什么 ArrayList 的增删操作比较慢，查找操作比较快。

3. Set 里的元素是不能重复的，那么用什么方法来区分重复与否呢? 是用 == 还是 equals( )? 简述它们有何区别。

五、编程题

1. 生成九九乘法表保存在二维数组中，并输出。

2. 已知数据如下：

2000 年悉尼奥运会女排冠军：古巴

2004 年雅典奥运会女排冠军：中国

2008 年北京奥运会女排冠军：巴西

2012 年伦敦奥运会女排冠军：巴西

2016 年里约奥运会女排冠军：中国

将夺冠年份和冠军队名以 key – value 形式存储到 HashMap 中；使用迭代器和 EntrySet 两种方式遍历输出 HashMap 中的 key 和 value。

3. 从键盘输入字符串，去重后按字符降序输出。

项目 8

I/O（输入/输出）

【项目导读】

大多数应用程序都需要与外部设备之间进行数据交换，例如键盘可以输入数据，显示器可以显示程序的运行结果等。在 Java 中，将这种通过不同输入/输出设备（键盘、内存、显示器、网络等）之间的数据传输抽象表述为"流"，程序允许通过流的方式与输入/输出设备进行数据传输。Java 中的"流"都位于 java.io 包中，称为 I/O（输入/输出）流。

I/O 流有很多种，按照操作数据的不同，可以分为字节流和字符流，按照数据传输方向的不同，又可以分为输入流和输出流，程序从输入流中读取数据，向输出流写入数据。在I/O 包中，字节流的输入/输出流分别用 java.io.InputStream 和 java.io.OutputStream 表示，字符流的输入/输出流分别用 java.io.Reader 和 java.io.Writer 表示。

【学习目标】

（1）熟悉如何使用字节流读写文件。

（2）熟悉如何使用字符流读写文件。

（3）熟悉如何使用 File 类操作文件。

【技能导图】

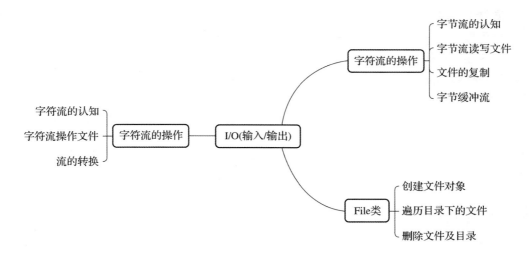

【思政课堂】

随着经济形态从农业经济、工业经济走向数字经济，数据已经成为关键的生产要素，并成为促进全要素生产率提升的重要动因。党的十九届四中全会提出"健全劳动、资本、土地、知识、技术、管理、数据等生产要素由市场评价贡献、按贡献决定报酬的机制"，首次将数据确立为生产要素。2020 年 3 月，《中共中央国务院关于构建更加完善的要素市场化配置体制机制的意见》进一步明确提出"加快培育数据要素市场""研究根据数据性质完善产权性质""建立健全数据产权交易和行业自律机制"，将数据作为新型生产要素是一项重大的理论和制度创新，其核心议题是数据确权，特别是对数据的产权进行界定和配置。

产权是主体对其所有物的使用、支配、收益和处分的权利之和。数据作为一种特殊的"物"，具有可复制、易传输、非独存等特性，因而具有独特的产权属性。

数据受多利益主体约束，其产权具有有限排他性。数据从产生到流通利用等各个环节一般是由多参与者协同完成的，并导致数据广泛存在于终端、网络、平台、系统之中且处于多利益主体控制之下。这些利益主体会从不同角度表达对于数据产权的诉求，因而很难清楚明确界定"谁的数据，归谁所有"。

数据产权具有可分割属性，即数据产权可以被多个主体进行分享、转移和交换。数据产权由一系列不同属性的数据权益或权利构成，比如数据的归属权、使用权、管理权以及利用数据获取收益的权利等。这些权益或者权利可以根据供需关系或者制度安排等分别配置给不同的主体，以实现数据资源的利用和保护平衡。

数据产权不是固定不变的权利束，而是处于动态调整过程中。数据因其应用方式、范围、规模的不断变化而显示出不同的特点和利益主体以及对应的权利。比如，过去讨论数据可携的问题，2016 年，欧盟发布《通用数据保护条例》，给予个人数据可携权；2021 年，中国发布《个人信息保护法》，给予个人数据可转移权，通过法律法规的形式先后将可携带或可转移的权利赋予个人，即数据产权扩展权利束的一种体现。

数据产权还表现出较强的技术依赖性。土地、资本、劳动力等传统要素的产权确认和配置并不依赖于特定的技术系统和平台，其中很重要的原因在于这些传统要素不依赖于技术系统和平台产生、流转、存储、分析与增值。但是，数据的全生命周期都依附于技术系统和平台，数据本身也是技术系统和平台运行的结果，数据无法独立于技术系统和设备平台而存在。数据产权的确认及配置都要依赖于技术系统和平台进行，并构成了数据的独特产权属性。

（来源：人民邮电报，2022.07.13）

8.1 字节流的操作

8.1.1 字节流的认知

在程序开发中，经常会需要处理设备之间的数据传输，而计算机中，无论是文本、图片、音频还是视频，所有文件都是以二进制（字节）形式存在的。为字节的输入/输出流提供的一系列的流，统称为字节流。字节流是程序中最常用的流，根据数据的传输方向，可将其分为字节输入流和字节输出流。在 JDK 中，提供了两个抽象类：InputStream 和 Output-Stream，它们是字节流的顶级父类，所有的字节输入流还继承自 InputStream，所有的字节输出流都继承自 OutputStream。为了便于理解，可以把 InputStream 和 OutputStream 比作两根"水管"，如图 8 – 1 所示。

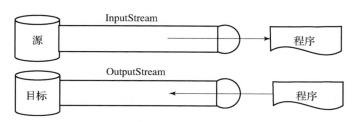

图 8 – 1　**InputStream 和 OutputStream**

在图 8 – 1 中，InputStream 被看成一个输入管道，OutputStream 被看成一个输出管道，数据通过 InputStream 从源设备输入程序，通过 OutputStream 从程序输出到目标设备，从而实现数据的传输。由此可见，I/O 流中的输入/输出都是相对于程序而言的。在 JDK 中，Input-Stream 和 OutputStream 提供了一系列与读写数据相关的方法。下面先来了解一下 InputStream 的常用方法，见表 8 – 1。

表 8 – 1　**InputStream 常用方法**

方法声明	功能描述
int read( )	从输入流读取一个 8 位的字节，把它转换为 0 ~ 255 之间的整数，并返回这一整数
int read（byte[ ] b）	从输入流读取若干字节，把它们保存到参数 b 指定的字节数组中，返回的整数表示读取字节的数目
int read（byte[ ] b, int off, int len）	从输入流读取若干字节，把它们保存到参数 b 指定的字节数组中，off 指定字节数组开始保存数据的起始下标，len 表示读取的字节数目
void close( )	关闭此输入流并释放与该流关联的所有系统资源

表 8 – 1 中列举了 InputStream 的 4 个常用方法。前 3 个 read( )方法都是用来读取数据的，其中，第 1 个 read( )方法是从输入流中逐个读入字节，而第 2 个和第 3 个 read( )方法则将若干字节以字节数组的形式一次性读入，从而提高读数据的效率。在进行 I/O 流操作时，当前 I/O 流会占用一定的内存，由于系统资源宝贵，因此，在 I/O 操作结束后，应该调用 close( )方法关闭流，用于释放当前 I/O 流所占的系统资源。

与 InputStream 对应的是 OutputStream。OutputStream 是用于写数据的，因此，Output-Stream 提供了一些与写入数据有关的方法。OutputStream 的常用方法见表 8 – 2。

表 8 – 2   **OutputStream** 的常用方法

方法名称	方法描述
void write(int b)	向输出流写入一个字节
void write (byte[ ]b)	把参数 b 指定的字节数组的所有字节写到输出流
void write (byte[ ] b ,int off, int len)	将指定 byte 数组中从偏移量 off 开始的 len 个字节写入输出流
void flush( )	刷新此输出流并强制写出所有缓冲的输出字节
void close( )	关闭此输出流并释放与此流相关的所有系统资源

表 8 – 2 中列举了 OutputStream 类的 5 个常用方法。前 3 个是重载的 write( )方法，都用于向输出流写入字节。其中，第一个方法逐个写入字节，第二个和第三个方法是将若干个字节以字节数组的形式一次性写入，从而提高写入数据的效率。flush( )方法用来将当前输出流缓冲区（通常是字节数组）中的数据强制写入目标设备，此过程称为刷新。close( )方法用来关闭流并释放与当前 I/O 流相关的系统资源。

InputStream 和 OutputStream 这两个类虽然提供了一系列与读写数据有关的方法，但是这两个类是抽象类，不能被实例化，因此针对不同的功能，InputStream 和 OutputStream 提供了不同的子类，这些子类形成了一个体系结构，如图 8 – 2 和图 8 – 3 所示。

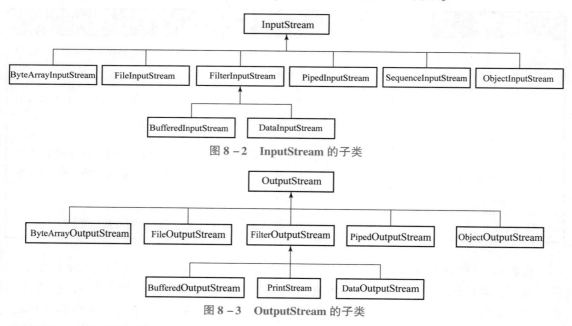

图 8 – 2   **InputStream** 的子类

图 8 – 3   **OutputStream** 的子类

从图 8 – 2 和图 8 – 3 中可以看出，InputStream 和 OutputStream 的子类有很多是大致对应的，例如，ByteArrayInputStream 和 ByteArrayOutputStream、FileInoutStream 和 FileOutputStream 等。图 8 – 2 和图 8 – 3 中所列出的 I/O 流都是程序中很常见的，下面将逐步为读者讲解字节流的具体用法。

8.1.2　字节流读写文件

从 8.1.1 小节中可知，InputStream 和 OutputStream 是用来读写数据的类，由于计算机中的数据基本都保存在硬盘的文件中，因此不可避免地需要操作文件中的数据，最常见的就是从文件中读取数据并将数据写入文件中，即文件的读写。JDK 专门提供了两个类用于文件的读写，分别是 FileInputStream 和 FileOutputStream。

用字节流
读写文件

InputStream 就是 JDK 提供的基本输入流。但 InputStream 并不是一个接口，而是一个抽象类，它是所有输入流的父类，而 FileInputStream 是 InputStream 的子类，它是操作文件的字节输入流，专门用于读取文件中的数据。由于从文件读取数据是重复的操作，因此需要通过循环语句来实现数据的持续读取。

下面通过一个实例来实现字节流对文件数据的读取。首先在 Java 项目的根目录下创建一个文本文件 test. txt，在文件中输入内容"jxjtxy"并保存；然后创建一个读取文本文件的类。

例 8 - 1　使用 FileInputStream 实现从文件读取数据。

```java
import java.io. * ;
public class example8_1{
        public static void main (String[ ] args) throws Exception {
                                    //创建一个文件字节输入流
                FileInputStream in = new FileInputStream ("test.txt") ;
                int b = 0;            //定义一个 int 类型的变量 b,记住每次读取的一个字节
                while (true){
                        b = in.read();        //变量 b 记住读取的一个字节
                        if(b == -1){           //如果读取的字节为 -1,跳出 while 循环
                                break;
                        }
                        System.out.println (b);   //否则将 b 写出
                }
                in.close();
        }
}
```

例 8 -1 运行结果如图 8 -4 所示。

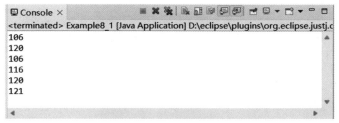

图 8 - 4　例 8 - 1 运行结果

在例 8 – 1 中，创建的字节流 FileInputStream 通过 read（）方法将当前项目中的文件"test. txt"中的数据读取并打印输出。从图 8 – 4 中的运行结果可以看出，控制台打印的结果分别为106、120、106、116、120、121。通常情况下读取文件应该输出字符，这里之所以输出数字，是因为计算机中的文件都是以字节的形式存在的。在"test. txt"文件中，字符'j'、'x'、'j'、't'、'x'、'y'各占一个字节，因此，最终结果显示的就是文件"test. txt"中的 6 个字节所对应的十进制数。

有时，在文件读取的过程中可能会发生错误。例如，文件不存在导致无法读取、没有读取权限等，这些错误都是由 Java 虚拟机自动封装成 IOException 异常并抛出。图 8 – 5 所示是文件不存在时控制台的报错信息。

```
Console ×
<terminated> Example8_1 [Java Application] D:\eclipse\plugins\org.eclipse.justj.openjdk.hotspot.jre.full.win32.x86_6
Exception in thread "main" java.io.FileNotFoundException: test.txt (系统找不到指定的文件。)
        at java.base/java.io.FileInputStream.open0(Native Method)
        at java.base/java.io.FileInputStream.open(FileInputStream.java:216)
        at java.base/java.io.FileInputStream.<init>(FileInputStream.java:157)
        at java.base/java.io.FileInputStream.<init>(FileInputStream.java:111)
        at chapter8.Example8_1.main(Example8_1.java:8)
```

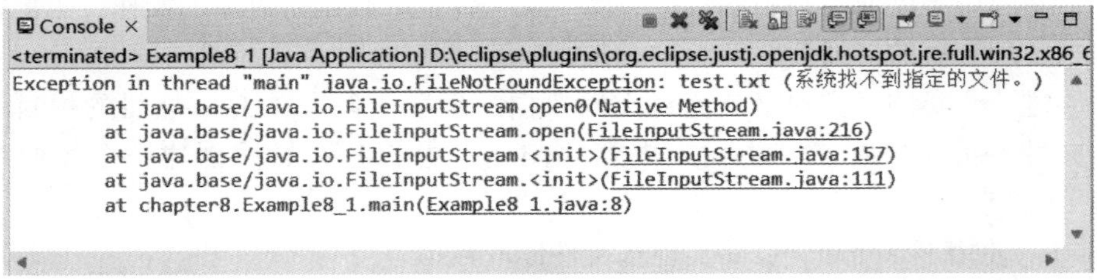

图 8 – 5　文件不存在时控制台的报错信息

文件不存在时，控制台的报错信息会有一个潜在的问题，即如果读取过程中发生了 I/O 错误，InputStream 就无法正常关闭，资源也无法及时释放。对于这种问题，可以使用 try…finally 来保证无论是否发生 I/O 错误，InputStream 都能够正确关闭。

例 8 – 2　对例 8 – 1 的程序进行修改。

```java
import java.io.FileInputStream;
import java.io.InputStream;
public class example8_2{
    public static void main(String[] args) throws Exception {
        InputStream input = null;
        try{
            //创建一个文件字节输入流
            FileInputStream in = new FileInputStream ("test.txt");
            int b = 0;        //定义一个 int 类型的变量 b,记住每次读取的一个字节
            while (true){
                b = in.read();        //变量 b 记住读取的一个字节
                if(b == -1){          //如果读取的字节为 -1,跳出 while 循环
                    break;
                }
                System.out.println(b);    //否则将 b 写出
            }
        } finally{
            if (input! = null){
                input.close ();
            }
        }
    }
}
```

OutputStream 是 JDK 提供的基本输出流，与 InputStream 类似，OutputStream 也是抽象类，它是所有输出流的父类，如果使用此类，则首先必须通过子类实例化对象。FileOutputStream 是 OutputStream 的子类，它是操作文件的字节输出流，专门用于把数据写入文件，下面通过一个实例来实现将数据写入文件。

例 8 - 3　使用 FileOutputStream 将数据写入文件。

```java
import java.io.*;
public class example8_3{
    public static void main(String[] args) throws Exception{
                            //创建一个文件字节输出流
        OutputStream out = new FileOutputStream("example.txt");
        String str = "你好";
        byte[] b = str.getBytes();
        for(int i = 0;i < b.length; i++){
            out.write(b[i]);
        }
        out.close();
    }
}
```

例 8 - 3 程序运行后，会在项目当前目录下生成一个新的文本文件 example.txt，打开此文件，会看到如图 8 - 6 所示内容。

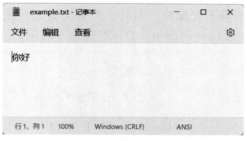

图 8 - 6　生成的文件内容

从运行结果可以看出，通过 FileOutputStream 写数据时，自动创建了文件 example.txt，并将数据写入文件。需要注意的是，如果通过 FileOutputStream 向一个已经存在的文件中写入数据，那么该文件中的数据首先会被清空，然后才能写入新的数据。若希望在已存在的文件内容之后追加新内容，则可使用 FileOutputStream 的构造函数 FileOutputStream(String fileName, boolean append)来创建文件输出流对象，并把 append 参数的值设置为 true。下面通过一个实例来演示如何将数据追加到文件末尾。

例 8 - 4　将数据追加到文件末尾。

```java
import java.io.*;
public class example8_4{
    public static void main(String[] args) throws Exception{
        OutputStream out = new FileOutputstream("example.txt"rtrue);
        String str = "欢迎你!";
```

```
              byte[ ]b = str.getBytes ();
              for (int i = 0;i < b.length;i ++){
                     out.write (b[i]);
              }
              out.close();
       }
}
```

例 8 - 4 程序运行后，查看项目当前目录下的文件"example. txt"，如图 8 - 7 所示。

图 8 - 7　追加后生成的文件内容

从图 8 - 7 可以看出，程序通过字节输出流对象向文件"example. txt"写入"欢迎你！"后，并没有将原有文件中的数据清空，而是将新写入的数据追加到了文件的末尾。

由于 I/O 流在进行数据读写操作时会出现异常，为了使代码简洁，在上面的程序中使用了 throws 关键字将异常抛出。然而一旦遇到 I/O 异常，I/O 流的 close( )方法将无法执行，流对象所占用的系统资源将得不到释放，因此，为了保证 I/O 流的 close( )方法必须执行，通常将关闭流的操作写在 finally 代码块中，具体代码如下所示：

```
finally{
    try{
        if (in! =null)          //如果 in 不为空,则关闭输入流
               nin.close();
    }catch (Exception e) {
        e.printstackTrace ()
    }
    try{
        if (out! =null)      //如果 out 不为空,则关闭输出流
               out. close ();
    }catch (Exception e){
        e.printstackTrace O;
    }
    }
}
```

8.1.3　文件的复制

在应用程序中，I/O 流通常都是成对出现的，即输入流和输出流一起使用。例如，文件的复制就需要通过输入流来读取文件中的数据，通过输出流将数据写入文件。下面通过一个

实例来演示如何进行文件内容的复制。

首先在 Java 项目的根目录下创建文件夹 source 和 target，然后在 source 文件夹中存放一个"五环之歌.doc"文件，文件代码如下。

例 8 - 5 文件内容的复制。

```
import java.io.*;
public class example8_5 {
        public static void main (String[] args) throws Exception {
                //创建一个字节输入流,用于读取当前目录下 source 文件夹中的文件
                InputStream in = new FileInputStream ("source/五环之歌.doc");
                //创建一个文件字节输出流,用于将读取的数据写入 target 目录下的文件中
                OutputStream out = new FileOutputStream ("target/五环之歌.doc");
                int len;      //定义一个 int 类型的变量 len,记住每次读取的一个字节
                              //获取复制文件前的系统时间
                long begintime = System.currentTimeMillis ();
                while ((len =in.read()) != -1){ //读取一个字节并判断是否读到文件末尾
                out.write (len);                //将读到的字节写入文件
        }

                                               //获取文件复制结束时的系统时间
                long endtime = System.currentTimeMillis ();
                System.out.println("复制文件所消耗的时间是:" +(endtime - begintime)
+ "毫秒");

                in.close ();
                out.close ();
        }
}
```

程序运行后，刷新并打开 target 文件夹，发现 source 文件夹中的"五环之歌.doc"文件被成功复制到了 target 文件夹中，如图 8 - 8 所示。

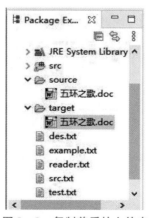

图 8 - 8 复制前后的文件夹

例 8 - 5 实现了 doc 文件的复制。在复制过程中，通过 while 循环将字节逐个进行复制。每循环一次，就通过 FileInputStream 的 read()方法读取一个字节，并通过 FileOutputStream

的 write( )方法将该字节写入指定文件，循环往复，直到 len 的值为 – 1，表示读取到了文件的末尾，结束循环，完成文件的复制。程序运行结束后，会在命令行窗口打印复制文件所消耗的时间，如图 8 – 9 所示。

图 8 – 9　例 8 – 4 运行结果

　　从图 8 – 9 可以看出，程序复制文件共消耗了 79 毫秒。在复制文件时，受计算机性能等方面的影响，会导致复制文件所消耗的时间不确定，因此每次运行程序结果未必相同。需要注意的是，程序实例中定义文件使用了"\\"，这是因为在 Windows 中的目录符号为反斜线"\"，但反斜线"\"在 Java 中是特殊字符，表示转义符，所以，在使用反斜线"\"时，前面应该再添加一个反斜线，即为"\\"。除此之外，目录符号也可以用正斜线"/"来表示，如"source/五环之歌 . doc"。

　　虽然刚才我们实现了文件的复制，但是复制是一个字节一个字节地读写，需要频繁地操作文件，效率非常低。这就好比从海南运送椰子到北京，如果有一万只椰子，每次运送一只，则必须运输一万次，这样的效率显然非常低。为了减少运输次数，可以先把一批椰子装在车厢中，这样就可以成批运送椰子，这时的车厢就相当于一个临时缓冲区。当通过流的方式复制文件时，为了提高效率，也可以定义一个字节数组作为缓冲区。在复制文件时，可以一次性读取多个字节的数据，并保存在字节数组中，然后将字节数组中的数据一次性写入文件。下面通过修改例 8 – 5 来学习如何使用缓冲区复制文件。

　　例 8 – 6　使用缓冲区复制文件。

```
import java.io. * ;
public class example8_6{
        public static void main (String[] args) throws Exception{
                //创建一个字节输入流,用于读取当前目录下 source 文件夹中的文件
                InputStream in = new FileInputStream ("source/五环之歌 .doc");
                //创建一个文件字节输出流,用于将读取的数据写入当前目录 target 文件中
                OutputStream out =new FileOutputStream ("target/五环之歌 .doc");
                //以下是用缓冲区读写文件
                byte[] buff =new byte[1024];//定义一个字节数组,作为缓冲区
                //定义一个 int 类型的变量 len 来记住读取读入缓冲区的字节数
                int len;
                long begintime = System.currentTimeMillis ();
                while ( (len =in.read(buff))! = -1){//判断是否读到文件末尾
                        out.write (buff,0,len);//从第一个字节开始,向文件写入 len 个字节
                }
                long endtime = System. currentTimeMillis ();
```

```
            System.out.println("复制文件所消耗的时间是:" +(endtime - begintime)
+ "毫秒);

                in.close();
                out.close();
            }
        }
```

例 8 - 6 同样实现了 doc 文件的复制。在复制过程中，使用 while 循环语句逐渐实现字节文件的复制，每循环一次，就从文件读取若干字节填充字节数组，并通过变量 len 记住读入数组的字节数，然后从数组的第一个字节开始，将 len 个字节依次写入文件。循环反复执行，当 len 值为 -1 时，说明已经读到了文件的末尾，循环截止，整个复制过程也就结束了。最终程序会将整个文件复制到目标文件夹，并将复制过程所消耗的时间打印出来，如图 8 - 10 所示。

图 8 - 10　例 8 - 6 的运行结果

通过比较图 8 - 9 和图 8 - 10 的运行结果可以看出，复制文件所消耗的时间明显减少了，这说明使用缓冲区读写文件可以有效地提高程序的效率。程序中的缓冲区就是一块内存，该内存主要用于存放暂时输入/输出的数据，由于使用缓冲区减少了对文件的操作次数，所以可以提高读写数据的效率。

8.1.4　字节缓冲流

I/O 包中提供两个带缓冲的字节流，分别是 BufferedInputStream 和 BufferedOutputStream，它们的构造方法中分别接收 InputStream 和 OutputStream 类型的参数作为对象，在读写数据时提供缓冲功能。应用程序、缓冲流和底层字节流之间的关系如图 8 - 11 所示。

图 8 - 11　应用程序、缓冲流和底层字节之间的关系

从图 8 - 11 中可以看出，应用程序是通过缓冲流来完成数据读写的，而缓冲流又是通过底层的字节流与设备进行关联的。下面通过一个实例学习 BufferedInputStream 和 BufferedOutputStream 这两个流的用法。

首先在 Java 项目的根目录下创建一个名称为 src. txt 的文件，并在该文件中随意写入一些内容；然后创建一个使用字节缓冲流复制该文件的类，在类中使用 FileOutputStream 创建文件 des. txt，并使用字节缓冲流对象将文件 src. txt 中的内容复制到文件 des. txt 中。

例 8 – 7 使用字节缓冲流对象实现文件的复制。

```
import java.io.*;
public class example8_7 {
    public static void main (String[] args) throws Exception {
        //创建一个带缓冲区的输入流
        BufferedInputStream bis = new BufferedInputStream (new
        FileInputStream ("src.txt"));
        //创建一个带缓冲区的输出流
        BufferedOutputStream bos = new BufferedOutputStream (new FileOut-
putStream ("des.txt"));
        int len;
        while((len = bis.read())! = -1){
            bos.write(len);
        }
        bis.close();
        bos.close();
    }
}
```

在例 8 – 7 中，分别创建了 BufferedInputStream 和 BufferedOutputStream 两个缓冲流对象，这两个流内部都定义了一个大小为 8 192 的字节数组；当调用 read() 或者 write() 方法读写数据时，首先将读写的数据存入定义好的字节数组；然后将字节数组的数据一次性读写到文件中，这种方式与之前讲解的字节流的缓冲区类似，都对数据进行了缓冲，从而有效地提高了数据的读写效率。

8.2　字符流的操作

8.2.1　字符流的认知

前面讲解过 InputStream 类和 OutputStream 类在读写文件时操作的都是字节，如果希望在程序中操作字符，使用这两个类就不太方便，为此，JDK 提供了字符流。同字节流一样，字符流也有两个抽象的顶级父类，分别是 Reader 和 Writer。其中，Reader 是字符输入流，用于从某个源设备读取字符；Writer 是字符输出流，用于向某个目标设备写入字符。Reader 和 Writer 作为字符流的顶级父类，也有许多子类。下面通过一张继承关系图列举 Reader 和 Writer 的一些常用子类，如图 8 – 12 和图 8 – 13 所示。

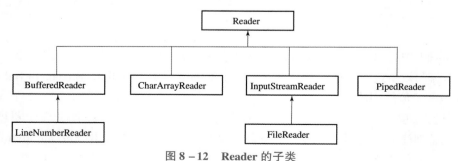

图 8 – 12　**Reader** 的子类

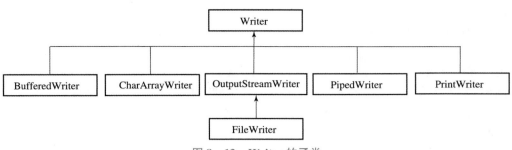

图 8 - 13   Writer 的子类

从图 8 - 12 和图 8 - 13 可以看到，字符流的继承关系与字节流的继承关系有些类似，很多子类都是成对（输入流和输出流）出现的，其中 FileReader 和 FileWriter 用于读写文件，BufferedReader 和 BufferedWrier 是具有缓冲功能的流，使用它们可以提高读写效率。

8.2.2   字符流操作文件

在程序开发中，经常需要对文本文件的内容进行读取，如果想从文件中直接读取字符，便可以使用字符输入流 FileReader，通过此流可以从关联的文件中读取一个或一组字符。下面通过一个实例来学习如何使用 FileReader 读取文件中的字符。

首先在 Java 项目的根目录下新建文本文件 "reader. txt" 并在其中输入字符 "jxjtxy"，然后创建一个使用字符输入流 FileReader 对象读取文件中字符的类。

例 8 - 8   创建字符输入流 FileReader 对象读取文件中的内容。

```java
import java.io. * ;
public class example8_8{
    public static void  main(String[ ]args)throws Exception {
        //创建一个 FileReader 对象用来读取文件中的字符
        FileReader reader = new FileReader( "reader.txt");
        int ch;     //定义一个变量用于记录读取的字符
        while((ch = reader.read())! = -1){      //循环判断是否读取到文件的末尾
            System.out.println((char)ch);   //不是字符流末尾就转为字符打印
        }
        reader.close();                         //关闭文件读取流,释放资源
    }
}
```

运行结果如图 8 - 14 所示。

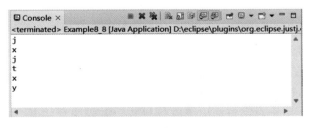

图 8 - 14   例 8 - 8 的运行结果

例8-8实现了读取文件字符的功能。首先创建一个 FileReader 对象与文件关联，再通过 while 循环每次从文件中读取一个字符并打印，这样便实现了 FileReader 读文件字符的操作。需要注意的是，字符输入流的 read( )方法返回的是 int 类型的值，如果想获得字符，就需要进行强制类型转换，如例8-8第8行代码就是将变量 ch 强制转换为 char 类型再打印。

例8-8介绍了如何使用 FileReader 读取文件中的字符，下面讲解字符流怎么写入字符。如果要向文件中写入字符，就需要使用 FileWriter 类，该类是 Writer 的一个子类。下面通过一个实例来学习如何使用 FileWriter 将字符写入文件。

例8-9 使用 FileWriter 将字符写入文件。

```java
import java.io.*;
public class example8_9{
    public static void main(String[]args)throws Exception{
      //创建一个 FileWriter("writer.txt");
        FileWriter writer = new FileWriter("writer.txt");
        String str = "Hello,world";
        writer.write(str);        //将字符数据写入文本文件中
        writer.write("\r\n"); //将输出语句换行
        writer.close();          //关闭写入流,释放资源
    }
}
```

程序运行结束后，会在当前目录下生成一个名称为"writer.txt"的文件，打开此文件会看见如图8-15所示的内容。

图8-15　例8-9的运行结果

FileWriter 与 FileOutputStream 一样，如果指定的文件不存在，就会先创建文件，再写入数据；如果文件存在，则会先清空文件中的内容，再进行写入。如果想在文件末尾追加数据，同样需要调用重载的构造方法，现将例8-9中的第5行代码修改为：

```java
FileWriter Writer = new FileWriter("writer.txt",true);
```

修改后，再次运行程序，即可实现在文件中追加内容的效果。

通过本小节的内容学习，我们已经了解到字节流可以对一个已存在的流进行封装来实现数据读写功能，利用字节流可以有效地提高读写数据的效率。字符流同样提供了带缓冲区的封装流，分别是 BufferedReader 和 BufferedWriter。其中，BufferedReader 用于对字符输入流进行封装，BufferedWriter 用于对字符输出流进行封装。需要注意的是，在 BufferedReader 中有一个重要的方法 readline( )，该方法用于一次读取一行文本。下面通过一个实例来学习如何

使用这两个字符流实现文件的复制。

    例8-10   使用这两个字符流实现文件的复制。

```java
import java.io.*;
public class example8_10{
    public static void  main(String[]args)throws Exception {
            FileReader reader = new FileReader("src.txt");
            //创建一个 BufferedReader 缓冲对象
            BufferedReader br = new BufferedReader(reader);
            FileWriter Writer = new FileWriter("des.txt");
            //创建一个 BufferdWriter 缓冲区对象
            BufferedWriter bW = new BufferedWriter(Writer);
            String str ;
            //每次读取一行文本,判断是否到文件末尾
            while ((str = br. readLine())! = null ){
                bW.write(str);
                //写入一个换行符,该方法会根据不同的操作系统生成相应的换行符
                bW . newLine();
            }
            br.close();
            bW.close();
    }
}
```

    程序运行结束后，打开当前目录下的文件"src. txt"和"des. txt"，运行结果如图8-16所示。

                （a）   （b）

图8-16   文件复制前后的内容显示

（a）src. txt 显示内容；（b）des. txt 显示内容

    在例8-10中，使用了输入/输出流缓冲区对象，并通过一个 while 循环实现了文本文件的复制。在复制过程中，每次循环都使用 readLine()方法读取文件的一行，然后通过 write()方法写入目标文件。其中，readLine()方法会逐个读取字符，当读到回车符'\r'或换行符'\n'时，会将读到的字符作为一行的内容返回。

    需要注意的是，由于字符缓冲流内部使用了缓冲区，在循环中调用 BufferedWriter 的 write()方法写入字符时，这些字符首先会被写入缓冲区。当缓冲区写满或调用 close()方法时，缓冲区中的字符才会被写入目标文件。因此，在循环结束时，一定要调用 close()方法，否则极有可能会导致部分存在于缓冲区中的数据没有被写入目标文件。

8.2.3 流的转换

前面提到 I/O 流分为字节流和字符流，有时字节流和字符流之间需要进行转换。JDK 提供了两个类可将字节流转换为字符流，它们分别是 InputStreamReader 和 OutputStreamWriter。

InputStreamReader 是 Reader 的子类，它可以将一个字节输入流转换成字符输入流，方便直接读取字符。OutputStreamWriter 是 Writer 的子类，它可以将一个字节输出流转换成字符输出流，方便直接写入字符。通过转换流进行数据读写的过程如图 8 − 17 所示。

图 8 − 17　字节流和字符流转换过程

下面通过一个实例来学习如何将字节流转为字符流。为了提高读写效率，可以通过 InputStreamReader 和 OutputStreamWriter 实现流的转换工作。

例 8 − 11　将字节流转为字符流。

```java
import java.io. *;
public class example8_11{
    public static void main(String[] args)throws Exception {
            //创建一个文件字节输入流,并指定源文件
            FileInputStream in = new FileInputStream("src.txt");
            //将字节流输入转换成字符输入流
            InputStreamReader isr = new InputStreamReader(in);
            //创建一个字节输出流对象,并指定目标文件
            FileOutputStream out = new FileOutputStream("des.txt");
            //将字节输出流转换成字符输出流
            OutputStreamWriter osw = new OutputStreamWriter(out);
            int ch;                 //定义一个变量用于记录读取的字符
            while((ch = isr.read())! = -1){   //循环判断是否读取到文件的末尾
                  osw.write(ch);                //将字符数据写入 des.txt 文件中
            }
        isr.close();     //关闭文件读取流,释放资源
        osw.close();        //关闭文件写入流,释放资源
    }
}
```

在 src. txt 文件中输入内容"你好，世界"，程序运行结束后，文件"src. txt"和"des. txt"文件中的内容如图 8 − 18 所示。

在例 8 − 11 中，首先创建了一个字节输入流对象 in，并指定源文件为 sre. txt；再次将字节输入流对象 in 转换为字符输入流对象 isr；然后创建了一个字节输出流对象 out，并指定目标文件为文件中的字符写入 des. txt 文件中，再将字节输出流对象 out 转换为字符输出流对象 osw；最后通过 while 循环将 src. txt 文件中的字符写入 des. txt 文件中。

（a）   （b）

图 8-18 文件复制前后的内容显示

（a）src.txt 显示内容；（b）des.txt 显示内容

例 8-11 实现了字节流和字符流之间的转换，将字节流转换为字符流，从而实现直接对字符的读写。需要注意的是，在使用转换流时，只能针对操作文本文件的字节流进行转换，如果字节流操作的是一张图片，此时转换为字符流就会造成数据丢失。

8.3 File 类

我们前面讲解的 I/O 流可以对文件的内容进行读写操作，在应用程序中还会经常对文件本身进行一些常规操作，例如创建文件、删除文件或者重命名文件、判断某个文件是否存在、查询文件最后修改时间等，针对文件的这类操作，JDK 提供了一个 File 类，该类封装了一个路径，并提供了一系列与平台无关的方法用于操作该路径所指向的文件。下面将对 File 类进行详细讲解。

8.3.1 创建文件对象

File 类用于封装一个路径，该路径可以是从系统盘符开始的绝对路径，如"D:\file\a.txt"，也可以是相对于当前目录而言的相对路径，如"src\Hello.java"。File 类内部封装的路径可以指向一个文件，也可以指向一个目录，在 File 类中提供了针对这些文件或目录的一些常规操作。接下来先介绍 File 类的构造方法，具体见表 8-3。

表 8-3 File 类的常用的构造方法

方法声明	功能描述
File(String pathname)	通过指定的字符串类型的文件路径来创建一个新的 File 对象
File(String parent, String child)	根据指定的字符串类型的父路径和字符类型的子路径（包括文件名称）创建一个 File 对象
File(File parent, String child)	根据指定的 File 类的父路径和字符串的子路径（包括文件名称）创建一个 File 对象

表 8-3 列出了 File 类的 3 个构造方法，所有的构造方法都需要传入文件路径。通常，如果程序只处理一个目录或文件的路径，使用第一个构造方法比较方便。如果程序处理的是

一个公共目录中的若干子目录或文件，那么使用第二个或者第三个构造方法会更方便。下面通过一个实例来演示如何使用 File 类的构造方法创建 File 对象。

例 8 – 12　用 File 类的构造方法创建 File 对象。

```
import java.io.File;
public class example8_12{
    public static void main(String[]args){
        File f = new File("D:\\file\\a.txt");    //使用绝对路径构造 File 对象
        File f1 = new File("src\HELLO.java"); //使用相对路径构造 File 对象
        System.out.println(f);
        System.out.println(f1);
    }
}
```

程序运行结果如图 8 – 19 所示。

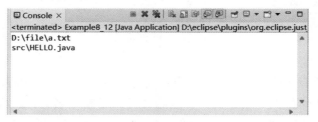

图 8 – 19　例 8 – 12 的运行结果

在例 8 – 12 中，import 命令导入了 java. io 下的 File 类，然后在构造方法中通过传入绝对路径和相对路径的方式来创建 File 对象。需要注意的是，程序在创建 File 对象时传入的路径上使用了 "\\" 符号，这是因为在 Windows 中目录符号为反斜线 "\"，但反斜线 "\" 在 Java 中是一个特殊字符，表示转义符，所以在使用反斜线 "\" 时，前面应该再添加一个反斜线，即为 "\\"。除此之外，目录符号还可以用正斜线 "/" 表示，如 "D:/file/a. txt"。

File 类提供了一系列方法，用于操作其内部封装的路径指向的文件或者目录。例如判断文件或目录是否存在、文件的创建与删除文件等。接下来介绍 File 类中的常用方法，见表 8 – 4。

表 8 – 4　File 类中的常用方法

方法声明	功能描述
boolean exists( )	判断 File 对象对应的文件或目录是否存在，若存在，则返回 true，否则返回 false
boolean delete( )	删除 File 对象对应的文件或目录，若成功删除，则返回 true，否则返回 false
boolean createNewFile( )	当 File 对象对应的文件不存在时，该方法将新建一个此 File 对象所指定的新文件，若创建成功，则返回 true，否则返回 false
String getName( )	返回 File 对象表示的文件或文件夹的名称

续表

方法声明	功能描述
String getPath( )	返回 File 对象对应的路径
String getAbsolutePath( )	返回 File 对象对应的绝对路径（在 UNIX/Linux 系统中，如果路径是以正斜线开始的，则这个路径是绝对路径；在 Windows 系统中，如果路径是从盘符开始的，则这个路径是绝对路径）
String getParentFile( )	返回 File 对象对应目录的父目录（即返回的目录不包含最后一级子目录）
boolean canRead( )	判断 File 对象对应的文件或目录是否可读，若可读，则返回 true；反之，返回 false
boolean canWrite( )	判断 File 对象对应的文件或目录是否可写，若可写，则返回 true；反之，返回 false
boolean isFile( )	判断 File 对象对应的是否是文件（不是目录），若是文件，则返回 true；反之，返回 false
boolean isDirectory( )	判断 File 对象对应的是否是目录（不是文件），若是目录，则返回 true，反之返回 false
boolean isAbsolute( )	判断 File 对象对应的文件或目录是否是绝对路径
long lastModified( )	返回 1970 年 1 月 1 日 0 时 0 分 0 秒到文件最后修改时间的毫秒值
long length( )	返回文件内容的长度
String[ ] list( )	列出指定目录的全部内容，只是列出名称
File[ ]listFiles( )	返回一个包含了 File 对象所有子文件和子目录的 File 数组

表 8-4 中列出了 File 类的一系列常用方法，此表仅通过文字对 File 类的方法进行介绍是不够的，对于初学者来说很难弄清它们之间的区别。下面通过一个实例来演示如何使用这些方法。

首先，在当前目录下创建一个 example. txt，并在文件中输入内容"jxjtxy"，然后创建一个使用 File 常用方法的类，来查看文件的相应信息。

例 8-13   File 类常用方法的使用。

```
import java.io.File;
public class example8_13 {
        public static void main(String[] args){
                File file = new File("example.txt");    //创建 File 文件对象,表示一个文件
                //获取文件名称
                System.out.println("文件名称:" + file.getName());
                //获取文件对相对路径
                System.out.println("文件的相对路径:" + file.getPath());
```

```
        //获取文件的绝对路径
        System.out.println("文件的绝对路径:" + file.getAbsolutePath());
        //获取文件的父路径
        System.out.println("文件的父路径:" + file.getParent());
        //判断文件是否可读
        System.out.println(file.canRead()? "文件可读":"文件不可读");
        //判断文件是否可写
        System.out.println(file.canWrite()? "文件可写":"文件不可写");
        //判断是否是一个文件
        System.out.println(file.isFile()? "是一个文件":"不是一个文件");
        //判断是否是一个目录
        System.out.println(file.isDirectory()? "是一个目录":"不是一个目录");
        //判断是否是一个绝对路径
        System.out.println(file.isAbsolute()? "是绝对路径":"不是绝对路径");
        //得到文件最后修改时间
        System.out.println("最后修改时间为:" + file.lastModified());
        //得到文件的大小
        System.out.println("文件大小为:" + file.length() + "bytes");
        //是否成功删除文件
        System.out.println("是否成功删除文件" + file.delete());
    }
}
```

程序的运行结果如图 8 – 20 所示。

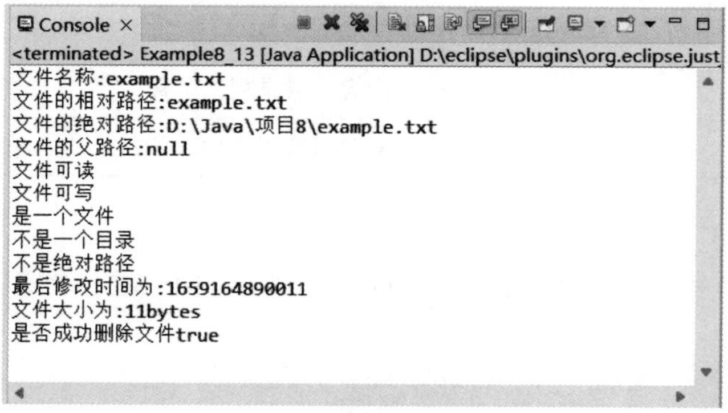

```
🖳 Console ×                    ▦ ✖ ✖ ✖ | ▤ ▦ ▦ ▦ | ▦ ▦ | ▾ ▾ ▾ □
<terminated> Example8_13 [Java Application] D:\eclipse\plugins\org.eclipse.just
文件名称:example.txt
文件的相对路径:example.txt
文件的绝对路径:D:\Java\项目8\example.txt
文件的父路径:null
文件可读
文件可写
是一个文件
不是一个目录
不是绝对路径
最后修改时间为:1659164890011
文件大小为:11bytes
是否成功删除文件true
```

图 8 – 20　例 8 – 13 的运行结果

例 8 – 13 中调用了 File 类的一系列方法，获取了文件的名称、相对路径、绝对路径、文件是否可读等信息，最后通过 delete( )方法将文件删除，这些方法在表 8 – 4 中已有介绍。

值得注意的是，在一些特定的情况下，程序需要读写一些临时文件，File 对象提供了 createTempFile( )来创建一个临时文件，并提供了 deleteOnExit( )在 JVM 退出时自动删除改文件。下面通过一个实例来演示两个方法的使用。

例 8 – 14　createTempFile( )方法和 deleteOnExit( )方法的使用。

```java
import java.io.File;
import java.io.IOException;
public class example8_14{
        public static void main(String[]args)throws IOException{
                                                //提供临时文件的前缀和后缀
                        File f = File.createTempFile("itcast",".txt");
                                f.deleteOnExit();        //JVM 退出时自动删除
                                System.out.println(f.isFile());
                                System.out.println(f.getPath());
        }
}
```

程序的运行结果如图 8 – 21 所示。

图 8 – 21　例 8 – 14 的运行结果

例 8 – 14 中，首先创建了一个 File 对象，利用 createTempFile( ) 创建了由参数前缀和后缀构成 itcast. txt 的临时文件，然后通过 deleteOnExit( ) 在 JVM 退出时删除该文件，最后把文件创建结果和路径显示输出。

8.3.2　遍历目录下的文件

在表 8 – 4 的 File 类方法中有一个 list( ) 方法用于遍历某个指定目录下的所有文件的名称。下面通过一个实例来演示如何使用 list( ) 方法遍历目录文件。

例 8 – 15　使用 list( ) 方法遍历目录文件。

```java
import java.io.File;
public class example8_15{
        public static void main(String[] args)throws Exception {
                                                //创建 File 对象
                File file = new File("D:\\java\\项目 8 ");
                if(file.isDirectory()){                //判断 File 对象对应的目录是否存在
                        String[] names = file.list(); //获得目录下的所有文件的文件名
                        for(String name : names){
                                System.out.println(name); //输出文件名
                        }
                }
        }
}
```

运行结果如图 8 – 22 所示。

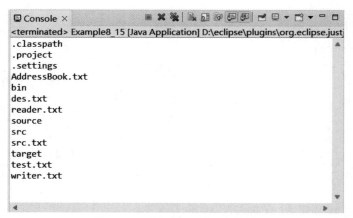

图 8-22　例 8-15 的运行结果

在例 8-15 中，首先创建了一个 File 对象，并指定了一个路径，通过调用 File 的 isDirectory()方法判断路径指向的是否为存在的目录，如果存在，就调用 list()方法，获得一个 String 类型的数组 names，数组中包含这个目录下所有文件的文件名。接着通过循环遍历数组 names，依次打印出每个文件的文件名。

例 8-15 实现了遍历一个目录下所有文件的功能，然而有时程序只是需要得到指定类型的文件，如获取指定目录下所有的"java"文件。针对这种需求，File 类中提供了一个重载的 list(FilenameFilter filter) 方法，该方法接收一个 FilenameFilter 类型的参数。FilenameFilter 是一个接口，称为文件过滤器，当中定义了一个抽象方法 accept(File dir, String name)。在调用 list()方法时，需要实现文件过滤器 FilenameFilter，并在 accept()方法中作出判断，从而获得指定类型的文件。

为了让读者更好地理解文件过滤的原理，接下来分步骤分析 list(FilenameFilter filter) 方法的工作原理。

①调用 list()方法传入 FilenameFilter 文件过滤器对象。

②取出当前 File 对象所代表目录下的所有子目录和文件。

③对于每一个子目录或文件，都会调用文件过滤器对象的 accept(File dir, String name) 方法，并把代表当前目录的 File 对象以及这个子目录或文件的名字作为参数 dir 和 name 传递给方法。

④如果 accept()方法返回 true，就将当前遍历的这个子目录或文件添加到数组中；如果返回 false，则不添加。

下面通过一个实例来演示如何遍历指定目录下所有扩展名为".txt"的文件。

例 8-16　遍历指定目录下所有扩展名为".txt"的文件。

```java
import java.io.File;
import java.io.FilenameFilter;
public class example8_16{
        public static void main(String[] args)throws Exception {
                                                //创建 File 对象
            File file = new File("D:\\java\\项目8");
```

```
                                                   //创建过滤器对象
            FilenameFilter filter = new FilenameFilter(){
                                             //实现 accept()方法
                public boolean accept(File dir,String name){
                    File currFile = new File(dir,name);
                        //如果文件名以 .java 结尾返回 true,否则返回 false
                        if(currFile.isFile()&& name.endsWith(".txt")){
                            return true;
                        }else{
                            return false;
                        }
                }
            };
            if(file.exists()){                        /*判断 File 对象对应的目
录是否存在*/
                    String[] lists = file.list(filter);  /*获得过滤后的所有文件名
数组*/
                    for(String name : lists){
                        System.out.println(name);
                    }
            }
        }
    }
```

例 8 – 16 运行结果如图 8 – 23 所示。

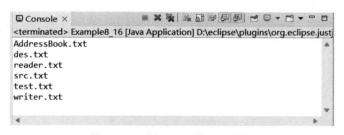

图 8 – 23　例 8 – 16 的运行结果

在例 8 – 16 中定义了 FilenameFilter 文件过滤器对象 filter，并实现了 accept()方法。在 accept()方法中，对当前正在遍历的 currFile 对象进行了判断，只有当 currFile 对象代表文件，并且扩展名为".txt"时，才返回 true。在调用 File 对象的 list()方法时，将 filter 过滤器对象传入，就得到了包含所有"txt"文件名的字符串数组。

前面两个例子演示的都是遍历目录下文件的文件名，有时候在一个目录下，除了文件，还有子目录。如果想得到所有子目录下的 File 类型对象，list()方法显然不能满足要求，这时需要使用 File 类提供的另一个方法 listFiles()。listFiles()方法返回一个 File 对象数组，当对数组中的元素进行遍历时，如果元素中还有子目录需要遍历，则需要使用递归。下面继续通过一个实例来实现遍历指定目录下的文件。

例 8 – 17　调用 FileDir()方法遍历指定目录下的文件。

```
import java.io.File;
public class example8_17{
        public static void main(String[] args){
                                            //创建一个代表目录的 File 对象
                File file = new File("D:\\java\\项目8");
                fileDir(file);                      //调用 FileDir 方法
        }
        public static void fileDir(File dir){
                File[] files = dir.listFiles();    //获得表示目录下所有文件的数组
                for(File file:files){              //遍历所有的子目录和文件
                        if(file.isDirectory()){
                                fileDir(file);     //如果是目录,递归调用 fileDir()
                        }
                        System.out.println(file.getAbsolutePath()); /* 输出文件的绝
对路径 */
                }
        }
}
```

例 8 – 17 运行结果如图 8 – 24 所示。

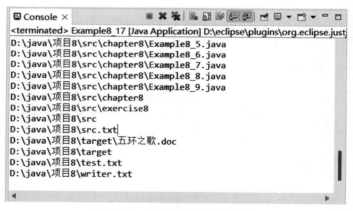

图 8 – 24　例 8 – 17 的运行结果

例 8 – 17 中定义了一个静态方法 fileDir( ),该方法接收一个表示目录的 File 对象。在该方法中,首先通过调用 listFiles( )方法把该目录下所有的子目录和文件存到一个 File 类型的数组 files 中,接着通过 for 循环遍历数组 files,并对当前遍历的 File 对象进行判断,如果是目录,就重新调用 fileDir( )方法进行递归,如果是文件,就直接打印输出文件的路径,这样就成功遍历出该目录下所有的文件。

8.3.3　删除文件及目录

在操作文件时,经常会遇到需要删除一个目录下的某个文件或者删除整个目录的情况,这时可以使用 File 类的 delete( )方法。下面通过一个实例来演示使用 delete( )方法删除文件或文件夹。

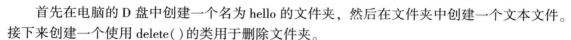

　　首先在电脑的 D 盘中创建一个名为 hello 的文件夹，然后在文件夹中创建一个文本文件。接下来创建一个使用 delete( )的类用于删除文件夹。

　　例 8 – 18　使用 delete( )方法删除文件夹。

```
import java.io. * ;
public class example8_18{
    public static void main(String[] args){
        File file = new File("D:\\hello\\test");
        if(file.exists()){
            System.out.println(file. delete());
        }
    }
}
```

例 8 – 18 运行结果如图 8 – 25 所示。

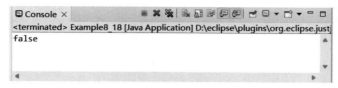

图 8 – 25　例 8 – 18 的运行结果

　　图 8 – 25 的运行结果中输出了 false，这说明删除文件失败了。那么为什么会失败？原因是 File 类的 delete( )方法只能删除一个指定的文件，假如 File 对象代表目录，并且目录下包含子目录或文件，则 File 类的 delete( )方法不允许直接删除这个目录。在这种情况下，需要通过递归的方式将整个目录以及其中的文件全部删除，具体递归的方式和例 8 – 17 一样。下面通过修改例 8 – 18 来演示如何删除包含子文件的目录。

　　例 8 – 19　使用 deleteDir( )方法删除子文件的目录。

```
import java.io. * ;
public class example8_19{
    public static void main(String[] args){
        File file = new File("D:\\hello\\test");    //创建一个代表目录的 File 对象
        deleteDir(file);                            //调用 deleteDir 删除方法
    }
    public static void deleteDir(File dir){
        if(dir.exists()){                           //判断传入的 File 对象是否存在
            File[] files = dir.listFiles();         //得到 File 数组
            for(File file : files){                 //遍历所有的子目录和文件
                if(file.isDirectory()){
                    deleteDir(file);                //如果是目录,递归调用 deleteDir()
                } else{                             //如果是文件,直接删除
                    file.delete();
                }
            }                                       //删除完一个目录里的所有文件后,就删除这个目录
            dir.delete();
        }
    }
}
```

例 8 – 19 删除 test 目录前后对比如图 8 – 26 所示。

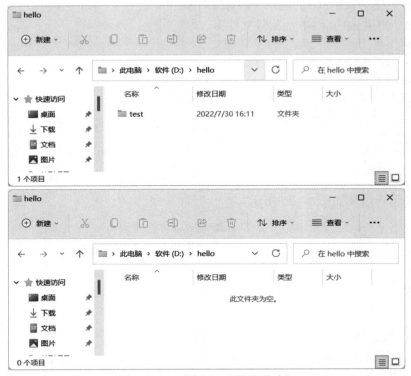

图 8 – 26　删除 test 目录前后对比

在例 8 – 19 中定义了一个删除目录的静态方法 deleteDir( )来接收一个 File 对象类型的参数。在这个方法中，调用 listFile( )方法把这个目录下所有子目录和文件保存到一个 File 类型的数组 files 中，然后遍历这个 files 数组，如果是文件，则直接调用 File 的 delete( )方法删除，如果是目录，则重新调用 deleteDir( )方法进行递归，来删除目录中的文件。当目录下的文件全部删除完之后，再删除目录，这样便从里层到外层递归地删除了整个目录。

需要注意的是，删除目录是从虚拟机直接删除而不放入回收站的，文件一旦删除，就无法恢复，因此在进行删除操作时要格外小心。

8.4　项目实训

8.4.1　实训任务

实现一个简单的通讯簿程序。该程序可以让用户通过控制台录入联系人姓名、电话和 E – mail 地址，也可以让用户查看通讯簿中所有联系人信息。所有通讯簿的信息都要保存到文件中。

需要解决的问题：

①如何将联系人信息保存到文件中。

可以通过文件输出流将数据输出到文件中。如果输出的是文本信息，可以将文件流包装成打印流之后在输出。

②如何从文件中读取文件内容。

可以通过文件输入流将数据从文件中输入。如果读取的是文本信息，可以将文件输入流包装成缓冲输入流之后再进行输入。

8.4.2　任务实施

本项目要实现一个通讯簿程序，主要实现通讯簿信息录入和查看功能。具体可以按照以下过程实现：

（1）实现功能菜单的选择

先在控制台输出功能选项，然后根据用户输入的选项编号进入相应的功能处理。

```java
import java.io.*;
import java.util.Scanner;
import static jdk.nashorn.tools.ShellFunctions.input;
public class AddressBook
{
    public static void main(String[] args)
    {
        mainMenu();
    }
    public static void mainMenu()
    {
        Scanner sc = new Scanner(System.in);
        int menu = 0;
        do
        {
            System.out.println(" =============== ");
            System.out.println("请输入以下功能编号");
            System.out.println("1.录入通讯簿");
            System.out.println("2.查看通讯簿");
            System.out.println("0.退出");
            System.out.println(" =============== ");
            menu = sc.nextInt();
            if(menu == 1)
            {
                input();//联系人信息录入
            }else if(menu == 2)
            {
                display();//联系人查看
            }else
            {
                System.out.println("通讯簿退出!");
                break;
            }
        }while(true);
    }
}
```

上述代码中使用了多个输出函数来实现"录入"界面输出，并且用一个输入类让用户键盘录入想要的操作，按下"1"则为录入联系人信息，"2"则为查看通讯簿中联系人的信息，如果用户按下"0"，则会直接退出该录入系统。

（2）实现录入功能

先从控制台输入联系人姓名、电话和 E－mail 地址，然后将联系人信息保存到文件中。

```
private static void input()
{
        Scanner sc = new Scanner(System.in);
        System.out.println(" ========= 录入 ========= ");
        System.out.println("请输入联系人姓名");
        String name = sc.nextLine();
        System.out.println("请输入电话号码");
        String phone = sc.nextLine();
        System.out.println("请输入 email");
        String email = sc.nextLine();
        File file = new File("AddressBook.txt");
        try
        {
                if(! file.exists())
                {
                        File.createNewFile();
                }
                PrintWriter out = new PrintWriter(new FileOutputStream(file,true));
                out.println("联系人:" + name + "\t 电话" + phone + "\temail:" + email);
                out.close();
        }catch(Exception ex)
        {
                ex.printStackTrace();
        }
}
```

上述代码中使用了多个输出函数来将"录入"界面输出，并且用了一个输入类，从键盘录入联系人的姓名、电话号码、E－mail，并且创建一个文件在控制台输出联系人名字、电话和 E－mail。

（3）实现查看功能

先从文件中读取联系人信息，然后将联系人信息打印到控制台上。

```
private static void display()
{
        try
        {
                BufferedReader in = new BufferedReader(new InputStreamReader(new FileInputStream("AddressBook.txt")));
                int count = 0;
                do
                {
                        String address = in.readLine();
                        if(address == null)
```

```
                    {
                        break;
                    }
                    count ++;
                    System.out.println(count + ":" + address);
            }while(true);
        }catch(Exception ex)
        {
            ex.printStackTrace();
        }
    }
```

上述代码中创建了一个 **BufferedReader** 对象，如果录入一个联系人信息，count 加 1，并且在控制台输出所有联系人的名字、电话以及 E‒mail。

8.4.3 任务运行

编译成功后，程序运行结果如图 8‒27 所示。

图 8‒27　任务运行结果

①输入数字"1"，提示录入通讯簿信息，录入情况如图 8‒28 所示。

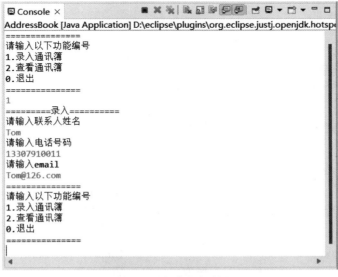

图 8‒28　任务运行结果

②如果输入数字"2"，查看通讯簿，结果如图 8 – 29 所示。

图 8 – 29   任务运行结果

8.5 项目小测

一、填空题

1. 所有字节流类的基类是_____、_____。

2. 所有字符流类的基类是_____、_____。

3. InputStream 类以_____为信息的基本单位。

4. Reader 类以_____为信息的基本单位。

5. _____类用于处理文件和路径问题。

6. System. in 的类型是_____。

7. System. out 的类型是_____。

二、选择题

1. 以下选项中，属于字节流的是（　　　）。

A. FileInputSream 　　B. FileWrite 　　C. FileReader 　　D. PrintWriter

2. 以下选项中不属于 File 类能够实现的功能的是（　　　）。

A. 建立文件 　　B. 建立目录 　　C. 获取文件属性 　　D. 读取文件内容

3. 以下选项中是所有输入字节流的基类的是（　　　）。

A. InputStream 　　B. OutputStream 　　C. Reader 　　D. Writer

4. 以下选项中是所有输出字符流的基类的是（　　　）。

A. InputStream 　　B. OutputStream 　　C. Reader 　　D. Writer

5. 下列选项中能独立完成外部文件数据读取操作的流类是（　　　）。

A. InputStream 　　　　　　　　B. FileInputStream

C. FilterInputStream 　　　　　　D. DataInputStream

6. 下列选项中能独立完成外部文件数据读取操作的流类是（　　　）。

A. Reader 　　　　　　　　　　B. FileReader

C. BufferedReader

D. ReaderInputStream

7. 实现字符流的写操作类是（　　　）。

A. FileReader

B. Writer

C. FileInputStream

D. FileOutputStream

8. 实现字符流的读操作的类是（　　　）。

A. FileReader

B. Writer

C. FileInputStream

D. FileOutputStream

9. 凡是从中央处理器流向外部设备的数据流，称为（　　　）。

A. 文件流　　　　　　B. 字符流　　　　　　C. 输入流　　　　　　D. 输出流

10. 构造 BufferedInputStream 的合适参数是（　　　）。

A. FileInputStream

B. BufferedOutputStream

C. File

D. FileOutputStream

11. 在编写 Java Application 程序时，若需要使用到标准输入/输出语句，必须在程序的开头写上（　　　）语句。

A. import java. awt. ＊；

B. import java. applet. Applet；

C. import java. io. ＊；

D. import java. awt. Graphics；

12. 下列流中不属于字符流的是（　　　）。

A. InputStreamReader

B. BufferedReader

C. FilterReader

D. FileInputStream

13. 字符流与字节流的区别在于（　　　）。

A. 前者带有缓冲，后者没有

B. 前者是块读写，后者是字节读写

C. 二者没有区别，可以互换使用

D. 每次读写的字节数不同

三、判断题

1. 如果一个 File 表示目录下有文件或者子目录，调用 delete( )方法也可以将其删除。

（　　　）

2. File 类提供了一系列方法，用于操作其内部封装的路径指向的文件或者目录，boolean exists( )方法是判断文件或目录是否存在。（　　　）

3. JDK 提供了两个抽象类：InputStream 和 OutputStream，它们是字节流的顶级父类，所有的字节输入流都继承自 OutputStream，所有的字节输出流都继承自 InputStream。（　　　）

4. InputStreamReader 是 Reader 的子类，它可以将一个字节输出流转换成字符输出流。

（　　　）

四、简答题

1. 简述流的概念。

2. Java 流被分为字节流、字符流两大流类，两者有什么区别？

3. 简要说明管道流。

4. 下面的程序创建了一个文件输出流对象，用来向文件 test. txt 中输出数据，假设程序当前目录下不存在文件 test. txt，编译下面的程序 Test. java 后，将该程序运行 3 次，则文件 test. txt 的内容为_____。

```
import java.io. * ;
public class Test {
    public static void main(String[ ] args){
        try{
                String s = "ABCDE";
                byte b[ ] = s.getBytes();
                FileOutputStream file = new FileOutputStream("test.txt",true);
                file.write(b);
                  file.close();
        }catch(IOException e){
            System.out.println(e.toString());
        }
    }
}
```

五、编程题

1. 在本机的磁盘系统中找一个文件夹，利用 File 类提供的方法列出该文件夹中所有文件的文件名和文件的路径，执行效果如下：

路径是 xxx 的文件夹内的文件有：

文件名：abc. txt

路径名：c：\temp\abc. txt

———————————————————

文件名：def. txt

路径名：c：\temp\def. txt

2. 编写一个 Java 程序实现文件复制功能，要求将 d：/io/copysrc. doc 中的内容复制到 d：/io/copydes. doc 中。

3. 在程序中创建一个 Student 类型的对象，并把对象信息保存到 d：/io/student. txt 文件中，然后再从文件中把 Students 对象的信息读出显示在控制台上，Student 类包含 id、name 和 birth 属性。

项目 9

数据库编程

【项目导读】

在程序开发中，大量的开发工作都是基于数据库的，使用数据库可以方便地实现数据存储和查找。本项目将介绍 MySQL 数据库技术，讲解 Java 语言的数据库操作技术 JDBC，同时以 MySQL 为例，进一步介绍使用 JDBC 编写数据库应用程序的步骤和基本方法，为用 Java 语言进行数据库应用系统开发奠定基础。最后，通过项目实训利用已学的 Java 面向对象编程基础和图形界面设计知识，结合数据库技术实现一个图书管理程序。

【学习目标】

本项目学习目标为：

（1）了解 MySQL 数据库技术。

（2）了解 JDBC 技术常用接口。

（3）掌握利用 JDBC 技术访问数据库的主要步骤。

（4）掌握操作数据库的方法。

（5）熟悉在 table 组件中访问数据库的方法。

【技能导图】

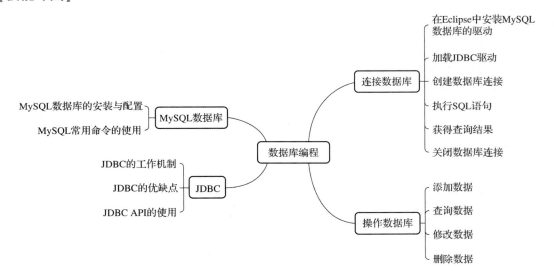

【思政课堂】

推动职业教育高质量发展　新职业教育法5月起施行

2022 年 04 月 20 日 10:15　来源：新华社

十三届全国人大常委会第三十四次会议今日表决通过，新修订的职业教育法将于2022 年 5 月 1 日起施行。这是职业教育法制定近26 年来的首次修订，新职业教育法共八章六十九条。

职业教育法中，明确职业教育是与普通教育具有同等重要地位的教育类型，职业教育法的颁布旨在着力提升职业教育认可度，深化产教融合、校企合作，完善职业教育保障制度和措施，更好地推动职业教育高质量发展。

9.1　MySQL 数据库

9.1.1　MySQL 数据库的安装与配置

MySQL 数据库在项目开发上受到很多人的青睐，在安装 MySQL 之前，可以到官方网站上下载数据库。

MySQL 数据库

1. MySQL 数据库的下载

在浏览器的地址栏中输入 MySQL 官网下载地址：www. mysql. com，进入下载页面，单击"DOWNLOADS"链接，进入下载地址，会看到几个不同的版本：

①MySQL Enterprise Edition：企业版（收费）。

②MySQL Cluster CGE：高级集群版（收费）。

③MySQL Community（GPL）：社区版（开源免费，但官方不提供技术支持）。

通常用的都是社区版。单击"MySQL Community（GPL）Downloads"链接，进入"MySQL Community Downloads"页面，选择"MySQL Community Server"链接，打开下载页面，如图 9 – 1 所示。

这里提供安装版和解压版，安装版是32 位的（当然，64 位系统下也能安装），解压版是64 位的。

这里选择安装版进行下载，在图9 – 1 中，单击"Go to Download Page"链接，出现如图 9 – 2 所示页面，单击第2 个"Download"按钮下载。

进入下一步页面，单击左下角的"No thanks, just start my download."链接开始下载。

2. MySQL 的安装

下载之后得到软件安装包 mysql – installer – community – 8. 0. 29. 0. msi，双击运行该软件，安装 MySQL 数据库。具体步骤如下：

①运行成功之后，进入"Choosing a Setup Type"页面，如图 9 – 3 所示，选择默认的"Developer Default"选项，单击"Next"按钮。

②进入"Path Conflicts"页面，设置安装路径，如图 9 – 4 所示，如果之前安装过 MySQL 软件，那么这里就会出现警告，提示默认路径已经存在，是否需要修改路径。如果不修改，则使用默认选项，单击"Next"按钮。如果之前没有安装过，则直接跳到下一步。

图 9 – 1　选择安装平台

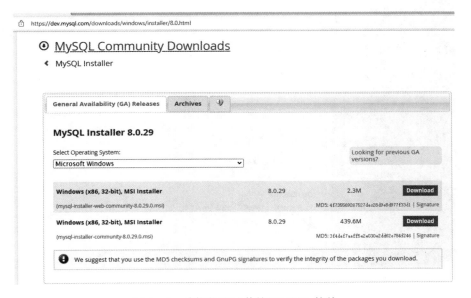

图 9 – 2　选择想要下载的 MySQL 软件

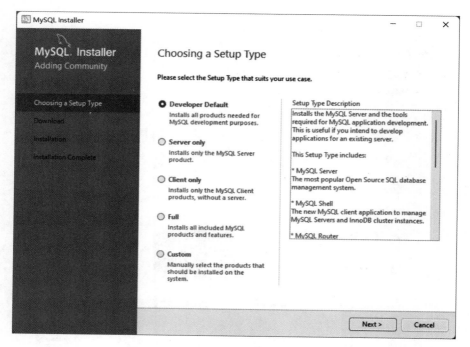

图 9 – 3 "Choosing a Setup Type" 页面

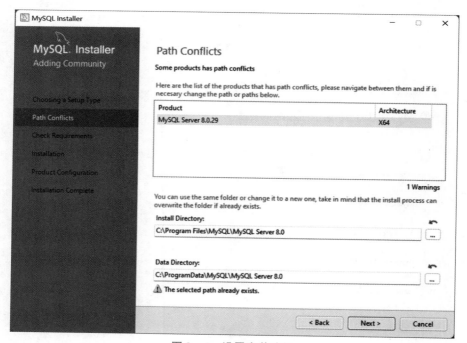

图 9 – 4 设置安装路径

③进入"Check Requirements"页面，不需要勾选，直接单击"Next"按钮。安装程序出现了提示，如图 9 – 5 所示，这里单击"Yes"按钮。

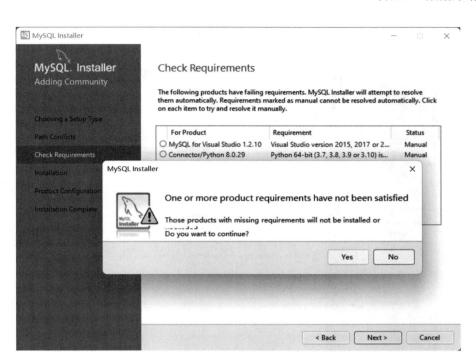

图 9 – 5　选择组件

④在 "Installation" 页面能够看到接下来需要安装的程序，单击 "Execute" 按钮进行安装，程序安装完成后，出现如图 9 – 6 所示页面，单击 "Next" 按钮。

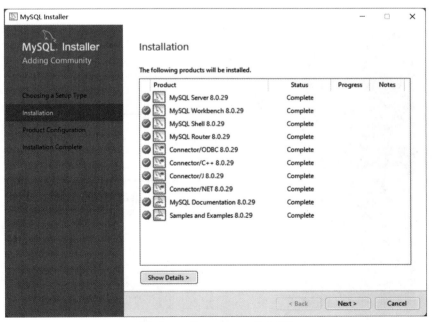

图 9 – 6　"Installation" 页面

⑤在 "Product Configuration" 产品配置页面，能够看到需要配置的程序，单击 "Next" 按钮。在 "Type and Networking" 页面，先配置 MySQL Server 和网络的类型，选择第一种类

型及连接端口，在"Config Type"中选择"Development Computer"，在"Port"中默认为"3306"，如图9–7所示，单击"Next"按钮。

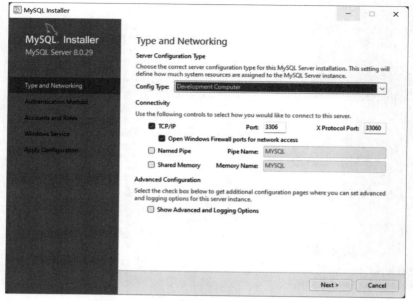

图9–7 "Type and Networking"页面

⑥设置 MySQL 密码后，选择性地添加其他管理员，单击"Next"按钮，如图9–8所示。

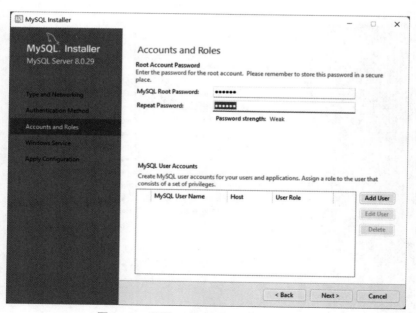

图9–8 设置 MySQL Server 管理员密码

⑦随后配置 MySQL 在 Windows 系统中的名字，同时可以选择是否开机启动 MySQL 服务，选择默认选项，如图9–9所示，单击"Next"按钮。在"Apply Configuration"应用配

置页面，单击"Execute"按钮进行安装配置。最后，单击"Finish"按钮，如图 9 – 10 所示，完成安装。

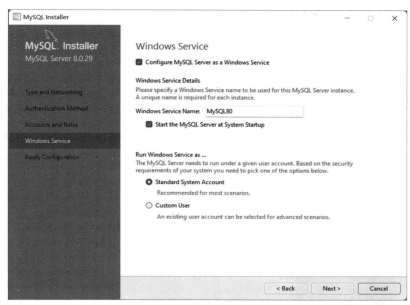

图 9 – 9　设置"Windows Service"选项

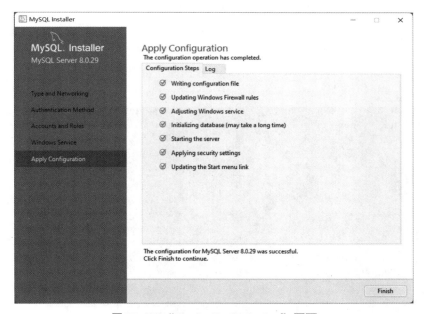

图 9 – 10　"Apply Configuration"页面

3. MySQL 的配置

安装完成后，配置 MySQL 步骤为：

①在配置"MySQL Router"页面中，注意 MySQL 默认端口号为"33036"，一般不用更改，单击"Next"按钮后，如果此端口被占用，则需要修改此端口号。同时需要输入

MySQL 数据库的默认用户 root 和密码。

②在"Connect To Server"页面中，需要输入 MySQL 数据库的默认用户 root 和密码，单击"Check"按钮，提示所有链接测试成功，表示已经成功链接，单击"Next"按钮，如图 9 – 11 所示，随后执行至完成。至此，MySQL 数据库完全安装与配置成功。

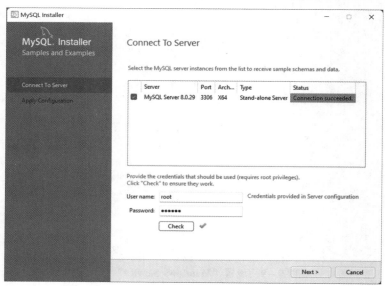

图 9 – 11   "Connect To Server"页面

③安装配置完成后，单击"开始"按钮，在"所有应用"中选择"My SQL"程序组中的"MySQL 8.0 Command Line Client"命令或在命令提示符下输入：mysql – u root – p，在出现的窗口中输入 root 密码，即可进入 MySQL 数据库，如图 9 – 12 所示。

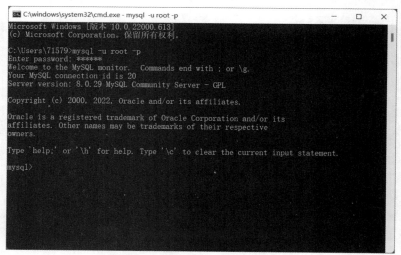

图 9 – 12   运行 MySQL 数据库

如果没有运行成功，则要考虑环境变量是否已经设置正确。MySQL 的默认安装路径是 C:\Program Files\MySQL\MySQL Server 8.0，需要在 Path 环境变量中添加"C:\Program Files\MySQL\MySQL Server 8.0\bin\"内容，如图 9 – 13 所示，以保证能够成功运行 MySQL 数据库。

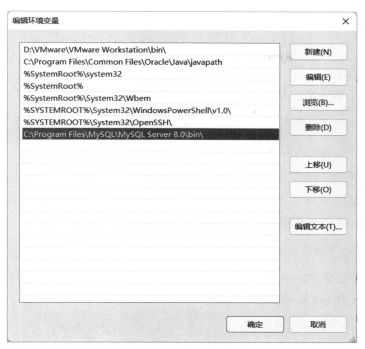

图 9 – 13　编辑环境变量

④如果要启动 MySQL 图形界面，执行 MySQL 程序组中的 "MySQL Workbench 8.0 CE" 命令，执行后单击 "Local instance MySQL80" 按钮，输入 root 密码，启动 "MySQL Work-bench 8.0"，如图 9 – 14 所示。

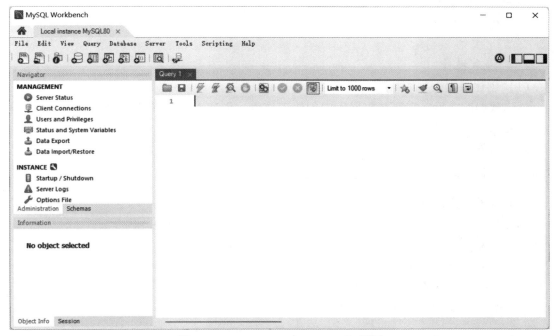

图 9 – 14　"MySQL Workbench" 界面

9.1.2　MySQL 的常用命令

1. 数据库操作

（1）创建数据库

在登录 MySQL 服务后，使用 create 命令创建数据库，命令格式为：

```
CREATE DATABASE 数据库名;
```

例如，创建名为 test 的数据库：

```
mysql >CREATE DATABASE test;
```

（2）删除数据库

可以使用 DROP 命令删除数据库，命令格式为：

```
DROP DATABASE < 数据库名 >;
```

在删除数据库过程中，务必要十分谨慎，因为在执行删除命令后，所有数据将会消失。
例如，删除名为 test 的数据库：

```
mysql > DROP DATABASE test;
```

（3）选择数据库

连接到 MySQL 数据库后，可能有多个可以操作的数据库，所以需要选择要操作的数据库。

在 mysql > 提示窗口中可以使用 USE 命令选择特定的数据库。例如，选取数据库 test：

```
mysql >USE test;
Database changed
mysql >
```

2. 数据表操作

（1）创建数据表

创建数据库之后，需要在数据库中创建工作表，创建 MySQL 数据表需要表名、表字段名、定义每个表字段等信息。

以下为创建 MySQL 数据表的 SQL 通用格式：

```
CREATE TABLE table table_name(column_name column_type);
```

以下例子中将在 test 数据库中创建数据表 teacher_tbl：

```
USE test;
CREATE TABLE IF NOT EXISTS teacher_tbl(
  teacher_id INT UNSIGNED AUTO_INCREMENT,
  teacher_name VARCHAR(12)NOT NULL,
  department VARCHAR(20)NULL,
  PRIMARY KEY(teacher_id)
)ENGINE = InnoDB DEFAULT CHARSET = utf8;
```

说明如下：

①如果不想字段为 NULL，可以设置字段的属性为 NOT NULL，在操作数据库时，如果输入该字段的数据为 NULL，就会报错。

②AUTO_INCREMENT 定义列为自增的属性，一般用于主键，数值会自动加 1。

③PRIMARY KEY 关键字用于定义列为主键。可以使用多列来定义主键，列间以逗号分隔。

④ENGINE 设置存储引擎，CHARSET 设置编码。

（2）删除数据表

删除 MySQL 数据表的通用格式：

```
DROP TABLE table_name;
```

MySQL 中删除数据表要非常小心，因为执行删除命令后所有数据都会消失。

例如，删除数据表 teacher_tbl：

```
USE test;
DROP TABLE teacher_tbl;
```

3. 数据操作

（1）插入数据

在 MySQL 表中使用 INSERT INTO 语句来插入数据。

以下为向 MySQL 数据表插入数据的 INSERT INTO 格式：

```
INSERT INTO table_name(field1,field2,...,fieldN)
                      VALUES
                      (value1,value2,...,valueN);
```

如果数据是字符型，必须使用单引号或者双引号，如"value"。

可以通过命令提示窗口插入数据。

以下示例将使用 INSERT INTO 语句向 MySQL 数据表 teacher_tbl 插入数据。

例 9 – 1　向 teacher_tbl 表插入一条数据，命令如下：

```
INSERT INTO teacher_tbl
    (teacher_id,teacher_name,department)
    VALUES
    (3601105,"张三","信息工程学院");
```

执行情况如图 9 – 15 所示。

（2）查询数据

MySQL 数据库使用 SELECT 语句来查询数据。

可以通过 MySQL Workbench 集成环境在数据库中查询数据，或者通过命令提示窗口来查询数据。

以下为在 MySQL 数据库中查询数据的 SELECT 语法格式：

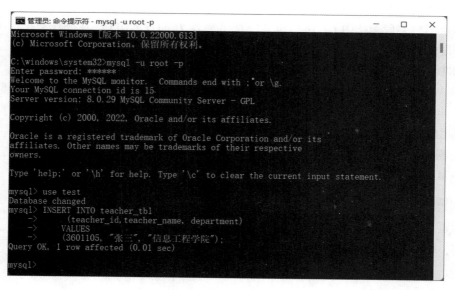

图 9 – 15　插入数据

```
SELECT column_name,column_name
FROM table_name
[WHERE Clause]
[LIMIT N][ OFFSET M]
```

查询语句中可以使用一个或者多个表，表之间使用逗号（,）分隔，并使用 WHERE 语句来设定查询条件。

SELECT 命令可以读取一条或者多条记录。

- 可以使用星号（*）来代替其他字段，SELECT 语句会返回表的所有字段数据。
- 可以使用 WHERE 语句来包含任何条件。
- 可以使用 LIMIT 属性来设定返回的记录数。
- 可以通过 OFFSET 指定 SELECT 语句开始查询的数据偏移量。默认情况下偏移量为 0。

以下命令将通过 SELECT 命令来获取 MySQL 数据表 teacher_tbl 的数据：

例 9 – 2　返回数据表 teacher_tbl 的所有记录：

```
select * from teacher_tbl;
```

在 MySQL Workbench 环境中，执行结果如图 9 – 16 所示。

（3）删除记录语句

可以使用 SQL 的 DELETE FROM 命令来删除 MySQL 数据表中的记录。从 MySQL 数据表中删除数据的格式为：

```
DELETE FROM table_name [WHERE Clause]
```

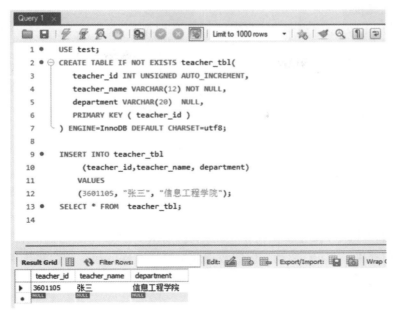

图 9 – 16　查询数据

如果没有指定 WHERE 子句，MySQL 表中的所有记录将被删除。当想删除数据表中指定的记录时，WHERE 子句是非常有用的。

例 9 – 3　删除 teacher_tbl 表中 teacher_id 为 3610105 的记录：

```
DELETE FROM teacher_tbl WHERE teacher_id = 3601105;
```

执行结果如图 9 – 17 所示。

```
mysql> use test
Database changed
mysql> DELETE FROM teacher_tbl WHERE teacher_id=3601105;
Query OK, 1 row affected (0.01 sec)

mysql>
```

图 9 – 17　例 9 – 3 执行结果

9.2　JDBC 概述

JDBC 概述

Java 数据库连接（Java Database Connectivity，JDBC），是 Java 语言中用来规范客户端程序如何来访问数据库的应用程序接口（API），提供了诸如查询和更新数据库中数据的方法。

9.2.1　JDBC 介绍

1. JDBC 的工作机制

JDBC 是一个独立于特定数据库管理系统、通用的 SQL 数据库存取和操作的公共接口（一组 API），定义了用来访问数据库的标准 Java 类库，使用这个类库可以一种标准的方法方便地访问数据库资源。

通过使用 JDBC，程序员可以用纯 Java 语言和标准的 SQL 语句编写完整的数据库应用程序，JDBC 真正地实现了软件的跨平台性。JDBC 为访问不同的数据库提供了一种统一的途径，为开发者屏蔽了一些细节问题，如图 9 – 18 所示。

有了 JDBC API，就不必为访问 MySQL 数据库专门写一个程序，为访问 Oracle 数据库又专门写一个程序，为访问 SQL Server 数据库又写另一个程序……只需用 JDBC API 写一个程序就够了，它可向相应数据库发送 SQL 语句。而且，使用 Java 编程语言编写的应用程序，就无须去忧虑要为不同的平台编写不同的应用程序。将 Java 和 JDBC 结合起来将使程序员只须写一遍程序就可让它在任何平台上运行。JDBC 的目标是使 Java 程序员使用 JDBC 就可以连接任何提供了 JDBC 驱动程序的数据库系统，这样就使得程序员无须对特定的数据库系统的特点有过多的了解，从而大大简化和加快了开发过程。

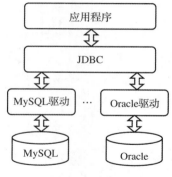

图 9 – 18　JDBC API

2. JDBC 的优缺点

JDBC 具有如下优点：

①JDBC 使程序员从复杂的驱动程序编写工作中解脱出来，可以完全专注于业务逻辑的开发。

②JDBC 支持多种关系型数据库，大大增加了软件的可移植性。

③JDBC 是面向对象的，软件开发人员可以将常用的方法进行二次封装，从而提高代码的重用性。

尽管如此，JDBC 还是存在如下缺点：

①通过 JDBC 访问数据库时速度将受到影响。

②虽然 JDBC 是面向对象的，但通过 JDBC 访问数据库依然是面向关系的。

③JDBC 要依赖厂商提供的驱动程序。

9.2.2　JDBC API

JDBC 的 API 主要由 java. sql 包提供。java. sql 包定义了一些操作数据库的接口，这些接口封装了访问数据库的具体方法。其中，Connection 类表示数据库连接，包含了处理数据库连接的有关方法；Statement 类提供了执行数据库具体操作的方法；ResultSet 类表示结果集，可以提取有关数据库操作结果的信息。JDBC API 中常用的类和接口见表 9 – 1。

表 9 – 1　JDBC API 包中定义的类和接口

类或接口名称	作用
java. sql. Drive	定义一个数据库驱动程序的接口
java. sql. DriverManager	用于管理 JDBC 驱动程序
java. sql. Connection	用于与特定数据库的连接

续表

类或接口名称	作用
java. sql. Statement	用于执行静态的 SQL 语句并返回执行结果
java. sql. PreparedStatement	用于执行动态的 SQL 语句
java. sql. CallableStrtement	用于执行对数据库的储存过程的调用
java. sql. ResultSet	用于创建表示 SQL 查询结果的结果集
java. sql. DatabaseMetaData	用于取得与数据库相关的信息，如数据库名称、版本

在设计应用程序时，主要使用 DriverManager、Connection、Statement、PreparedStatement、ResultSet 等几个类。它们之间的关系是通过 DriverManager 类的相关方法建立同数据库的连接的，建立连接后，返回一个 Connection 类的实例，再通过连接类的实例创建 Statement 或 PreparedStatement 的实例，最后用 Statement 或 PreparedStatement 的相关方法执行 SQL 语句的检索结果，通过这个检索结果可以得到数据库中的数据。

1. Driver 类

java. sql. Driver（以下简称 Driver 类）表示 Java 驱动程序接口的类，此类处理与数据库服务器的通信。很少直接使用驱动程序（Driver）实例，一般使用 DriverManager 中的实例，用于管理此类型的实例。

通常情况下通过 java. lang. Class 类的静态方法 forName（String className）加载欲连接数据库的 Driver 类，该方法的入口参数为欲加载 Driver 类的完整路径。成功加载后，会将 Driver 类的实例注册到 DriverManager 类中，如果加载失败，将抛出 ClassNotFoundException 异常，即未找到指定 Driver 类的异常。

2. DriverManager 类

java. sql. DriverManager 类（以下简称 DriverManager 类）用来管理数据库中的所有驱动程序，是 JDBC 的管理层，作用于用户和驱动程序之间，负责跟踪可用的驱动程序，并在数据库和驱动程序之间建立连接；另外，DriverManager 类也处理诸如驱动程序登录时间限制及登录和跟踪消息的显示等工作。成功加载 Driver 类并在 DriverManager 类中注册后，DriverManager 类即可用来建立数据库连接。

当调用 DriverManager 类的 getConnection（）方法请求建立数据库连接时，DriverManager 类将试图定位一个适当的 Driver 类，并检查定位到的 Driver 类是否可以建立连接，如果可以，则建立连接并返回，如果不可以，则抛出 SQLException 异常。

DriverManager 类提供的常用静态方法见表 9 – 2。

表 9 – 2　DriverManager 类提供的常用静态方法

方法名称	功能描述
getConnection （String url，String user，String password）	用来获得数据库连接，3 个入口参数依次为要连接数据库的 URL、用户名和密码，返回值的类型为 java. sql. Connection

方法名称	功能描述
setLoginTimeout(int seconds)	用来设置每次等待建立数据库连接的最长时间
setLogWriter(java. io. PrintWriter out)	用来设置日志的输出对象
println(String message)	用来输出指定消息到当前的 JDBC 日志流

3. Connection 接口

java. sql. Connection 接口（以下简称 Connection 接口）代表与特定数据库的连接，在连接的上下文中可以执行 SQL 语句并返回结果，还可以通过 getMetaData( ) 方法获得由数据库提供的相关信息，例如数据表、存储过程和连接功能等信息。

Connection 接口提供的常用方法见表 9 – 3。

表 9 – 3　Connection 接口提供的常用方法

方法名称	功能描述
createStatement( )	创建并返回一个 Statement 实例，通常在执行无参的 SQL 语句时创建该实例
prepareStatement( )	创建并返回一个 PreparedStatement 实例，通常在执行包含参数的 SQL 语句时创建该实例，并对 SQL 语句进行了预编译处理
prepareCall( )	创建并返回一个 CallableStatement 实例，通常在调用数据库存储过程时创建该实例
setAutoCommit( )	设置当前 Connection 实例的自动提交模式。默认为 true，即自动将更改同步到数据库中；如果设为 false，需要通过执行 commit( ) 或 rollback( ) 方法手动将更改同步到数据库中
getAutoCommit( )	查看当前的 Connection 实例是否处于自动提交模式，如果是，则返回 true，否则返回 false
setSavepoint( )	在当前事务中创建并返回一个 Savepoint 实例，前提条件是当前的 Connection 实例不能处于自动提交模式，否则将抛出异常
releaseSavepoint( )	从当前事务中移除指定的 Savepoint 实例
setReadOnly( )	设置当前 Connection 实例的读取模式，默认为非只读模式。不能在事务当中执行该操作，否则将抛出异常。有一个 boolean 型的入口参数，设为 true，表示开启只读模式，设为 false，表示关闭只读模式
isReadOnly( )	查看当前的 Connection 实例是否为只读模式，如果是，则返回 true，否则返回 false

续表

方法名称	功能描述
isClosed( )	查看当前的 Connection 实例是否被关闭，如果被关闭，则返回 true，否则返回 false
commit( )	将从上一次提交或回滚以来进行的所有更改同步到数据库，并释放 Connection 实例当前拥有的所有数据库锁定
rollback( )	取消当前事务中的所有更改，并释放当前 Connection 实例拥有的所有数据库锁定。该方法只能在非自动提交模式下使用，如果在自动提交模式下执行该方法，将抛出异常。有一个参数为 Savepoint 实例的重载方法，用来取消 Savepoint 实例之后的所有更改，并释放对应的数据库锁定
close( )	立即释放 Connection 实例占用的数据库和 JDBC 资源，即关闭数据库连接，而不是等待它们被自动释放

4. Statement 接口

java. sql. Statement 接口（以下简称 Statement 接口）用于在已经建立连接的基础上向数据库发送 SQL 语句。在 JDBC 中有 3 种 Statement 接口，分别是 Statement，PreparedStatement 和 CallableStatement。Statement 接口用于执行不带参数的简单 SQL 语句；PreparedStatement 接口继承并扩展了 Statement 接口，用来执行动态的 SQL 语句；CallableStatement 接口继承了 PreparedStatement 接口，用于执行对数据库的储存过程的调用。

Statement 接口用来执行静态的 SQL 语句，并返回执行结果。例如，对于 INSERT、UPDATE 和 DELETE 语句，调用 executeUpdate（String sql）方法；对于 SELECT 语句，则调用 executeQuery（String sql）方法，并返回一个永远不能为 null 的 ResultSet 实例。

Statement 接口提供的常用方法见表 9 - 4。

5. PreparedStatement 接口

java. sql. PreparedStatement 接口（以下简称 PreparedStatement 接口），用来执行动态的 SQL 语句，即包含参数的 SQL 语句。通过 PreparedStatement 实例执行的动态 SQL 语句将被预编译并保存到 PreparedStatement 实例中，从而可以反复并且高效地执行该 SQL 语句。

表 9 - 4　Statement 接口提供的常用方法

方法名称	功能描述
executeQuery（String sql）	执行指定的静态 SELECT 语句，并返回一个永远不能为 null 的 ResultSet 实例
executeUpdate（String sql）	执行指定的静态 INSERT、UPDATE 或 DELETE 语句，并返回一个 int 型数值，此数为同步更新记录的条数

续表

方法名称	功能描述
clearBatch( )	清除位于 Batch 中的所有 SQL 语句。如果驱动程序不支持批量处理，将抛出异常
addBatch(String sql)	将指定的 SQL 命令添加到 Batch 中。String 型入口参数通常为静态的 INSERT 或 UPDATE 语句。如果驱动程序不支持批量处理，将抛出异常
executeBatch( )	执行 Batch 中的所有 SQL 语句，如果全部执行成功，则返回由更新计数组成的数组，数组元素的排序与 SQL 语句的添加顺序对应。数组元素有以下几种情况： （1）大于或等于零的数：说明 SQL 语句执行成功，此数为影响数据库中行数的更新计数； （2）-2：说明 SQL 语句执行成功，但未得到受影响的行数 （3）-3：说明 SQL 语句执行失败，仅当执行失败后继续执行后面的 SQL 语句时出现。如果驱动程序不支持批量，或者未能成功执行 Batch 中的 SQL 语句之一，将抛出异常
close( )	立即释放 Statement 实例占用的数据库和 JDBC 资源

需要注意的是，在通过 setXxx( ) 方法为 SQL 语句中的参数赋值时，建议利用与参数类型匹配的方法，也可以利用 setObject( ) 方法为各种类型的参数赋值。PreparedStatement 接口的使用方法如下：

```
PreparedStatement ps = connection .prepareStatement ("select * from table_name
where id >? and(name = ? or name = ?)");      //生成 PreparedStatement 对象
ps.setInt(1,8);                               //给第 1 个参数赋值
ps.setString(2,"张先生");                      //给第 2 个参数赋值
ps.setObject(3,"李先生");                      //给第 3 个参数赋值
ResultSet rs = ps.executeQuery();      //执行 select 语句
```

以上语句功能为从数据表 table_name 中查找 id > 8，name = "张先生" 或 name = "李先生" 的记录。

PreparedStatement 接口提供的常用方法见表 9 – 5。

表 9 – 5　**PreparedStatement 接口提供的常用方法**

方法名称	功能描述
executeQuery( )	执行前面定义的动态 SELECT 语句，并返回一个永远不能为 null 的 ResultSet 实例

续表

方法名称	功能描述
executeUpdate( )	执行前面定义的动态 INSERT、UPDATE 或 DELETE 语句，并返回一个 int 型数值，为同步更新记录的条数
SetInt(int i,int x)	为指定参数设置 int 型值，对应参数的 SQL 类型为 INTEGER
setLong(int i,long x)	为指定参数设置 long 型值，对应参数的 SQL 类型为 BIGINT
setFloat(int i,float x)	为指定参数设置 float 型值，对应参数的 SQL 类型为 FLOAT
setDouble(int i,double x)	为指定参数设置 double 型值，对应参数的 SQL 类型为 DOUBLE
setString(int i,String x)	为指定参数设置 String 型值，对应参数的 SQL 类型为 VARCHAR 或 LONGVARCHAR
setBoolean(int i,boolean x)	为指定参数设置 boolean 型值，对应参数的 SQL 类型为 BIT
setDate(int i,Date x)	为指定参数设置 java. sql. Date 型值，对应参数的 SQL 类型为 DATE
setObject(int i,Object x)	用来设置各种类型的参数，JDBC 规范定义了从 Object 类型到 SQL 类型的标准映射关系，在向数据库发送时，将被转换为相应的 SQL 类型
setNull(int i,int sqlType)	将指定参数设置为 SQL 中的 NULL。该方法的第二个参数用来设置参数的 SQL 类型，具体值从 java. sql. Types 类中定义的静态常量中选择
clearParameters( )	清除当前所有参数的值

6. ResultSet 接口

java. sql. ResultSet 接口（以下简称 ResultSet 接口）类似于一个临时表，用来暂时存放数据库查询操作所获得的结果集以及对应数据表的相关信息，例如列名和类型等，ResultSet 实例通过执行查询数据库的语句生成。

ResultSet 实例具有指向当前数据行的指针，最初，指针指向第一行记录，通过 next( )方法可以将指针移动到下一行，如果存在下一行，该方法则返回 true，否则返回 false，所以可以通过 while 循环来迭代 ResultSet 结果集。默认情况下，ResultSet 实例不可以更新，只能移动指针，所以只能迭代一次，并且只能按从前向后的顺序。如果需要，可以生成可滚动和可更新的 ResultSet 实例。

ResultSet 接口提供了从当前行检索不同类型列值的 getXxx( )方法，均有两个重载方法，分别根据列的索引编号和列的名称检索列值，其中以列的索引编号较为高效，编号从 1 开始。对于不同的 getXxx( )方法，JDBC 驱动程序尝试将基础数据转换为与 getXxx( )方法相应的 Java 类型并返回。

ResultSet 接口提供的常用方法见表 9 – 6。

表 9 - 6   **ResultSet 接口提供的常用方法**

方法名称	功能描述
first( )	移动指针到第一行。如果结果集为空，则返回 false，否则返回 true。如果结果集类型为 TYPE_FORWARD_ONLY，将抛出异常
last( )	移动指针到最后一行。如果结果集为空，则返回 false，否则返回 true。如果结果集类型为 TYPE_FORWARD_ONLY，将抛出异常
previous( )	移动指针到上一行。如果存在上一行，则返回 true，否则返回 false。如果结果集类型为 TYPE_FORWARD_ONLY，将抛出异常
next( )	移动指针到下一行。指针最初位于第一行之前，第一次调用该方法将移动到第一行。如果存在下一行，则返回 true，否则返回 false
beforeFirst( )	移动指针到 ResultSet 实例的开头，即第一行之前。如果结果集类型为 TYPE_FORWARD_ONLY，将抛出异常
afterLast( )	移动指针到 ResultSet 实例的末尾，即最后一行之后。如果结果集类型为 TYPE_FORWARD_ONLY，将抛出异常
absolute( )	移动指针到指定行。有一个 int 型参数，正数表示从前向后编号，负数表示从后向前编号，编号均从 1 开始。如果存在指定行，则返回 true，否则返回 false。如果结果集类型为 TYPE_FORWARD_ONLY，将抛出异常
relative( )	移动指针到相对于当前行的指定行。有一个 int 型入口参数，正数表示向后移动，负数表示向前移动，视当前行为 0。如果存在指定行，则返回 true，否则返回 false。如果结果集类型为 TYPE_FORWARD_ONLY，将抛出异常
getRow( )	查看当前行的索引编号。索引编号从 1 开始，如果位于有效记录行上，则返回一个 int 型索引编号，否则返回 0
findColumn( )	查看指定列名的索引编号。该方法有一个 String 型参数，为要查看列的名称，如果包含指定列，则返回 int 型索引编号，否则将抛出异常
isBeforeFirst( )	查看指针是否位于 ResultSet 实例的开头，即第一行之前。如果是，则返回 true，否则返回 false
isAfterLast( )	查看指针是否位于 ResultSet 实例的末尾，即最后一行之后。如果是，则返回 true，否则返回 false
isFirst( )	查看指针是否位于 ResultSet 实例的第一行。如果是，则返回 true，否则返回 false
isLast( )	查看指针是否位于 ResultSet 实例的最后一行。如果是，则返回 true，否则返回 false

方法名称	功能描述
close( )	立即释放 ResultSet 实例占用的数据库和 JDBC 资源,当关闭所属的 Statement 实例时,也将执行此操作
getInt( )	以 int 型获取指定列对应 SQL 类型的值。如果列值为 NULL,则返回值 0
getLong( )	以 long 型获取指定列对应 SQL 类型的值。如果列值为 NULL,则返回值 0
getFloat( )	以 float 型获取指定列对应 SQL 类型的值。如果列值为 NULL,则返回值 0
getDouble( )	以 double 型获取指定列对应 SQL 类型的值。如果列值为 NULL,则返回值 0
getString( )	以 String 型获取指定列对应 SQL 类型的值。如果列值为 NULL,则返回值 null
getBoolean( )	以 boolean 型获取指定列对应 SQL 类型的值。如果列值为 NULL,则返回值 false
getDate( )	以 java. sql. Date 型获取指定列对应 SQL 类型的值。如果列值为 NULL,则返回值 null

9.3 连接数据库

连接数据库

使用 JDBC 访问数据库通常包括如下步骤:
①安装 JDBC 驱动;
②连接数据库;
③处理结果集;
④关闭数据库连接。

9.3.1 在 Eclipse 中安装 MySQL 数据库的驱动

1. 下载并安装 MySQL 的 JDBC 驱动程序

如果在 9.1 节中选择 MySQL 的安装版并安装了 JDBC 驱动程序,可查看 JDBC 的安装路径。方法如下:

在安装的 MySQL 程序组中选择 "MySQL Installers – Community" 程序,打开 "MySQL Installers" 安装对话框,选择 "Connector/J",如图 9 – 19 所示,可查看 JDBC 驱动程序安装路径为 C:\Program Files(x86) \MySQL\Connector J 8.0。

如果没有安装,可到官网 https://dev. mysql. com/downloads/connector/j/下载 MySQL Connector/J 压缩包 mysql – connector – java – 8. 0. 29. jar,下载后解压,将其保存在指定目录下,方便查找。

2. 连接数据库

在 Java 项目中连接 MySQL 数据库的步骤如下:

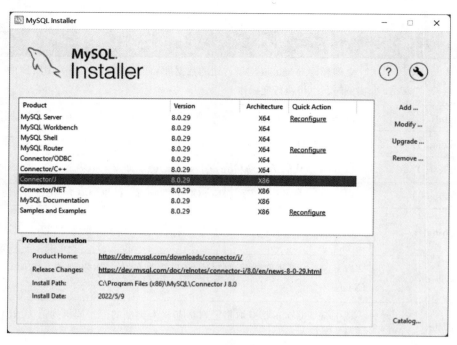

图 9 – 19 选择 "Connector/J"

①在 Eclipse 中选择 "Window" → "Preferences" → "Java" → "Build Path" → "User Libraries"，打开 "User Libraries" 页面。

②单击右侧的 "new" 按钮，在这里输入 "JDBC"，不选中 "System library（added to the boot class path）" 复选框，如图 9 – 20 所示，单击 "OK" 按钮。

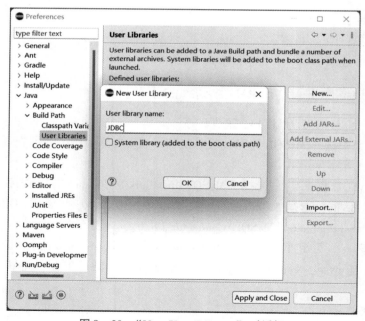

图 9 – 20 "New User Library" 对话框

③回到上一级界面，单击"Add External JARs"按钮，选择 JDBC 存放的目录 C:\Program Files(x86)\MySQL\Connector J 8.0，结果如图 9 – 21 所示。

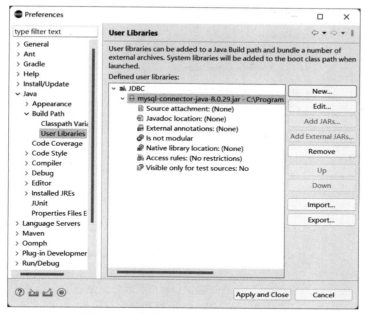

图 9 – 21　添加 JDBC "User Library"

④接下来是在项目中导入 jar 包，在 Java 项目上单击右键，选择"Build Path"→"Configure Build Path…"命令，打开"Java Build Path"选项，选择"Libraries"。

⑤单击右侧"Add Library…"→"User Library"→"Next"，打开"Add Library"对话框，单击"User Libraries…"，选择"JDBC"，单击"Apply and Close"按钮，返回"Add Library"对话框，勾选"JDBC"，单击"Finish"按钮，如图 9 – 22 所示。

图 9 – 22　"Add Library"对话框

⑥回到上一级界面就可以看到添加的 JDBC，如图 9 – 23 所示，单击 "Apply and Close"
按钮，这样，在项目下就可以看到导入的 JDBC 了，如图 9 – 24 所示。

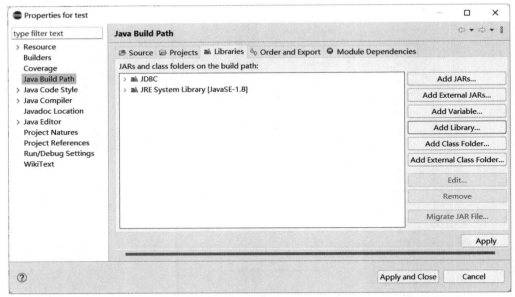

图 9 – 23　"Java Build Path" 页面

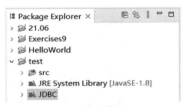

图 9 – 24　在项目中导入 JDBC

9.3.2　加载 JDBC 驱动

安装 JDBC 驱动是访问数据库的第一步，只有正确安装了驱动，才能进行其他数据库操
作。具体安装时，根据需要选择数据库，加载相应的数据库驱动。

选定了合适的驱动程序类型后，在连接数据库之前，首先要加载想要连接的数据库的驱
动到 JVM（Java 虚拟机）。Java 语言提供了两种形式的 JDBC 驱动加载方式：一种是使用
DriverManager 类加载，但是由于这种方式驱动需要持久的预设环境，所以不被经常使用；另
外一种是调用 Class. ForName（）方法进行加载，成功加载后，会将加载的驱动类注册给
DriverManager 类；如果加载失败，将抛出 ClassNotFoundException 异常，即未找到指定的驱
动类，所以需要在加载数据库驱动类时捕捉可能抛出的异常。

java. lang. Class 类的静态方法格式为 Class. forName（String className）;，其中 className
为字符串类型的待加载的驱动程序名称，连接不同的数据库需要使用不同的数据驱动程序。

各种不同的数据库对应的驱动程序名称会有所不同，见表 9 – 7，其中驱动程序文件可
以到官方网站下载。

表 9 – 7　驱动程序的名称

数据库名称	驱动程序名称
MySQL 数据库	com. mysql. cj. jdbc. Driver
SQL Server 数据库	com. microsoft. sqlserver. jdbc. SQLServerDriver
Access 数据库	Sun. jdbc. odbc. JdbcOdbcDriver
Oracle 数据库	Oracle. jdbc. driver. OracleDriver

例如：加载 MySQL 数据库代码如下：

```
try{
        //加载 MySQL 的驱动类
        Class.forName("com.mysql.cj.jdbc.Driver");
        }catch(ClassNotFoundException e){
        System.out.println("找不到驱动程序类,加载驱动失败!");
        e.printStackTrace();
    }
```

成功加载后，会将 Driver 类的实例注册到 DriverManager 类中。

9.3.3　创建数据库连接

要进行各种数据库操作，首先需要连接数据库。在 Java 语言中，使用 JDBC 连接数据库包括定义数据库连接 URL 和建立数据库连接。

1. 定义数据库连接 URL

由于 JDBC 提供了连接各种数据库的多种形式，所以定义的 URL 形式也各不相同。通常，连接 URL 定义了连接数据库时的协议、子协议、数据源标识。URL 语法格式为：

协议:子协议:数据源标识

①协议：在 JDBC 中总是以 jdbc 开始。
②子协议：是桥连接的驱动程序或是数据库管理系统名称。
③数据源标识：标记找到数据库来源的地址与连接端口。

例如：（MySQL 的连接 URL）

jdbc:mysql://localhost:3306/test? useUnicode = true&characterEncoding = utf – 8;

其中，test 为用户建立的 MySQL 数据库名称；

useUnicode = true，表示使用 Unicode 字符集，如果 characterEncoding 设置为 gb2312 或 GBK，本参数必须设置为 true。

2. 建立数据库连接

使用 DriverManager 的静态方法 getConnectin(String url，String username，String password) 可以建立数据连接，三个参数依次为欲连接的数据库的路径、数据库的用户名和密码，该方法的返回值类型为 java. sql. Connection。

例 9 − 4　与数据库建立连接。

程序代码如下：

```java
import java.sql.Connection;
import java.sql.DriverManager;
import java.sql.SQLException;
public class example9_4 {
    private static final String url = "jdbc:mysql://localhost:3306/test";
    private static final String username = "root" ;//登录 MySQL 的用户名
    private static final String password = "111111" ;//用户名 root 的密码
    static {
    try {
        //加载 MySQL 的驱动类
        Class.forName("com.mysql.cj.jdbc.Driver");
        }
    catch(ClassNotFoundException e) {
        System.out.println("找不到驱动程序类,加载驱动失败!");
        e.printStackTrace();
        }
    }
    public static void main(String[] args) {
        //TODO Auto - generated method stub
        try {
            Connection conn = DriverManager.getConnection(url,username,password);
        }
        catch(SQLException e) {
            System.out.println("数据库连接失败!");
            e.printStackTrace();
            }
        }
    }
```

9.3.4　执行 SQL 语句

　　建立数据库连接（Connection）的目的是与数据库进行通信，实现方法为执行 SQL 语句，但是通过 Connection 实例并不能执行 SQL 语句，还需要通过 Connection 实例创建 Statement 实例，Statement 实例又分为 3 种类型：

　　①Statement 实例：该类型的实例只能用来执行静态的 SQL 语句。

　　②PreparedStatement 实例：该类型的实例增加了执行动态 SQL 语句的功能。

　　③CallableStatement 实例：该类型的实例增加了执行数据库存储过程的功能。

　　上面给出的三种不同的类型中，Statement 是最基础的；PreparedStatement 继承 Statement，并做了相应的扩展；CallableStatement 继承了 PreparedStatement，又做了相应的扩展。

9.3.5　获得查询结果

　　通过 Statement 接口的 executeUpdate( )或 executeQuery( )方法，可以执行 SQL 语句，同

时将返回执行结果，如果执行的是 executeUpdate( )方法，将返回一个 int 型数值，代表影响数据库记录的条数，即插入、修改或删除记录的条数；如果执行的是 executeQuery( )方法，将返回一个 ResultSet 型的结果集，其中不仅包含所有满足查询条件的记录，还包含相应数据表的相关信息，例如每一列的名称、类型和列的数量等。

9.3.6 关闭数据库连接

在建立 Connection、Statement 和 ResultSet 实例时，均需占用一定的数据库和 JDBC 资源，所以每次访问数据库结束后，应该及时销毁这些实例，释放它们占用的所有资源，方法是通过各个实例的 close( )方法。执行 close( )方法时，建议按照如下的顺序：

```
resultSet.close();
statement.close();
connection.close();
```

建议按上面的顺序关闭的原因在于 Connection 是一个接口，close( )方法的实现方式可能多种多样。

9.4 操作数据库

访问数据库的目的是操作数据库，包括向数据库插入记录或修改、删除数据库中的记录，或者是从数据库中查询符合一定条件的记录，这些操作既可以通过静态的 SQL 语句实现，也可以通过动态的 SQL 语句实现，还可以通过存储过程实现，具体采用的实现方式要根据实际情况而定。

9.4.1 添加数据

1. 执行静态 INSERT 语句添加记录

利用 Statement 实例通过执行静态 INSERT 语句添加记录的典型代码如下：

```
String sql = "INSERT INTO teacher_tbl(teacher_id,teacher_name,department)VAL-
UES(3601101,'王 * ','机电工程学院')";  //定义 SQL 语句
Statement st = conn.createStatement();        //生成 Statement 类的对象
st.executeUpdate(sql);               //利用 st 对象来执行插入语句
```

例 9 – 5 利用 Statement 实例向 teacher_tbl 表中通过执行静态 INSERT 语句添加记录。
关键代码如下：

```
public class example9_5 {
…/* 此处省略了静态变量 url、username 和 password,以及加载数据库驱动的代码,参考例 9 – 4 */
    public static void main(String[] args){
        //TODO Auto – generated method stub
        try{
            Connection conn = DriverManager.getConnection(url,username,password);
            sql = "INSERT INTO teacher_tbl(teacher_id,teacher_name,"
                + "department)VALUES(3601101,'王 * ','机电工程学院')";
```

```
                //定义 SQL 语句
                Statement st = conn.createStatement();   //生成 Statement 类的对象
                st.executeUpdate(sql);                   //利用 st 对象来执行插入语句
                st.close();                              //关闭 Statement 对象
                conn.close();                            //关闭 Connection 对象
            }
        catch(SQLException e){
            System.out.println("数据库连接失败!");
            e.printStackTrace();
        }
    }
}
```

运行结果: 在数据表中插入 "teacher_id = 3601101" "teacher_name = 王 * " "department = 机电工程学院" 的记录。

2. 执行动态 INSERT 语句添加记录

利用 PreparedStatement 实例通过执行动态 INSERT 语句添加记录的典型代码如下:

```
sql = "INSERT INTO teacher_tbl(teacher_id,teacher_name,department)VALUES(?,?,?)";
PreparedStatement prpdSt = conn.prepareStatement(sql);
prpdSt.setInt(1,3601102);               //为整型参数赋值
prpdSt.setString(2,"张 * ");            //为字符串型参数赋值
prpdSt.setString(3,"机电工程学院");      //为字符串型参数赋值
prpdSt.executeUpdate();                 //执行 INSERT 语句
```

例 9 - 6　利用 Statement 实例向 teacher_tbl 表中通过执行动态 INSERT 语句添加记录。
关键代码如下:

```
public class example9_6 {
…/* 此处省略了静态变量 url、username 和 password,以及加载数据库驱动的代码,参考例 9 - 4 */
    public static void main(String[] args){
        //TODO Auto - generated method stub
        try {
            Connection conn = DriverManager.getConnection(url,username,password);
            sql = "INSERT INTO teacher_tbl(teacher_id,teacher_name,depart-
ment)VALUES(?,?,?)";
            //定义 SQL 语句
            PreparedStatement prpdSt = conn.prepareStatement(sql);
            prpdSt.setInt(1,3601102);               //为参数赋值
            prpdSt.setString(2,"张 * ");            //为参数赋值
            prpdSt.setString(3,"机电工程学院");      //为参数赋值
            prpdSt.executeUpdate();                 //执行 INSERT 语句
            prpdSt.close();                         //关闭 PreparedStatement 对象
            conn.close();                           //关闭 Connection 对象
        }
        catch(SQLException e){
```

```
                    System.out.println("数据库连接失败!");
                    e.printStackTrace();
                }
            }
        }
```

运行结果：在数据表中插入"teacher_id = 3601102""teacher_name = 张 * ""department =
机电工程学院"的记录。在数据库 test 的数据表 teacher_tbl 中插入的记录如图 9 – 25 所示。

teacher_id	teacher_name	department
▶ 3601101	王*	机电工程学院
3601102	张*	机电工程学院
3601105	张三	信息工程学院
* NULL	NULL	NULL

图 9 – 25　"teacher_tbl"表中插入的记录

在为动态 SQL 语句中的参数赋值时，参数的索引值从 1 开始，而不是从 0 开始；并且要
为动态 SQL 语句中的每一个参数赋值，否则，在提交时将抛出"错误的参数绑定"异常。

通过 PreparedStatement 实例添加完记录时，在设置完参数数值后，也需要调用 execute-
Update()方法，这时才真正执行 INSERT 语句向数据库添加记录。

9.4.2　查询数据

在查询数据时，既可以利用 Statement 实例通过执行静态 SELECT 语句完成，也可以利
用 PreparedStatement 实例通过执行动态 SELECT 语句完成，还可以利用 CallableStatement 实
例通过执行存储过程完成。

1. 执行静态 SELECT 语句查询数据

利用 Statement 实例通过执行静态 SELECT 语句查询数据的典型代码如下：

```
String sql = "select * from teacher_tbl";    //定义 SQL 语句
Statement st = conn.createStatement();       //生成 Statement 类的对象
ResultSet rs = st.executeQuery(sql);         //利用 st 对象来执行查询语句
```

例 9 – 7　查询 teacher_tbl 表中所有记录。
关键代码如下：

```
public class example9_7 {
…/* 此处省略了静态变量 url、username 和 password,以及加载数据库驱动的代码,参考例 9 – 4 */
    public static void main(String[] args){
        //TODO Auto – generated method stub
        try{
            Connection conn = DriverManager.getConnection(url,username,password);
            sql = "select * from teacher_tbl";              //定义 SQL 语句
            Statement st = conn.createStatement();          //生成 Statement 类的对象
            ResultSet rs = st.executeQuery(sql);            /*利用 st 对象来执行查询
语句 */
```

```
            ResultSetMetaData rsmd = rs.getMetaData();/*利用 rs 对象生成 Re-
sultSetMetaData 对象*/
            System.out.println("总列数:" + rsmd.getColumnCount());//打印列数
            while(rs.next()){                                //循环输出所有查询到的记录
                System.out.println("教工号:" + rs.getString("teacher_id") +
"姓名:"
                    + rs.getString("teacher_name") + "部门:" + rs.getString("depart-
ment"));
                                                    /*利用 rs 获取教工号、姓名和
部门*/
            }
            rs.close();                              //关闭 ResultSet 对象
            st.close();                              //关闭 Statement 对象
            conn.close();                            //关闭 Connection 对象
        }
        catch(SQLException e){
            System.out.println("数据库连接失败!");
            e.printStackTrace();
        }
    }
}
```

执行结果为显示 teacher_tbl 表中所有的记录，如图 9 – 26 所示。

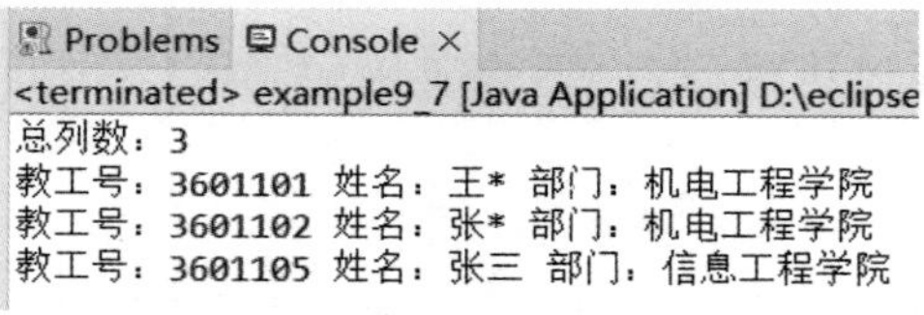

图 9 – 26　例 9 – 7 执行结果

2. 执行动态 SELECT 语句查询数据

利用 PreparedStatement 实例通过执行动态 SELECT 语句查询数据的典型代码如下：

```
String sql = "select * from teacher_tbl where teacher_id =?";
PreparedStatement prpdSt = connection.prepareStatement(sql);
prpdSt.setString(1,"3601101");
ResultSet rs = prpdSt.executeQuery();
```

例 9 – 8　查询 teacher_tbl 表中字段"teacher_id = 3601101"的记录。
关键代码如下：

```
public class example9_8 {
…/* 此处省略了静态变量 url、username 和 password,以及加载数据库驱动的代码,参考例 9 – 4 */
    public static void  main(String[] args){
        //TODO Auto - generated method stub
        try{
```

```
                 Connection conn = DriverManager.getConnection(url,username,pass-
word);

                 String sql = "select * from teacher_tbl where teacher_id =?";
                 PreparedStatement prpdStmt = conn.prepareStatement(sql);
                 //生成 PreparedStatement 类对象
                 prpdStmt.setString(1,"3601101");
                 ResultSet rs = prpdStmt.executeQuery();//生成 ResultSet 类的对象
                 while(rs.next()){                       //循环输出所有查询到的记录
                     System.out.println("教工号:" + rs.getString("teacher_id") +
"姓名:"
                         + rs.getString("teacher_name") + "部门:" + rs.getString("de-
partment"));
                                                     //利用 rs 获取教工号、姓名和部门
                 }
                 rs.close();                           //关闭 ResultSet 对象
                 prpdStmt.close();                     //关闭 PreparedStatement 类对象
                 conn.close();                         //关闭 Connection 对象
             }
         catch(SQLException e){
             System.out.println("数据库连接失败!");
             e.printStackTrace();
             }
         }
     }
```

执行结果如图 9-27 所示。

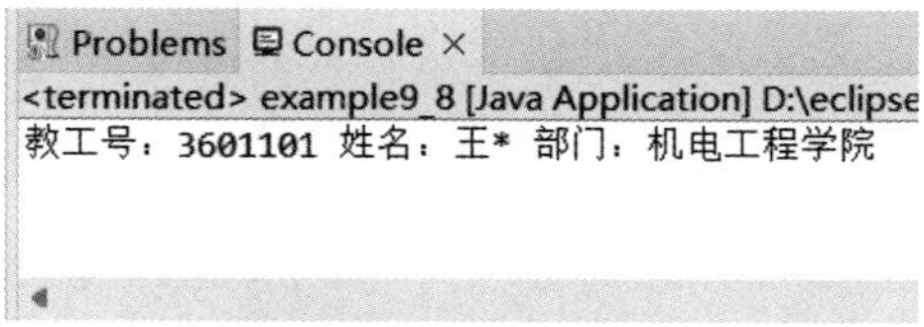

图 9-27　例 9-8 执行结果

9.4.3　修改数据

在修改数据时，既可以利用 Statement 实例通过执行静态 UPDATE 语句完成，也可以利用 PreparedStatement 实例通过执行动态 UPDATE 语句完成，还可以利用 CallableStatement 实例通过执行存储过程完成。

1. 执行静态 UPDATE 语句修改数据

利用 Statement 实例通过执行静态 UPDATE 语句修改数据的典型代码如下：

```
String sql = "update teacher_tbl set teacher_name ='李*' where teacher_id =3601105";
Statement st = conn.createStatement();          //生成 Statement 类的对象
st.executeUpdate(sql);
```

2. 执行动态 UPDATE 语句修改数据

利用 PreparedStatement 实例通过执行动态 UPDATE 语句修改数据的典型代码如下：

```
String sql = "update teacher_tbl set teacher_name =? where teacher_id =?";
PreparedStatement prpdSt = conn.prepareStatement(sql);
//生成 PreparedStatement 类的对象
prpdSt.setString(1,"李*");
prpdSt.setInt(2,3601105);
prpdSt.executeUpdate();
```

例 9-9 通过执行 PreparedStatement 实例修改 teacher_tbl 表中"teacher_id = 3601105"的记录，设置"teacher_name = 李*"。

```
public class example9_9 {
…/* 此处省略了静态变量 url、username 和 password,以及加载数据库驱动的代码,参考例 9-4 */
    public static void main(String[] args){
        //TODO Auto-generated method stub
        try{
            Connection conn = DriverManager.getConnection(url,username,password);

            /*利用 Statement 实例通过执行静态 UPDATE 语句修改数据
            String sql = "update teacher_tbl set teacher_name ='李四' where teacher_id =3601105";
            Statement st = conn.createStatement(); //生成 Statement 类的对象
            st.executeUpdate(sql);
            st.close();                          //关闭 Statement 对象
            conn.close();                        //关闭 Connection 对象
            */
            //利用 PreparedStatement 实例通过执行动态 UPDATE 语句修改数据
            String sql = "update teacher_tbl set teacher_name =? where teacher_id =?";

            PreparedStatement prpdSt = conn.prepareStatement(sql);
            //生成 PreparedStatement 类的对象
            prpdSt.setString(1,"李*");
            prpdSt.setInt(2,3601105);
            prpdSt.executeUpdate();
            prpdSt.close();                      //关闭 PreparedStatement 类对象
            conn.close();                        //关闭 Connection 对象
            }
        catch(SQLException e){
            System.out.println("数据库连接失败!");
            e.printStackTrace();
        }
    }
}
```

程序执行后，teacher_tbl 表中更新的记录如图 9-28 所示。

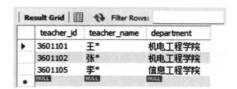

图 9 - 28　例 9 - 9 执行结果

9.4.4　删除数据

1. 执行静态 DELETE 语句删除数据

利用 Statement 实例通过执行静态 DELETE 语句删除数据的典型代码如下：

```
String sql = "delete from teacher_tbl where teacher_id =3601105";
Statement st = conn.createStatement();      //生成 Statement 类的对象
st.executeUpdate(sql);
```

2. 执行动态 DELETE 语句删除数据

利用 PreparedStatement 实例通过执行动态 DELETE 语句删除数据的典型代码如下：

```
String sql = "delete from teacher_tbl where teacher_id =?";
PreparedStatement prpdSt = conn.prepareStatement(sql);
//生成 PreparedStatement 类的对象
prpdSt. setInt(1,3601105);
prpdSt.executeUpdate();
```

例 9 - 10　通过执行 PreparedStatement 实例删除 teacher_tbl 表中"teacher_id = 3601105"的记录。

```
public class example9_10 {
…/* 此处省略了静态变量 url、username 和 password,以及加载数据库驱动的代码,参考例 9 - 4 */
    public static void main(String[] args){
        //TODO Auto - generated method stub
        try{
            Connection conn = DriverManager.getConnection(url,username,pass-
word);
            /*
            //利用 Statement 实例通过执行静态 DELETE 语句删除数据
            String sql = "delete from teacher_tbl where teacher_id =3601105";
            Statement st = conn.createStatement(); //生成 Statement 类的对象
            st.executeUpdate(sql);
            st.close();                          //关闭 Statement 对象
            conn.close();                        //关闭 Connection 对象
            */
            //利用 PreparedStatement 实例通过执行动态 DELETE 语句修改数据
            String sql = "delete from teacher_tbl where teacher_id =?";
            PreparedStatement prpdSt = conn.prepareStatement(sql);
```

```
                    //生成 PreparedStatement 类的对象
                    prpdSt. setInt(1,3601105);               //为整型参数赋值
                    prpdSt.executeUpdate();
                    prpdSt.close();                          //关闭 PreparedStatement 类对象
                    conn.close();                            //关闭 Connection 对象
                }
            catch(SQLException e){
                    System.out.println("数据库连接失败!");
                    e.printStackTrace();
                }
        }
    }
```

9.5 项目实训

9.5.1 实训任务

利用 Java 面向对象编程基础和图形界面设计，结合数据库知识实现一个图书管理程序，如图 9 - 29 所示。功能如下：

项目实训

①单击"浏览记录"按钮，可对 MySQL 数据库记录进行查询操作，并把查询结果显示在表中。

②单击"插入记录"按钮，将输入的值插入数据表中。

③单击"更新记录"按钮，可对数据表字段值更新。

④单击"删除记录"按钮，可将表中选定的记录删除。

⑤单击"退出"按钮，退出应用程序。

图 9 - 29 图书管理程序

9.5.2　任务实施

1. 数据库设计

通过 MySQL Workbench 可视化数据库设计软件可快捷创建数据库和数据表。

（1）创建图书管理数据库 tsgl

打开 MySQL Workbench，在 SCHEMAS 列表的空白处右击，选择"Create Schema…"或单击工具栏中的"命令"按钮，则可创建一个"tsgl"数据库，如图 9 – 30 所示。

在创建数据库的对话框中，在 Name 框中输入数据库的名称"tsgl"，在 Collation 下拉列表中选择数据库指定的字符集"utf8"。单击"Apply"按钮，即可创建成功，如图 9 – 31 所示。

（2）在 tsgl 数据库中创建 book_tbl 表

在 SCHEMAS 列表中展开"tsgl"数据库，在"Tables"命令上右击，选择"Create Table…"，即可在 test_db 数据库中创建数据表，如图 9 – 32 所示。

图 9 – 30　选择"Create Schema…"命令

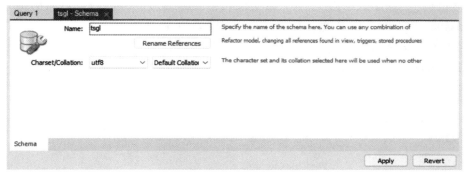

图 9 – 31　创建 tsgl 数据库

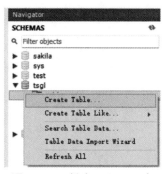

图 9 – 32　创建 book_tbl 表

在创建数据表的对话框中，在 Table Name 框中输入数据表的名称"book_tbl"，在图中的方框部分编辑数据表的列信息，编辑完成后，单击"Apply"按钮，即可成功创建数据表，如图 9 – 33 所示。

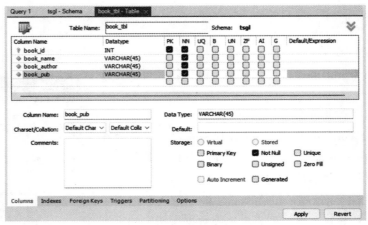

图 9 - 33　编辑 **book_tbl** 数据表列信息

2. 界面设计

（1）安装 WindowBuilder

安装 WindowBuilder 具体方法是：

在菜单栏中选择"Help"→"Eclipse MarketPlace…"命令，在"Find"文本框中输入"WindowBuilder"，回车或单击"Go"命令按钮，找到 WindowBuilder，然后单击"Install"按钮进行安装，如图 9 - 34 所示。安装完成后重启 Eclipse。

注意：在任务栏中可查看 Installing Software 安装进度，安装到 100% 时自动重启 Eclipse 才能使用 WindowBuilder 插件。

图 9 - 34　安装"WindowBuilder"插件

（2）使用 WindowsBuilder 插件创建 JFrame 类

安装完成之后，使用"File"→"New"→"Java Project"命令，创建"tsgl"项目。新建工程完成之后，选中"src"文件夹，单击右键，选择"New"→"Other"命令，打开"Select a wizard"窗口，选择"WindowBuilder"→"Swing Designer"→"JFrame"选项，单击"Next"命令，创建"JFrame"文件，如图 9 – 35 所示。

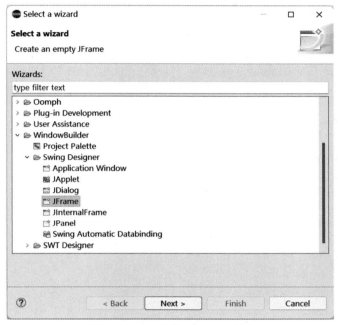

图 9 – 35　创建"JFrame"文件

（3）设计 tsgl 窗体

单击"Design"进入图形设计，设计界面如图 9 – 36 所示。

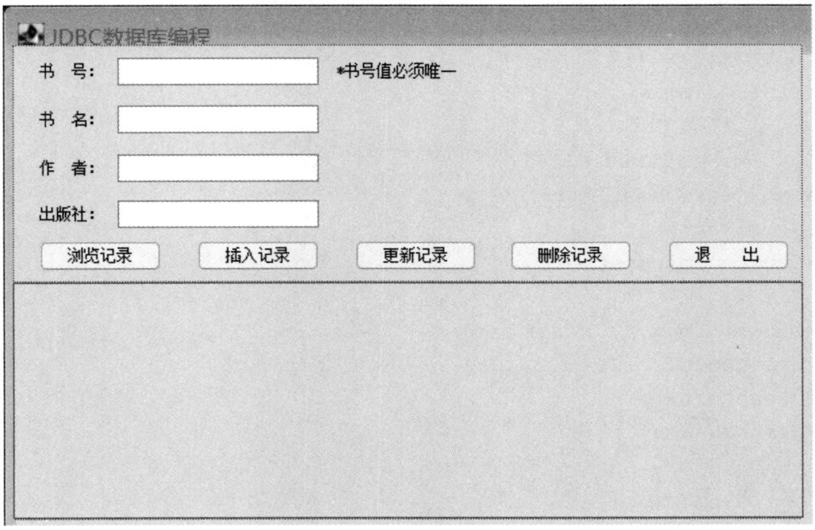

图 9 – 36　图书管理窗体

在 JFrame 类中，设置布局管理器为 GridLayout。在窗体中添加 JPanel、JScrollPane 面板，在 JPanel 面板中添加 5 个 JLabel 标签组件、4 个 JTextField 文本框组件和 5 个 Jbutton 按钮组件，在 JScrollPane 面板中添加 Jtable 组件。代码可参考如下：

```
setTitle("JDBC 数据库编程");
setDefaultCloseOperation(JFrame.EXIT_ON_CLOSE);
setBounds(100,100,600,400);
getContentPane().setLayout(new GridLayout(2,1,0,0));

JPanel panel = new JPanel();
getContentPane().add(panel);
panel.setLayout(null);

JLabel lblNewLabel = new JLabel("书 号:");
lblNewLabel.setBounds(20,13,58,15);
panel.add(lblNewLabel);

JLabel lblNewLabel_1 = new JLabel("书 名:");
lblNewLabel_1.setBounds(20,49,58,15);
panel.add(lblNewLabel_1);

JLabel lblNewLabel_2 = new JLabel("作 者:");
lblNewLabel_2.setBounds(20,86,58,15);
panel.add(lblNewLabel_2);

JLabel lblNewLabel_3 = new JLabel("出版社:");
lblNewLabel_3.setBounds(20,121,58,15);
panel.add(lblNewLabel_3);

bookIDtxt = new JTextField();
bookIDtxt.setBounds(78,10,132,21);
panel.add(bookIDtxt);
bookIDtxt.setColumns(10);

booknametxt = new JTextField();
booknametxt.setBounds(78,46,132,21);
panel.add(booknametxt);
booknametxt.setColumns(10);

authortxt = new JTextField();
authortxt.setBounds(78,83,132,21);
panel.add(authortxt);
authortxt.setColumns(10);

pubtxt = new JTextField();
pubtxt.setBounds(78,118,132,21);
```

```
panel.add(pubtxt);
pubtxt.setColumns(10);

JLabel lblNewLabel_4 = new JLabel("＊书号值必须唯一");
lblNewLabel_4.setBounds(220,13,104,15);
panel.add(lblNewLabel_4);

JButton Selectbtn = new JButton("浏览记录");
Selectbtn.setBounds(20,149,90,23);
panel.add(Selectbtn);

JButton Insertbtn = new JButton("插入记录");
Insertbtn.setBounds(137,149,90,23);
panel.add(Insertbtn);

JButton Updatebtn = new JButton("更新记录");
Updatebtn.setBounds(254,149,90,23);
panel.add(Updatebtn);

JButton Deletebtn = new JButton("删除记录");
Deletebtn.setBounds(369,149,90,23);
panel.add(Deletebtn);

JButton Exitbtn = new JButton("退 出");
Exitbtn.setBounds(486,149,90,23);
panel.add(Exitbtn);

JScrollPane scrollPane = new JScrollPane();
getContentPane().add(scrollPane);

table = new JTable();
scrollPane.setColumnHeaderView(table);
```

3. 表格操作

（1）利用表格模型创建表格

接口 TableModel 定义了一个表格模型，抽象类 AbstractTableModel 实现了 TableModel 接口的大部分方法。DefaultTableModel 类便是继承了由 Swing 提供的继承了 AbstractTableModel 的表格模型类。DefaultTableModel（Object［］［］data，Object［］columnNames）构造方法按照数组中指定的数据和列名创建一个表格模型。代码如下：

```
private JTable table;
private DefaultTableModel tableModel;
String[] columnNames = {"书号","书名","作者","出版社"};
String tableValues[][] = null ;
//创建指定表格列名和表格数据的表格模型
tableModel = new DefaultTableModel(tableValues,columnNames);
table = new JTable(tableModel);              //创建指定表格模型的表格
```

表格模型创建完成后,通过 JTable 类的构造方法 JTable(TableModel dm) 创建表格,就实现了利用表格模型创建表格。

(2) 添加表格排序器和为表格设置鼠标事件监听器

从 JDK 1.6 开始,Swing 提供了对表格进行排序的功能。通过 JTable 类的 setRowSorter(RowSorter < ? extends TableModel > sorter) 方法可以为表格设置排序器。TableRowSorter 类是由 Swing 提供的排序器类。

可利用表格的 addMouseListener() 方法添加监听器,并使用 MouseAdapter 类的 mouse-Clicked 方法添加鼠标单击事件。

本项目的典型代码如下:

```java
table.setRowSorter(new TableRowSorter(tableModel));//设置表格的排序器
//设置表格的选择模式为单选
table.setSelectionMode(ListSelectionModel.SINGLE_SELECTION);
//为表格添加鼠标事件监听器
table.addMouseListener(new MouseAdapter(){
//发生了单击事件
    public void mouseClicked(MouseEvent e){
        //获得被选中行的索引
        int selectedRow = table.getSelectedRow();
        //从表格模型中获得指定单元格的值
        Object oa = tableModel.getValueAt(selectedRow,0);
        //从表格模型中获得指定单元格的值
        Object ob = tableModel.getValueAt(selectedRow,1);
        Object oc = tableModel.getValueAt(selectedRow,2);
        Object od = tableModel.getValueAt(selectedRow,3);

        bookIDtxt.setText(oa.toString());        //将值赋值给文本框
        booknametxt.setText(ob.toString());      //将值赋值给文本框
        authortxt.setText(oc.toString());        //将值赋值给文本框
        pubtxt.setText(od.toString());           //将值赋值给文本框
    }
});
scrollPane.setViewportView(table);
```

4. 连接数据库

在项目中导入 JDBC 连接 MySQL 数据库,导入结果如图 9 – 37 所示。

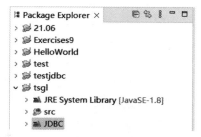

图 9 – 37 导入 JDBC 连接 MySQL 数据库

为了增加代码的重用性，可以将连接数据库的相关代码保存在一个类中，以便随时调用。创建 GetConnection 类，在该类的构造方法中加载数据库驱动，GetConnection 类的代码如下：

```java
package tsgl;
import java.sql.Connection;
import java.sql.DriverManager;
import java.sql.SQLException;

public class GetConnection {
    private Connection con;
    private String user = "root";
    private String password = "111111";
    private String className = "com.mysql.cj.jdbc.Driver";
    private String url = "jdbc:mysql://localhost:3306/tsgl";

    public GetConnection()
    {
        try{
            Class.forName(className);
        }
        catch(ClassNotFoundException e){
            System.out.println("加载数据库驱动失败!");
            e.printStackTrace();
        }
    }
    public Connection getCon(){
        try{

            con = DriverManager.getConnection(url,user,password);
        }
        catch(SQLException se){
            System.out.println("数据库连接失败!");
            se.printStackTrace();
        }
        return con;
    }
}
```

5. tsglJFame 类中全局成员变量定义和"退出"按钮

在生成的 tsglJFame 类中，定义成员变量，编写"退出"按钮语句。具体代码如下：

```java
public class tsglJFame extends JFrame {
private JTextField bookIDtxt;
private JTextField booknametxt;
private JTextField authortxt;
```

```
private JTextField pubtxt;
private JTable table;
private DefaultTableModel tableModel;
GetConnection conn = new GetConnection();
Connection con = null;
String sql;
...
JButton Exitbtn = new JButton("退出");
    Exitbtn.addActionListener(new ActionListener(){
        public void actionPerformed(ActionEvent e){
            //dispose();
            System.exit(0);
        }
    });
}
```

6. 浏览记录

在浏览记录按钮的单击事件中，实现从 tsgl 数据库 book_tbl 表中读取记录，每读取到一条记录，都添加到表格模型中，具体代码如下：

```
JButton Selectbtn = new JButton("浏览记录");
    Selectbtn.addActionListener(new ActionListener(){
        public void actionPerformed(ActionEvent e){
            tableModel.setRowCount(0);    //清空表格记录
            select_record();
        }
    });
```

select_record()方法通过 Statement 实例执行静态 SELECT 语句，代码如下：

```
private void select_record(){
    try{
        con = conn.getCon();
        Statement st = con.createStatement();  //生成 Statement 类的对象
        sql = "select * from book_tbl";        //定义 SQL 语句
        ResultSet rs = st.executeQuery(sql);   //利用 st 对象来执行查询语句
        while(rs.next()){                      //循环输出所有查询到的记录
            String[] rowValues = {rs.getString("book_id"),rs.get-
String("book_name"),
                    rs.getString("book_author"),rs.getString("book_
pub")};//创建表格行数组
            tableModel.addRow(rowValues);//向表格模型中添加一行
        }
        rs.close();                            //关闭 ResultSet 对象
        st.close();                            //关闭 Statement 对象
        con.close();                           //关闭 Connection 对象
    }
```

```
            catch(SQLException e1){
                    e1.printStackTrace();
        }
    }
```

7. 插入记录

在插入记录按钮的事件中，先判断 bookIDtxt 文本框是否为空，如果为空，给出提示信息并返回，再判断书号是否重复，如果书号重复，给出提示信息并返回；如果不空或书号不重复，实现将文本框中的数据插入 book_tbl 表中，具体代码如下：

```
JButton Insertbtn = new JButton("插入记录");
Insertbtn.addActionListener(new ActionListener(){
    public void actionPerformed(ActionEvent e){

            if(bookIDtxt.getText().equals("")){
                    JOptionPane.showMessageDialog(getContentPane(),"书号不可为
空"); //给出提示信息
                    return;
            }
            //重复书号不可插入
            for(int i = 0;i < tableModel.getRowCount();i ++){
                    if(bookIDtxt.getText().equals(tableModel.getValueAt(i,0)))
                    {
                            JOptionPane.showMessageDialog(getContentPane(),"书号
不可重复");
                            //给出提示信息
                            return;
                    }
            }
            String[] rowValues = {bookIDtxt.getText(),booknametxt.getText(),
authortxt.getText(),
                    pubtxt.getText()};        // 创建表格行数组
            tableModel.addRow(rowValues); // 向表格模型中添加一行
            inser_record();
    }
});
```

inser_record()方法通过 PreparedStatement 实例执行动态 INSERT 语句添加记录，具体代码如下：

```
private void inser_record(){
    try{
            con = conn.getCon();
            sql = "INSERT INTO book_tbl(book_id,book_name,book_author,book_pub)
            VALUES(?,?,?,?)";
            //定义 SQL 语句
```

```
            PreparedStatement prpdSt = con.prepareStatement(sql); /* 预处理动态
INSERT 语句 */
            prpdSt.setInt(1,Integer.valueOf(bookIDtxt.getText())); //为参数赋值
            prpdSt.setString(2,booknametxt.getText());           //为参数赋值
            prpdSt.setString(3,authortxt.getText());             //为参数赋值
            prpdSt.setString(4,pubtxt.getText());                //为参数赋值
            prpdSt.executeUpdate();                              //执行 INSERT 语句
            prpdSt.close();
            con.close();
        }
        catch(SQLException e1){
            System.out.println("数据库连接失败!");
            e1.printStackTrace();
        }
    }
```

8. 更新记录

在更新记录按钮的事件中，先判断是否选中了表格模型中的行，如果选中了数据行并且书号不重复，利用 update_record() 方法用文本框中的值更新数据表 book_tbl 中的记录，如果未选中表格模型中的行，则给出提示信息，如果选中表格模型中的行但书号重复，则抛出异常。具体代码如下：

```
JButton Updatebtn = new JButton("更新记录");
Updatebtn.addActionListener(new ActionListener(){
    public void actionPerformed(ActionEvent e){
        int selectedRow = table.getSelectedRow();//获得被选中行的索引
            String bookID;
        if(selectedRow! = -1){ //判断是否存在被选中行
            bookID = tableModel.getValueAt(selectedRow,0).toString();
            update_record(bookID);
            tableModel.setValueAt(bookIDtxt.getText(),selectedRow,0);
            //修改表格模型当中的指定值
            tableModel.setValueAt(booknametxt.getText(),selectedRow,1);
            //修改表格模型当中的指定值
            tableModel.setValueAt(authortxt.getText(),selectedRow,2);
            //修改表格模型当中的指定值
            tableModel.setValueAt(pubtxt.getText(),selectedRow,3);
            //修改表格模型当中的指定值
        }
        else {
            JOptionPane.showMessageDialog(getContentPane(),"未选中记录或没
有记录可更新");
            //给出提示信息
            return;
        }
    }
});
```

update_record()方法通过 PreparedStatement 实例执行动态 UPDATE 语句修改数据，具体代码如下：

```
private void update_record(String bookid){
    try {
        con = conn.getCon();
        sql = "update book_tbl set book_id = ?,book_name = ?,book_author = ?,"
                + "book_pub = ? where book_id = " + bookid;
        PreparedStatement prpdSt = con.prepareStatement(sql); /* 预处理动态
delete 语句 */
        prpdSt.setInt(1,Integer.valueOf(bookIDtxt.getText())); // 为参数赋值
        prpdSt.setString(2,booknametxt.getText());  // 为参数赋值
        prpdSt.setString(3,authortxt.getText());   // 为参数赋值
        prpdSt.setString(4,pubtxt.getText());    // 为参数赋值
        prpdSt.executeUpdate();         // 执行 update 语句
        prpdSt.close();
        con.close();
    }
    catch(SQLException e1){
        JOptionPane.showMessageDialog(getContentPane(),"书号不可重复");
/* 给出提示信息 */
        e1.printStackTrace();
    }
}
```

9. 删除记录

删除记录按钮单击事件监听器，先判断是否存在被选中行和表格模型中数据行数是否为 0，如果选中行且数据行不为 0，先从表格模型中删除一行，再利用 delete_record()方法在数据表 book_tbl 中删除满足条件的记录；否则，给出提示信息。具体代码如下：

```
JButton Deletebtn = new JButton("删除记录");
Deletebtn.addActionListener(new ActionListener(){
    public void actionPerformed(ActionEvent e){
        int selectedRow = table.getSelectedRow();// 获得被选中行的索引
        if(selectedRow! = -1&&tableModel.getRowCount()! = 0)
        // 判断是否存在被选中行且有数据行
        // 从表格模型当中删除指定行
        {   tableModel.removeRow(selectedRow);
            delete_record();
        }
        else
        {
            JOptionPane.showMessageDialog(getContentPane(),"未选中记录或没
有记录可删除");
        //给出提示信息
            return;
```

```
            }

        }
    });
```

delete_record( )方法通过 PreparedStatement 实例执行动态 DELETE 语句删除数据。具体代码如下:

```
private void delete_record(){
    try {
        con = conn.getCon();
        sql = "delete from book_tbl where book_id = ?";
        PreparedStatement prpdSt = con.prepareStatement(sql); /* 预处理动态
delete 语句 */
        prpdSt.setInt(1,Integer.valueOf(bookIDtxt.getText())); // 为参数赋值
        prpdSt.executeUpdate();                                //执行 delete 语句
        prpdSt.close();
        con.close();
    }
    catch(SQLException e1){
        e1.printStackTrace();
    }
}
```

9.5.3 任务运行

项目程序编译无误后,执行程序,结果如图 9 – 38 所示。

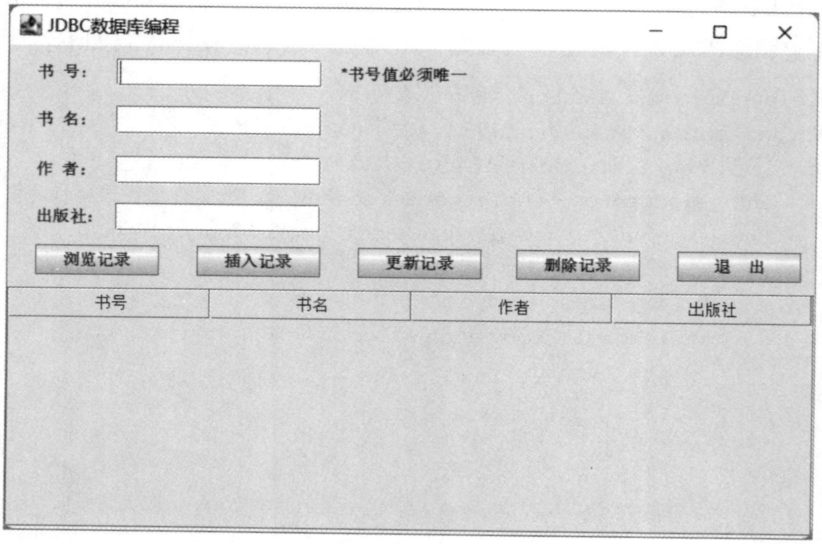

图 9 – 38 运行结果

运行成功后,可对项目进行测试,测试内容为:

①"浏览记录"按钮测试。单击"浏览记录"按钮，查询数据表 book_tbl 中的记录，结果如图 9-29 所示。

②"插入记录"按钮测试。未选中记录，单击"插入记录"按钮，出现"书号不可为空"提示信息，如图 9-39 所示；在表格模型中单击，可选中记录并显示在文本框中，如图 9-40 所示。

图 9-39　"书号不可为空"提示信息

图 9-40　选中记录

③"插入记录"按钮测试。修改书号、书名、作者、出版社等信息后，如果书号不重复，单击"插入记录"按钮，可在数据表 book_tbl 中插入一条记录，并显示在表格模型中；如果书号不唯一，出现"书号不可重复"提示信息并抛出异常，如图 9-41 所示。

图 9-41　"书号不可重复"提示信息

④"更新记录"按钮测试。修改文本框中的书号、书名、作者和出版社等信息，单击"更新记录"按钮，可对数据表中满足条件的记录进行修改，如果修改的书号与数据表中已有的记录重复，满足 Primary Key 唯一要求，不可更新记录，出现"书号不可重复"提示信息并抛出异常，如图 9-42 所示。

⑤"删除记录"按钮测试。如果在表格中未选中记录，单击"删除记录"按钮，出现

"未选中记录或没有记录可删除"提示信息；如果已选中记录，单击"删除记录"按钮，可在数据表 book_tbl 中删除记录，同时表格中选中的记录也会被删除。

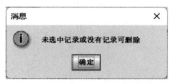

图 9 – 42　"未选中记录或没有记录可删除"提示信息

⑥ "退出"按钮测试。单击"退出"按钮，退出应用程序。

9.6　项目小测

一、填空题

1. SQL 的中文名称是_____。

2. 关系模型就是_____。

3. SQL 查询命令的基本动词是_____和_____。

4. 如果要在学生表中查找 birthdate 为 2002—2006 年之间的学生记录，设置的条件是_____。

5. 在 Statement 接口中，用于执行 SQL 中的 select 语句的方法是_____。

6. 在 ResultSet 接口中，能够将游标从当前位置向下移一行的方法是_____。

二、选择题

1. SQL 语句中，用来删除表的语句是（　　）。

A. SELECT　　　　　　B. DROP TABLE　　　C. INSERT　　　　　　　D. UPDATE

2. SQL 语句中，用来进行添加记录的语句是（　　）。

A. SELECT　　　　　　B. DELETE　　　　　　C. INSERT　　　　　　　D. UPDATE

3. SQL 语句中，用来进行删除记录的语句是（　　）。

A. SELECT　　　　　　B. DELETE　　　　　　C. INSERT　　　　　　　D. UPDATE

4. JDBC 驱动器也称为 JDBC 驱动程序，它的提供者是（　　）。

A. SUN　　　　　　　　B. 数据库厂商　　　　C. ORACLE　　　　　　　D. ISO

5. 下面关于 JDBC 驱动器 API 与 JDBC 驱动器关系的描述，正确的是（　　）。

A. JDBC 驱动器 API 是接口，而 JDBC 驱动器是实现类

B. JDBC 驱动器 API 内部包含了 JDBC 驱动器

C. JDBC 驱动器内部包含了 JDBC 驱动器 API

D. JDBC 驱动器是接口，而 JDBC 驱动器 API 是实现类

6. 下面选项中，用于创建 Statement 对象的方法是（　　）。

A. getMetaData( )

B. getConnection(String url, Stringuser, Stringpwd)

C. prepareStatement( )

D. createStatement( )

7. 下面 Statement 接口的方法中，用于执行各种 SQL 语句的是（　　）。

A. executeUpdate(String sql)　　　　　　B. executeQuery(String sql)

C. execute(String sql)　　　　　　　　　D. executeDelete(String sql)

8. 下面关于 executeQuery(String sql)方法，说法正确的是（　　）。

A. 可以执行 insert 语句　　　　　　　　B. 可以执行 update 语句

C. 可以执行 select 语句　　　　　　　　D. 可以执行 delete 语句

9. 下列选项中，能够实现预编译的是（　　）。

A. Statement　　　　　　　　　　　　　B. Connection

C. PreparedStatement　　　　　　　　　D. DriverManager

10. 下列选项中，关于 Statement 的描述，错误的是（　　）。

A. Statement 是用来执行 SQL 语句的

B. Statement 是 PreparedStatement 的子接口

C. 获取 Statement 实现需要使用 Connection 的 createStatement()方法

D. PreparedStatement 能使用参数占位符，而 Statement 不行

11. 以下操作数据库结束后，关闭资源顺序合理的是（　　）。

A. ResultSet > Statement（或 PreparedStatement）> Connection

B. Connection > Statement（或 PreparedStatement）> ResultSet

C. Statement（或 PreparedStatement）> ResultSet > Connection

D. 以上都错误

12. JDBC API 主要位于（　　）包中。

A. java. sql. *　　　　　　　　　　　　b. java. util. *

C. javax. lang. *　　　　　　　　　　　D. java. text. *

参考答案：A

三、判断题

1. ResultSet 接口表示 select 查询语句得到的结果集，该结果集封装在一个逻辑表格中。
（　　）

2. DriverManager 类只用于加载 JDBC 驱动，并不能创建与数据库的连接。（　　）

3. Driver 接口是所有 JDBC 驱动程序必须实现的接口，该接口专门提供给应用程序开发人员使用。
（　　）

4. Statement 接口的 executeUpdate(String sql) 返回值是 int，它表示数据库中受该 SQL 语句影响的记录的数目。
（　　）

5. 为了保证在异常情况下也能关闭资源，需要在 try…catch 的 finally 代码块中统一关闭资源。
（　　）

6. PreparedStatement 是 Statement 的子接口，用于执行预编译的 SQL 语句。（　　）

7. Connection 接口代表 Java 程序和数据库的连接。（　　）

8. 不同数据库的 url 形式通常都是一样的。（　　）

四、简答题

1. 什么是 MySQL?

2. 主键和外键的区别是什么？

3. 使用 JDBC 访问数据库通常包括哪些步骤？

五、操作题

1. 在 MySQL 中创建数据库，并在数据库中创建 Studentbl 数据表和插入记录，具体内容如下：

（1）创建 xsgl 数据库。

（2）在数据库中创建 Studen_tbl 数据表，表结构见表9－8。

表9－8　Student_tbl 表结构

字段	类型	长度	是否为空	约束说明
StudentID	char	10	否	主键
StudentName	varchar	8	否	最小长度为2
Gender	enum			只能是'男'和'女'，默认值'男'
Address	varchar	50		默认'不祥'

（3）在数据表中插入记录，见表9－9。

表9－9　Student_tbl 数据表记录

StudentID	StudentName	Gender	Address
20200101	张晨	男	不祥
20200102	聂豪	男	不祥
20200103	方美琪	女	不祥

2. 在 Eclipse 中创建一个"Java Project"项目，利用 JDBC 连接 MySQL 中的数据库 xsgl，并进行如下操作：

（1）在项目中创建一个名为 SelectData 类，利用 Statement 实例执行 SELECT 语句查询数据表 Student_tbl 所有记录，显示结果如图9－43所示。

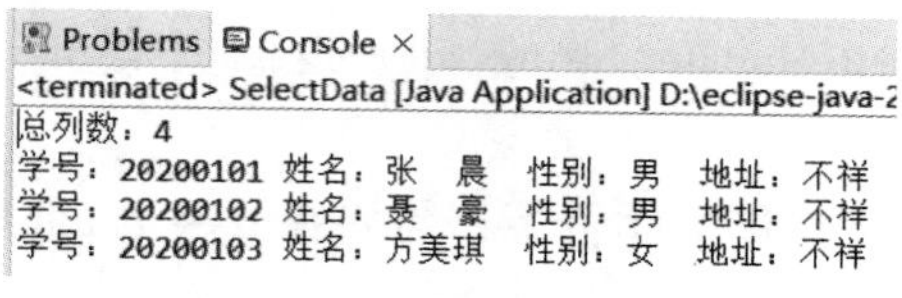

图9－43　SelectData 类运行结果

（2）在项目中创建一个名为 InsertData 类，利用 PreparedStatement 实例执行 INSERT 语句向 Student_tbl 数据表添加记录，记录内容为：Studentid = "20200104"，StudentName = "朱依雷"，Gender = "女"，Address = "不祥"，程序执行后，数据表 Student_tbl 的结果如图9－44所示。

图 9 – 44　**InsertData** 类运行结果

（3）在项目中创建一个名为 UpdateData 的类，通过执行 UPDATE 语句，修改数据表 Student_tbl 中 Studentid = "20200104" 的记录，修改值为 Address = "江西省南昌市"，程序执行后，数据表 Student_tbl 结果如图 9 – 45 所示。

图 9 – 45　**UpdateData** 类运行结果

参 考 文 献

［1］大连东软教育科技集团有限公司. Java 语言程序设计［M］. 大连：东软电子出版社，2021.

［2］许敏. Java 程序设计案例教程［M］. 北京：机械工业出版社，2022.

［3］黑马程序员. Java 基础案例教程［M］. 北京：人民邮电出版社，2021.

［4］Java 学习教程，Java 基础教程（从入门到精通），http://c. biancheng. net/view/796. html.

［5］Java 基础教程，https://www. runoob. com/java/java－basic－syntax. html.